MÜNCHENER GEOGRAPHISCHE ABHANDLUNGEN

in

MÜNCHENER UNIVERSITÄTSSCHRIFTEN

FACHBEREICH GEOWISSENSCHAFTEN

Münchener Universitätsschriften

Fachbereich Geowissenschaft

MÜNCHENER GEOGRAPHISCHE ABHANDLUNGEN

Institut für Geographie der Universität München

Herausgegeben

von

Professor Dr. H. G. Gierloff-Emden   Professor Dr. F. Wilhelm

Band 19

UWE RUST und FRIEDRICH WIENEKE

Geomorphologie der küstennahen Zentralen Namib (Südwestafrika)

Mit 50 Abbildungen, 17 Tabellen, 23 Photos

Geomorphology of Coastal Central Namib Desert (South West Africa)

50 figures, 17 tables, 23 photos
with legends in English language

1976

Institut für Geographie der Universität München

Kommissionsverlag: Geographische Buchhandlung, München

Als Habilitationsschrift auf Empfehlung
des Fachbereichs Geowissenschaften
der Ludwig-Maximilians-Universität München
gedruckt mit Unterstützung der Deutschen Forschungsgemeinschaft

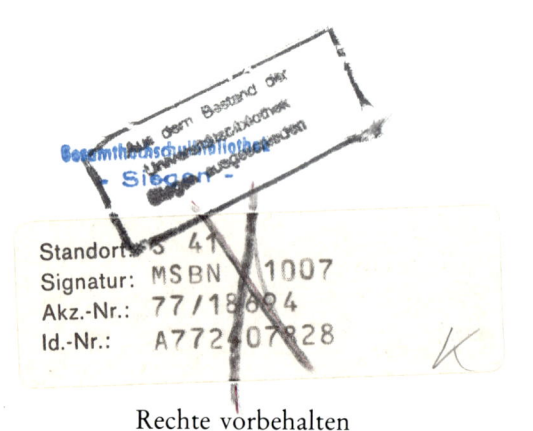

Rechte vorbehalten

Ohne ausdrückliche Genehmigung der Herausgeber ist es nicht gestattet, das Werk oder Teile daraus nachzudrucken oder auf photomechanischem Wege zu vervielfältigen.

Ilmgaudruckerei 8068 Pfaffenhofen/Ilm, Postfach 86

Anfragen bezüglich Drucklegung von wissenschaftlichen Arbeiten, Tauschverkehr sind zu richten an die Herausgeber im Institut für Geographie der Universität München, 8 München 2, Luisenstraße 37.

Kommissionsverlag: Geographische Buchhandlung, München
ISBN 3 920 397 789

Inhalt

I. Texte

0.	Vorwort	9
1.	Einführung (U. Rust/F. Wieneke)	11
1.1.	Problemstellung	11
1.2.	Gliederung der Arbeit	12
1.3.	Technische Durchführung der Untersuchungen	13
2.	Küstengeomorphologische Grundvorstellungen (F. Wieneke)	15
2.1.	Einführung	15
2.2.	Die Zonierung des Litorals	15
2.3.	Die Meeresspiegeländerungen der letzten 30 000 Jahre	18
2.4.	Indikatoren für fossile Meeresspiegelstände	19
3.	Erklärende Vorüberlegungen zur exogenen Realform in der Zentralen Namib (U. Rust)	21
3.1.	Die beiden Geomorphologien	21
3.2.	Regenflächen-Spülung	23
3.3.	Geomorphologisches Milieu	25
3.4.	Klimageomorphologische Zonen als Ordnungsprinzip?	29
3.5.	Geomorphologisches Klima	30
4.	Präsentation der Befunde (U. Rust/F. Wieneke)	33
4.1.	Topographische Informationen	33
4.2.	Granulometrische Informationen	33
4.3.	Rundungsgradverteilungen	33
4.4.	Profilaufnahmen	33
4.5.	Sulfat- und Carbonatgehalt	34
4.6.	Photos	34
5.	Granulometrie (F. Wieneke)	35
5.1.	Einführende Bemerkungen	35
5.2.	Ansprache der Summenkurven der Korngrößenverteilungen	36
5.2.1.	Korngrößenverteilungen der Barchansedimente	36
5.2.2.	Korngrößenverteilungen der marin-litoralen Sedimente	37
5.2.3.	Korngrößenverteilungen der fluvialen Sedimente	38
5.2.4.	Beeinflussung durch Probenbehandlung	38
5.2.5.	Nicht eindeutig ansprechbare Korngrößenverteilungen	39
6.	Deutung der Befunde (U. Rust/F. Wieneke)	41
6.1.	Die Phasensukzessionen 1 – a zwischen Mile 30 und dem Kuisebdelta	41
6.1.1.	Vorbemerkung	41
6.1.2.	Phase 1	43

6.1.3.	Phase k	43
6.1.4.	Phase i	44
6.1.5.	Phase h	45
6.1.6.	Phase g	45
6.1.7.	Phase f und Phase e	46
6.1.8.	Phase d	49
6.1.9.	Phase c	49
6.1.10.	Phase b	50
6.1.11.	Phase a	50
6.2.	Ergebnisse	52
6.2.1.	Einführung	52
6.2.2.	Techniken	52
6.2.3.	Marin-litorale Morphogenese	52
6.2.4.	Festländische Morphogenese	54
6.2.5.	Über die Beziehung zwischen der Erosionsbasis Meeresspiegel und der Entwicklung der Gerinnebetten am Beispiel des unteren Swakop	57
6.2.6.	Verknüpfung der marin-litoralen und der festländischen Zeitreihen	58
6.2.7.	Raum-zeitliche Differenzierung des Küstenreliefs	60
7.	Literatur	61
8.	Zusammenfassungen	69
8.1.	Zusammenfassung	69
8.2.	Summary: Geomorphology of Coastal Namib Desert and its hinterlands (South West Africa)	70
8.3.	Résumé: Geomorphologie de la région côtière du désert du Namib Central (Afrique du Sud-Ouest)	71
8.4.	Резюме: Геоморфология прибрежной части пустыни Центральная Намиб /Югозападная Африка/	72

II. Appendices

Appendix zu cap. 1.:
Abb. 1.1.
Tab. 1.1. – 1.3.

Appendix zu cap. 2.:
Abb. 2.1. – 2.2.
Tab. 2.1.

Appendix zu cap. 3.:
Abb. 3.1. – 3.4.
Tab. 3.1.
Photos 3.1. – 3.4.

Appendix zu cap. 4.:
Abb. 4.1. – 4.40.
Tab. 4.1. – 4.8.
Photos 4.1. – 4.15.

Appendix zu cap. 5.:
Abb. 5.1.
Tab. 5.1. – 5.2.

Appendix zu cap. 6.:
Abb. 6.1. – 6.2.
Tab. 6.1. – 6.2.
Photos 6.1. – 6.4.

0. Vorwort

Die vorliegende Arbeit ist entstanden aus Forschungen zur Geomorphologie der küstennahen Zentralen Namib, für die wir Geländearbeiten im Januar/April 1972 zwischen Mile 30 und dem Kuisebdelta durchgeführt haben.

Unser Aufenthalt in Südwestafrika schloß an an unsere Teilnahme im Rahmen der Arbeitsgruppe Gierloff-Emden an der Fahrt 25/1971 der F. S. „Meteor" (Westafrikafahrt, Fahrtleiter Prof. Dr. E. Seibold, Kiel) und an Reisen in Senegal und Mauretanien, wo es uns möglich war, Forschungen französischer Kollegen zur quartären Reliefentwicklung der westlichen Sahara im Gelände selbst und in Diskussionen in der Universität Dakar kennenzulernen.

Die Reise wurde von der Deutschen Forschungsgemeinschaft (DFG) finanziell unterstützt, wofür wir danken. Der Deutschen Forschungsgemeinschaft danken wir auch für eine Druckkostenbeihilfe. Die Abwesenheit von der Universität München während des Wintersemesters 1971/72 wurde uns ermöglicht durch eine Beurlaubung.

Für die finanzielle Unterstützung durch die DFG und für die Beurlaubung während eines laufenden Semesters hat sich Prof. Dr. H. G. Gierloff-Emden, München, nachdrücklich mit großem persönlichen Engagement und wirkungsvoll eingesetzt. Ohne ihn hätten wir unser Vorhaben nicht durchführen können. Hierfür sind wir ihm zu großem Dank verpflichtet.

In Südwestafrika wurden wir herzlich aufgenommen und großzügig unterstützt. Wir danken allen Südwester Freunden und Bekannten, insbesondere den Familien W. Bergner, Walvis Bay, H. Fürstenau, Windhoek, H. Grellmann, Windhoek, W. Hoff, Neu-Heusis, E. Huhle, Komuanab, H. Müller, Johannesburg, F. Oeder, Mignon, und K. Oeder, Otjiwarongo. Die Leiterin der Forschungsstation Gobabeb, Dr. M. K. Seeley, die Herren Swart, Dr. Joubert, Verweye, Jankowitz, alle Nature Conservation and Tourism, Windhoek, Commander Cleezen und seine Mitarbeiter von der Military Base Walvis Bay, sowie Direktor Rousseau und Frau Holtzhausen vom Trigonometric Survey, Windhoek, halfen uns bei der Durchführung unserer Arbeiten. Wir möchten uns bei ihnen allen bedanken.

Ganz besonders danken wir Herrn Dr. H. J. Rust, Sekretär der SWA Wissenschaftlichen Gesellschaft, Windhoek, der sich für uns persönlich einsetzte und unsere Forschungen in jeder Weise zu fördern suchte.

Nach unserer Rückkehr haben wir beide die Ausarbeitungen unserer Befunde in München in eigener Regie durchgeführt, d. h. die Entwürfe und Reinzeichnungen der Abbildungen sowie die textlichen Ausarbeitungen und die Laboranalysen. Bei den Untersuchungen im Labor des Geographischen Institutes unterstützten uns Prof. Dr. F. Wilhelm, Dr. G. Michler und Herr F. Skoda. Wir möchten uns bei ihnen hier bedanken.

Wir beabsichtigten ursprünglich nicht, die Ergebnisse unserer Forschungen in dieser Form vorzulegen. Die nun vorgelegte Arbeit folgt in ihrer Konzeption Anratung und Anregung, wie sie uns Prof. Dr. H. G. Gierloff-Emden und Prof. Dr. F. Wilhelm, beide München, gegeben haben. Prof. Dr. H. Louis, München, hat uns zu Verbesserungen angeregt, wofür wir ihm danken.

Hindernisse und Schwierigkeiten tauchen wohl immer in jeder Phase einer wissenschaftlichen Arbeit auf. Allen, die uns in diesen Fällen unterstützten, möchten wir hiermit unseren Dank abstatten. Es hat uns Spaß gemacht, der selbst entworfenen Fragestellung im Rahmen unserer Möglichkeiten nachgehen zu können. Und wir sind zufrieden, daß wir dies gemeinsam getan haben – denn bekanntlich ist bisweilen ein Ganzes mehr als die Summe seiner einzelnen Teile.

Das Manuskript wurde im Dezember 1973 abgeschlossen. – Uns nachträglich zugegangene ^{14}C-Daten für das e-Marin wurden noch in den Text eingearbeitet.

Redaktion und Schriftleitung haben die Autoren durchgeführt.

U. Rust   F. Wieneke

1. Einführung
(U. Rust/F. Wieneke)

1.1. Problemstellung

Von etwa 15° s Br (Südangola) bis etwa 28° s Br (Oranjefluß) erstreckt sich an der Westseite Afrikas ein etwa 100 km breiter küstenparalleler Wüstenstreifen: die Namib (zum Problem der Begrenzung der Namib vgl. z. B. MEIGS 1966, S. 94). Das großklimatisch weitgehend einheitliche Wüstengebiet (TROLL/PAFFEN 1964) besitzt ein höheres und feuchteres Rückland, das ebenfalls großklimatisch noch zu den Trockengebieten zu zählen ist (Halbwüstenklima nach TROLL/PAFFEN 1964). Vor der Namibküste sind kalte Auftriebswässer häufig, Nebelbildung im küstennahen Abschnitt ist eine normale Erscheinung (BESLER 1972).

Die klimatisch definierte Region der Namibwüste ist auf einer ca. 1 % nach E ansteigenden schiefen Ebene ausgebildet, die an ihrem östlichen Rand Höhen von 1000 bis 1300 m ü M erreicht. Diese schiefe Ebene wird zum binnenwärtigen Hochland (1800 bis 2000 m ü M) begrenzt zum Teil durch eine Randstufe (Great Escarpment, z. B. KAYSER 1949, ABEL 1959), z. T. durch eine Gebirgszone von 30 bis 70 km Breite.

Die geomorphologische Grobgliederung der Namibküstenwüste ist seit längerem bekannt und wiederholt dargestellt worden (KORN/MARTIN 1937, LOGAN 1960, KAYSER 1949, 1970, 1973, JAEGER 1965, SPREITZER 1965). Sie kann mit dem Gegensatzpaar Flächennamib/Dünennamib (LOGAN 1960) umrissen werden.

In dem bekannten Gemini-V-Satellitenbild (Abb. 1.1.) kommt diese Grobgliederung sehr klar zum Ausdruck. Eine nähere Betrachtung des Satellitenbildes zeigt aber auch, daß weitere Reliefeigenschaften für den bezeichneten Namibausschnitt charakteristisch sind, z. B. die Zertalungssäume entlang den im Hochland wurzelnden Gerinnen Swakop/Khan und Kuiseb oder die Zone der Inselberglandschaften am landwärtigen Rand der Namib, in welcher sich das Binnenhochland gegenüber dem tieferen Stockwerk eben der Namib auflöst, oder der Küstenformenschatz mit Nehrungshakensystemen und Lagunen einerseits, einer (scheinbaren) Ausgleichsküste andererseits oder die Detailaspekte z. B. des von E in die Dünennamib eindringenden und vor dem Erg endenden Tsondab mit ihn begleitenden Schwemmflächen oder z. B. des schmalen Dünenfeldes, das küstenparallel zwischen Swakop- und Kuisebmündung die Flächennamib von der Küste trennt.

Für Detailaspekte in Hinsicht auf die skizzierten Reliefeigenschaften gibt es systematische Untersuchungen. Etwa für die Große Randstufe (KAYSER 1949, ABEL 1959, SPREITZER 1965), für die Inselberglandschaften (ABEL 1955, RUST 1970), für einzelne fluviale Terrassensysteme (KORN/MARTIN 1937, JAEGER 1965, SPREITZER 1965), für marine Terrassen (DAVIES 1959, SPREITZER 1965), für den Kleinformenschatz (BESLER 1972) [1-1]. Wichtig sind die Arbeiten von STENGEL (1964, 1966, 1970), weil sie die hydrographischen Verhältnisse nach amtlichem Untersuchungsmaterial sichten. Schließlich hat SCHOLZ (1963, 1968a–c) in mehreren Arbeiten systematisch die Böden auch im besagten Namibausschnitt untersucht.

Der eine von uns, F. Wieneke, hat bisher schwerpunktmäßig küstenmorphologisch gearbeitet (WIENEKE 1971), der andere von uns, U. Rust, klimageomorphologisch (RUST 1970). Diese beiden Provenienzen schienen uns günstig zu sein, um im besagten Namibausschnitt – den wir mit LOGAN (1960) ,,Zentrale Namib" nennen möchten – im Team folgender Fragestellung nachzugehen: Inwieweit kann das Verteilungsmuster des exogenen Realreliefs (i. S. von BÜDEL 1971) der Zentralen Namib erklärt werden als das Produkt aus dem Zusammenwirken von festländischer (äolischer, fluvialer) und marin-litoraler Morphogenese? Wir erhofften uns, mit diesem komplexen Ansatz eine zeitlich und räumlich differenziertere Vertiefung der bisherigen Kenntnis des Reliefs der Zentralen Namib erarbeiten zu können. Zurückgehend vom aktuellen Relief sollte dies erfolgen i. S. einer Analyse der Reliefgenerationen, d. h. es würde sich vermutlich im Prinzip um eine Untersuchung der quartären Reliefentwicklung handeln.

[1-1] In BESLER (1972) auch eine sehr sorgfältige Literaturzusammenstellung unter Heranziehung schwer zugänglicher südafrikanischer Literatur

Es ist eigentlich verwunderlich, daß dieser Ansatz in diesem Untersuchungsgebiet bislang noch nicht verfolgt worden ist. Denn erstens ist die Zentrale Namib sehr gut zugänglich [1-2], ein enormer Gunstfaktor für jede Geländearbeit. Zweitens ist die Zentrale Namib für einen solchen Ansatz weltweit gesehen geradezu als Typlokalität anzusehen; denn nirgends sonst verknüpfen sich in einem, soweit bekannt, tektonisch stabilen [1-3], großklimatisch weitgehend einheitlichen Wüstengebiet mit höherem und feuchterem Rückland fluvialer, äolischer und mariner Formenschatz.

Abb. 1.1. erfaßt etwa 40 000 km². In diesem Areal haben wir unserem formulierten Ansatz gemäß die Geländearbeiten vor allem in einem küstenparallelen Streifen von Mile 30 im N bis Walvis Bay im S durchgeführt.

1.2. Gliederung der Arbeit

Dem Ansatz gemäß lag der S c h w e r p u n k t unserer Untersuchungen in der k ü s t e n n a h e n Z e n t r a l e n N a m i b. Die in diesem Gebiet gewonnenen Ergebnisse sollen in dieser Arbeit ausführlicher dargestellt werden. In einigen Aufsätzen haben wir über Detailaspekte unserer Untersuchungen bereits anderweitig berichtet. In RUST/WIENEKE (1974) haben wir über Vergleichsuntersuchungen am mittleren Kuiseb referiert. Soweit die in diesen Aufsätzen vorgetragenen Ergebnisse nicht explizit auch in dieser Arbeit aufgegriffen werden, sei auf sie verwiesen.

In cap. 2. formuliert F. WIENEKE aus küstenmorphologischer Sicht den Rahmen, innerhalb dessen wir den Aspekt marin-litoraler Entwicklung in unserem Ansatz sehen können. Die klare Definition marin-litoraler Formenabfolgen ist conditio sine qua non, wenn wir erfolgreich dem Phänomen des in der Zeit schwankenden Meeresspiegels (eustatische Meeresspiegelschwankungen) geomorphologisch auf die Spur kommen wollen.

In cap. 3. formuliert U. RUST den klimageomorphologischen Hintergrund, vor dem wir die festländische Reliefentwicklung in der Zentralen Namib sehen müssen. Die Entwicklung gewisser, teils neuer Standpunkte in der Sichtung der Literatur zu einigen geomorphologischen Grundfragen erwies sich als notwendig, um den Regeln der festländischen Entwicklung in der Zentralen Namib auf die Spur zu kommen.

Wird also in cap. 2. und 3. versucht, die Bezugssysteme (i. S. von BARTELS 1968) abzustecken, innerhalb derer wir arbeiten und argumentieren, so wird in den nachfolgenden Kapiteln das Forschungsobjekt selbst vorgeführt.

Cap. 4. bringt die Präsentation unserer Befunde. Mit kurzen textlichen Erläuterungen wird unser Dokumentationsmaterial, gegliedert nach Karten und Profilen, Laborbefunden in diagrammatischer Darstellung, Rundungsgradverteilungen, Profilaufnahmen, Photos für die einzelnen Untersuchungspunkte vorgelegt. Tab. 1.2. (Appendix zu cap. 1.) ist als Aufschlüsselung der in cap. 4. vorgelegten Belege gedacht.

In cap. 5. führt F. WIENEKE aus, inwieweit die von ihm durchgeführte statistische Behandlung der Ergebnisse der Korngrößenuntersuchungen zu Aussagen über bestimmte, die einzelnen von uns genommenen und im Labor behandelten Proben kennzeichnende Sedimentationsmilieus führt.

In cap. 6. werden unsere Befunde im Zusammenhang gedeutet. Tab. 1.1. faßt, nach Lokalitäten und zeitlichen Abschnitten geordnet, die Dokumente, mit deren Hilfe wir argumentieren, zusammen. Tab. 1.3. faßt für die einzelnen Lokalitäten und Zeitabschnitte die Kategorien der Beweisführung, mit denen wir argumentieren, zusammen. Tab. 1.1. und 1.3. befinden sich im Appendix zu cap. 1.

1-2 Das gilt zumindest für die Flächennamib: Es existieren 5 West-Ost-Querstraßen, davon eine geteert, eine Eisenbahn, eine küstenparallele Straße sowie weitere untergeordnetere Pisten

1-3 In der Literatur gibt es keine Hinweise auf das Gegenteil

In cap. 6.1. werden die von uns im Untersuchungsgebiet erarbeiteten zeitlichen Abschnitte (Phasen) der Reliefentwicklung gemäß den einzelnen Lokalitäten diskutiert. In cap. 6.2. werden darauf aufbauend die erarbeiteten regionalen sowie allgemeingeomorphologischen Ergebnisse diskutiert.

1.3. Technische Durchführung der Untersuchungen

Unsere Arbeit gliederte sich naturgemäß in zwei aufeinanderfolgende Abschnitte – Gelände- und Laborarbeit –, auf welche dann die Ausarbeitung (Vertextung, Entwurf und Zeichnung von graphischen Informationen, Literaturergänzung) folgte.

Für die Geländearbeit standen neben der technischen Geländeausrüstung folgende wissenschaftliche Hilfsmittel zur Verfügung: im Trigonometric Survey in Windhoek topographische Karten der Maßstäbe 1 : 25 000, 1 : 50 000, 1 : 100 000, 1 : 250 000. Das Relief wird in den Karten 1 : 25 000 durch Isolinien mit einer minimalen Äquidistanz von 5 m, in den Karten 1 : 50 000 von 10 m dargestellt. Beide Kartenwerke enthalten nur wenige Höhenpunkte (Bezugsnull KN SWA). Kleinermaßstäbige Karten sind freigegeben. Satellitenbilder können käuflich in Europa erworben werden. Außerdem existieren im Trigonometric Survey in Windhoek Luftbilder verschiedener Maßstäbe (um 1 : 35 000). Luftbilder sowie nicht freigegebene Karten durften nicht mit ins Gelände genommen werden. Wir erarbeiteten auf eine uns erteilte Sondergenehmigung hin Karten- und Luftbildskizzen sowie topographische Profile, die wir dann mit ins Gelände nehmen konnten. Die Interpretation dieser Hilfsmittel ermöglichte in Verbindung mit einer vorherigen Übersicht über das Gebiet die Lokalisierung vermuteter wichtiger Untersuchungspunkte für den von uns verfolgten Ansatz.

Im Gelände wurden, je nach Lokalität verschieden, folgende Arbeitsgänge (die meisten kombiniert, vgl. cap. 4.) durchgeführt:

Krokieren mit Schrittmaß und Bussole zur λ/φ-Erfassung der Formen und der gegrabenen Profile

Nivellement mit Nivellier zur höhenmäßigen Festlegung der Formen und der gegrabenen Profile

Barometrische Höhenmessung mit dem Thommen-Präzisionshöhenmesser (± 2 m Genauigkeit), ebenfalls zur Festlegung der Höhenpunkte

Bodenkundliche und sedimentologische Aufnahme von insgesamt 38 Profilen

Probenentnahme zur Bestimmung des Sulfat- und Carbonatanteils sowie zur Bestimmung der Korngrößenverteilungen

Zurundungsmessungen, versuchsweise nach REICHELT (1961), dann nach RUST/WIENEKE (1973b)

Probenentnahme von Faunen für radiometrische Altersbestimmungen (^{14}C-Datierung) sowie für die Artenbestimmung

Photographieren zur Dokumentation von Formen und Profilen

Filmen (Super-8-mm) zur Dokumentation aktuogeomorphologischer Prozesse (z. B. Barchanwanderung, Abkommen eines Riviers)

Wir haben uns im Untersuchungsgebiet mit geländegängigen Fahrzeugen (Landrover, Beach Buggy) bewegt und zum Abschluß einen Rundflug von Windhoek aus durchgeführt, der uns über der Dünennamib bis zur Breite der Tsondab-Flats und von Conception Bay führte. Der gesamte Ablauf unserer Forschungen wird in RUST/WIENEKE (1973a, Abb. 2) graphisch dokumentiert.

Im Labor des Geographischen Institutes wurden folgende ergänzende Untersuchungen durchgeführt:

Trockensiebung der sandreichen Proben

Aufschlämmen und Pipettieren der schluff- und tonreichen Proben mit anschließender Siebung der Fraktionen $> 32\mu$ [1-4])

[1-4] Die $CaCO_3$- und $CaSO_4$-reichen Proben wurden vor der granulometrischen Analyse mit HCl behandelt

Quantitative Bestimmung des $CaCO_3$-Gehaltes nach der Methode Scheibler

Quantitative Bestimmung des $CaSO_4 \cdot 2H_2O$-Gehaltes [1-5]

Radiometrische Untersuchungen wurden im Geophysikalischen Labor des Niedersächsischen Landesamtes für Bodenforschung, Hannover, (Leiter Dr. M. A. GEYH) durchgeführt.

1-5 Bestimmung von $CaCO_3$ nach Scheibler. Mit 2n HCl kochen und filtrieren. Filtrat mit $AgNO_3$ auswaschen. Zugabe von $BaCl_2$, Ausfällen von $BaSO_4$. $BaSO_4$ in Wiegefiltertiegel trocknen. Umrechnen auf $CaSO_4 \cdot 2H_2O$

2. Küstengeomorphologische Grundvorstellungen

(F. Wieneke)

2.1. Einführung

Forschungsgegenstand ist die quartäre Reliefentwicklung der küstennahen Zentralen Namib, Ziel unserer Untersuchungen also die Rekonstruktion der „Erosions- bzw. Denudationschronologie" (HARD 1973, S. 130) des genannten Teiles der Erdoberfläche. Als „historische Naturwissenschaft" benutzt die Geomorphologie den logischen Indizienbeweis (BÜDEL 1961, S. 314), d. h. aus überprüfbaren Geländebefunden wird die Erosions- bzw. Denudationschronologie logisch erschlossen.

Aus der geographischen Lage des Untersuchungsgebietes leiteten wir den Forschungsansatz ab, die quartäre Reliefentwicklung aufzufassen als das Ergebnis der Interaktion marin-litoraler, fluvialer und äolischer Reliefentwicklung. Es gehen in den Untersuchungsansatz damit sowohl küstengeomorphologische Modellvorstellungen als auch klimageomorphologische ein. Es ist zunächst zu untersuchen, welche Modellvorstellungen der Küstengeomorphologie dem Forschungsansatz zugrunde gelegt werden müssen, und damit, welchen Stellenwert Geländebefunde als Indikatoren der marin-litoralen Erosions- und Denudationschronologie erhalten können.

Bei dem Forschungsgegenstand liegt der Akzent weniger auf einer möglichst vollständigen Rekonstruktion des Küstenformenschatzes zu verschiedenen Zeitabschnitten oder auf der Rekonstruktion der Prozesse, die zur Entstehung des jeweiligen Küstenformenschatzes führten, als auf einer möglichst vollständigen Rekonstruktion der Phasen, die zur Entstehung des heutigen Reliefs führten. Die komplexen marin-litoralen Prozesse werden verursacht durch Wellentätigkeit, Strömungen und Gezeitenschwankungen. Der diesen Prozessen intensiv ausgesetzte Grenzsaum von Meer und Festland ist dabei im Laufe der Zeit, bezogen auf das heutige Festland, verlagert worden. Zwei Hauptmodellvorstellungen werden also bei küstengeomorphologischen Arbeiten zugrunde gelegt: eine über marin-litorale Prozesse und den resultierenden Küstenformenschatz und eine über Änderungen der Lage des Küstensaumes in der Zeit, bezogen auf die heutige Lage des heutigen Festlandes, d. h. V o r s t e l l u n g e n   ü b e r   d i e   F o r m e n -   u n d   S e d i m e n t a b f o l g e im Litoral und über M e e r e s s p i e g e l ä n d e r u n g e n. Aus der Zusammenschau beider Vorstellungen ergibt sich dann unter Berücksichtigung der Forschungsmethode des logischen Indizienbeweises, daß aus Resten litoraler Formen- und Sedimentabfolgen in unterschiedlichen Höhenlagen die Phasen der marin-litoralen Morphogenese prinzipiell rekonstruierbar sind.

Die oft winzigen Spuren, die eine solche Rekonstruktion erlauben, sind Formen, alte Böden, Lockersedimente und Faunenreste. Schon in der klassischen geomorphologischen Literatur ist auf die Bedeutung dieser Indikatoren hingewiesen worden (von RICHTHOFEN 1901, PENCK 1894, DAVIS 1912).

2.2. Die Zonierung des Litorals

Küstengeomorphologische Literatur hat oft unter unscharfen Formulierungen des Begriffsapparates zu leiden. Im folgenden sollen die für unsere Argumentationen zur Rekonstruktion der Reliefentwicklung benötigten Begriffe eindeutig definiert werden unter Anlehnung an LÜDERS (1967), HUNT/GROVES (1965) und WIENEKE (1971).

Das Litoral umfaßt den Bereich des Übergangs vom festen Land rein subaerischer Morphodynamik zum Meeresboden rein submariner Morphodynamik. Je nach Intensität und Dauer der marinen Überformung läßt es sich in einzelne Zonen unterteilen. LÜDERS (1967) unterteilt das Litoral mit Hilfe von Wasserstandslinien (vgl. Abb. 2.1.). Er definiert den im Bereich mittlerer Tidewasserstände liegenden Küstensaum als Strand, d. h. der Strand umfaßt den Abschnitt des Litorals, der ein- bis zweimal täglich vom Meerwasser bedeckt und damit überformt wird und ebenso oft wieder vom Wasser freigelegt wird. Landseitig wird der Strand begrenzt durch die Küstenlinie, d. h. den Tidewasserstand, von dem ab die Windfluten gerechnet werden. Dies ist eine Grenze, die aus der Wasserstandsstatistik des zugehörigen Pegelortes abgeleitet ist. Die seeseitige Begrenzung des Strandes bildet die Strandlinie, die für z. B. Mitteleuropa bei − 2.0 m NN liegt, d. h. etwa im Bereich des MSpTnw (mittleres Springtideniedrigwasser). Seewärts der Strandlinie liegt der Vorstrand. Der Strand ist gegliedert in den höher gelegenen trockenen Strand (hochwasserfreier Strand) zwischen der Küstenlinie und der Uferlinie (Wasserstand bei MThw) und den tiefer gelegenen nassen Strand (Tidestrand) zwischen Uferlinie und Strandlinie. Der nasse Strand wird im Verlauf der Tidebewegungen bei Tidehochwasser regelmäßig überflutet und fällt bei Tideniedrigwasser zum größten Teil trocken. Der trockene Strand wird nicht bei jedem Tidehochwasser überflutet. Durch starke auflandige Winde erzeugte hohe Wasserstände, sogenannte Wind-, Sturm- und Orkanfluten, überfluten sogar den Teil des Litorals, der oberhalb des trockenen Strandes liegt, zwischen der Küstenlinie und der Grenze des höchsten Sturmflutstandes (STL = storm tide level), die bei unseren Vermessungen als Nivellementsnull angenommen wurde. Diese das Litoral gliedernden Grenzlinien sind also durch auf unterschiedliche Weise gewonnene statistische Mittel von Pegelständen definiert (MSpTnw, MThw, Windfluten, STL).

Eine solche Gliederung des Litorals nach Wasserstandsmittel- und -extremwerten entspricht auch in etwa einer Gliederung in unterschiedliche morphodynamische Zonen, obwohl die Kriterien beider Gliederungen kategorial völlig unabhängig sind. Nach den Forschungen zur Hydro- und Morphodynamik an Küsten besonders aus dem angelsächsischen Sprachgebiet sind die komplexen Prozesse weitgehend aufgehellt. Dieses hat zu einer vollständigeren Untergliederung des Litorals nach morphodynamischen Gesichtspunkten geführt (z. B. SHEPARD 1963, INGLE jr 1966, KING 1959).

Vom offenen Meer herkommend ist das Litoral erreicht mit dem Beginn der Deformation der Wellen. Dies ist der Beginn der gegenseitigen Beeinflussung von bewegtem Wasserkörper und ihm unterlagernder Gesteins- (d. h. Fels- oder Sediment-) oberfläche. Auf diese hydrodynamische Zone der aufsteilenden Wellen folgt die Zone der zusammenbrechenden Wellen (Brandung i. e. S., breaker zone bei INGLE jr 1966), welche dann als Translationswellen auf den Strand zu einen Wassermassentransport durchführen (vgl. Tab. 2.1.). Diese Zone wird als Zone der Translationswellen bezeichnet (surf zone bei INGLE jr, bei PASSARGE 1912 Rollerzone). Am Strand selbst ist die Schwallzone im Bereich des gerade überfluteten Teiles ausgebildet. In dieser Zone findet durch Schwall, d. h. schichtartigen Wassertransport den Strand hinauf, und durch Sog, d. h. Rückströmen des durch einen Schwall auf den Strand hinauf transportierten Wassers, wechselnder Wassertransport nahezu senkrecht zum Streichen des Strandes statt. Zwischen den Translationswellen und dem Sog, die entgegengesetzt gerichtete Arten des Wassertransportes sind, findet Kollision statt.

Den hydrodynamischen Zonen entsprechen Zonen unterschiedlicher Morphodynamik (Erosion, Transport und Akkumulation). Die Zone der zusammenbrechenden Wellen (Brandung i. e. S.) trennt eine strandnahe und eine strandferne Zone senkrecht zum Küstenverlauf erfolgenden Sedimenttransportes (SHEPARD 1963, INGLE jr 1966). In diesen beiden Zonen erfolgt gleichzeitig auch ein küstenparalleler Sedimenttransport. In der Zone der aufsteilenden Wellen erfolgt ein meerwärtiger Sedimenttransport, der meerwärts zu einer stets besseren Sortierung des Sedimentes führt. Unterhalb der Brandung ist die Transportkapazität am größten, und es findet eine küstenparallele Wasser- und Sedimentbewegung (Brandungslängstransport) statt, jedoch keine durch diese Zone hindurch. In der Zone der Translationswellen erfolgt ein Transport von Wasser und Sediment auf den Strand zu, es ist jedoch (nach z. B. SHEPARD 1963) in dieser Zone häufig ein zellenartiges Zirkulationssystem mit Ripströmen ausgebildet, das die durch die Translationswellen erfolgte Wasser- und Sedimentzufuhr zum Strand kompensiert. Die küstenparallelen Äste der Ripströme (feeder currents) bewirken eine insgesamt küstenparallele Bewegung, die als Küstenlängsstrom (longshore current) bezeichnet wird. In der Schwallzone erfolgt ein wechselnder Transport nahezu senkrecht zum Küstenverlauf, der aber wegen der Richtungsunterschiede vom Schwall (nicht genau senkrecht) und Sog (der Schwerkraft folgend, daher genau senkrecht) in einer langsamen küstenparallelen Sedimentverlagerung resultiert (longshore drifting).

An einer vorwiegend aus Lockersedimenten aufgebauten Küste, an der ein Sandstrand vorhanden ist, entspricht den genannten hydro- und morphodynamischen Zonen eine bestimmte Reliefabfolge. Der Meeresboden, der schon durch die Wellen beeinflußt ist, heißt Schorre. Die Formen der Schorre seewärts der Zone der zusammenbrechenden Wellen sind wenig erforscht. In Echogrammen zeigen sedimentbedeckte Schorren ausgeglichene Profile, das geringe Auflösungsvermögen der Echolote verhindert die Erfassung der Kleinformen (z. B. GIERLOFF-EMDEN/SCHROEDER-LANZ/WIENEKE 1970). Strömungs- und Oszillationsrippel sind beobachtet worden (REINECK 1963). Im Bereich des Brandungslängsstromes, unterhalb der zusammenbrechenden Wellen, findet die intensivste Sedimentbewegung statt. Ein großer Teil des Sedimentes wird rhythmisch erodiert und wieder akkumuliert. Da hier die größten Energien, im Vergleich zu den anderen hydrodynamischen Zonen, frei werden, findet hier der stärkste Transport statt, das Sediment, das liegenbleibt, ist sehr grob (INGLE jr 1966). Von dieser Zone strandwärts können schmale, langgestreckte Rücken aus Sediment gebildet werden, sogenannte Riffe. Das unter den zusammenbrechenden Wellen gebildete Riff wird als Brandungsriff bezeichnet. Riffe im Bereich des nassen Strandes heißen Strandriffe. Ein durch Sedimenttransport und -ablagerung durch Schwalle gebildetes Riff wird als Schwallriff bezeichnet (LÜDERS 1967, WIENEKE 1971). Riffe sind daher morphogenetisch definiert als Akkumulationskörper im Bereich des Vorstrandes und des nassen Strandes, die durch „aufbauende Arbeit der Wellen" (HARTNACK 1926) geformt wurden, die gleichzeitig als Transportbänder für eine submarine küstenparallele Sedimentverlagerung dienen, die aber nicht ihr Material von einem erodierten vorspringenden Küstenteil beziehen. Im Unterschied hierzu sollen Nehrungen aufgefaßt werden als durch küstenparallelen, lateralen Wasser- und Sedimenttransport aufgeschüttete Sand- oder Kieswälle von langer, schmaler Form, die von einem vorspringenden Küstenpunkt ihren Anfang nehmen (vgl. LÜDERS 1967, HARTNACK 1926). Damit sind Riff und Nehrung morphogenetisch unterschiedliche Vollformen des Litorals (im Gegensatz hierzu s. GIERLOFF-EMDEN 1961, der alle Vollformen als Nehrung definiert, also kategorial anders argumentiert). Von ihnen beiden zu unterscheiden ist ein langgestreckter Wall an der seeseitigen Grenze des trockenen Strandes (Uferlinie, MThw), der als Strandwall bezeichnet wird und genetisch mit dem Schwallriff zusammenhängt.

In Anlehnung an INGLE jr (1966, Fig. 116, vgl. auch Tab. 2.1.) können den hydro- und morphodynamischen Zonen Trends der Sedimentänderung auf einem quer zur Küste verlaufenden Profil zugeordnet werden. In der Zone der aufsteilenden Wellen mit in Richtung auf die Zone der zusammenbrechenden Wellen zunehmender Transportenergie wird das auf der Schorre liegenbleibende, nicht erodierte oder wieder abgelagerte Sediment gröber, seine Sortierung schlechter. Das gröbste Korn und die schlechteste Sortierung sind in der Zone der zusammenbrechenden Wellen erreicht, wo alles feinere Korn periodisch suspendiert ist und wieder ausfällt. Mit Abnahme der Energie strandwärts in der Zone der Translationswellen und in der anschließenden Schwallzone nimmt die Korngröße wieder ab und die Güte der Sortierung wieder zu. Oberhalb des nassen Strandes findet eine Durchmischung mit äolischen Sedimenten statt, die sich in einer deutlichen Abnahme der Korngröße und einer deutlichen Verschlechterung der Sortierung bemerkbar macht.

Die vorstehenden Ausführungen sind auf die Küste der Zentralen Namib zutreffend, da rezent ein Sandstrand ausgeprägt ist und zumindest im Südabschnitt dieser Küste durch Erosion an Dünen ausreichend feinkörniges Lockermaterial zur Verfügung gestellt wird. Nach dem Seehandbuch (1964) finden S-N-Strömungen in Küstennähe statt, und die z. B. auf dem Satellitenbild (Abb. 1.1.) deutlich sichtbare Ausformung der Küste (WIENEKE/RUST 1972) weist ebenfalls auf morphodynamisch wirksamen Sedimenttransport von S nach N hin. Daher ist mit einem generellen küstenparallelen Transport der im S erodierten Lockersedimente nach N zu rechnen. Genauere Untersuchungen hierüber liegen nicht vor.

Nach dem Seehandbuch (Handbuch 1964) beträgt der mittlere Gezeitenhub an der Küste der Zentralen Namib 1.0 bis 1.5 m. D. h. das gesamte Litoral verlagert sich täglich zweimal mit seinen sämtlichen Zonen im Mittel um eine Vertikaldistanz von ungefähr 1.5 m, was einer horizontalen Verlagerung z. B. der Schwallzone von 50 bis 100 m entspricht.

Hierdurch ist eine Verknüpfung der beiden kategorial unterschiedlichen Litoralgliederungen nach Wasserstandsmittel- und -extremwerten und nach dynamischen Zonen gegeben. Die Schwallzone wird mit der Gezeitenschwankung täglich zweimal über den Bereich des nassen Strandes verlagert, weniger oft kommt sie in den Bereich des trockenen Strandes zu liegen. Die Zone der Translationswellen kann dann den nassen Strand zum Teil mit umfassen. Diese Zone ist aktuell an der Küste der Zentralen Namib schmal, der Zusammenbruch der Wellen erfolgt in ca. 100 m vor dem Strand. Da eine regelmäßige Dünung (vgl. Handbuch 1964, S. 88) die starke ganzjährige Brandung vor der Küste des Untersuchungsgebietes hervorruft, d. h. regelmäßige lange Wellen vorherrschen, andererseits der Zusammenbruch der Wellen bei einer Wassertiefe von ca. λ/2 erfolgt (z. B. DIETRICH/KALLE 1965), kann auf einen steilen Vorstrand geschlossen werden und verlagert sich die Zone der zusammenbrechenden Wellen im Gezeitenrhythmus kaum horizontal.

2.3. Die Meeresspiegeländerungen der letzten 30 000 Jahre

Änderungen der Lage des Küstensaumes mit der Zeit, bezogen auf die heutige Lage des festen Landes, d. h. Meeresspiegeländerungen, sind weltweit festgestellt worden. Es ist eine Sequenz von Meeresspiegelständen (von höheren und von tieferen als der heutige) erarbeitet worden, wobei die Schwankungen der Lage des Meeresspiegels auf Volumenänderungen der Weltmeere zurückgeführt wurden. Diese Volumenänderungen wurden erklärt durch Änderungen des Aggregatzustandes der betreffenden Mengen an H_2O, d. h. durch Verfestigung bzw. Verflüssigung. Daher wurden tiefe Meeresspiegelstände als Zeichen geringerer Volumina flüssigen H_2O, also der Zunahme der Vereisung auf der Erdoberfläche, und umgekehrt höhere Meeresspiegelstände als Zeichen der Abnahme der Vereisung interpretiert.

Diese Korrelation von Vereisungsphasen (Eiszeiten) und Interglazialen mit tiefen und hohen Meeresspiegelständen wurde zu einer stark gegliederten Sequenz ausgebaut. Die Typlokalitäten sind nachgewiesenermaßen tektonisch instabil, d. h. es sind Vertikalbewegungen des festen Landes erfolgt, die sich den echten Schwankungen des Wasservolumens überlagerten. Unter Eliminierung der Vertikalbewegungen des festen Landes sind neue Sequenzen der Meeresspiegeländerungen für tektonisch stabile Küsten erarbeitet worden, wobei absolute Datierungen mit Hilfe radioaktiver Isotope eine Überführung der bisher relativen Phasenabfolge in eine absolute ermöglichten (^{14}C, vgl. GEYH 1971; Th^{230}/U^{234}, vgl. STEARNS/THURBER 1967). Gleichzeitig hat die verstärkt eingesetzte Regionalforschung von allen Küsten der Welt, stabilen und instabilen, neue Ergebnisse gebracht, die das ursprünglich relativ geschlossene Bild, darstellbar durch eine Kurve im Zeit/Höhen-Diagramm, durch eine Menge bislang nicht korrelierbarer Einzelteile ersetzten.

Die genauesten Vorstellungen und zahlreichsten Ergebnisse liegen für etwa die letzten 30 000 Jahre vor. Wie bereits angedeutet, liegt allen Zusammenfassungen der prinzipielle Fehler eines Vergleiches über große Distanzen als Prämisse zugrunde. SHEPARD (1961) und SHEPARD/CURRAY (1967) einerseits und FAIRBRIDGE (1960, 1961) andererseits haben für die letzten etwa 30 000 Jahre Zeit/Tiefen-Kurven der Meeresspiegeländerungen, bezogen auf das feste Land, vorgelegt, die wesentlich voneinander differieren. Nach einem Hochstand des Meeresspiegels um 40 000 – 30 000 BP (z. B. HAILS/HOYT 1969) soll um 20 000 BP ein schneller Abfall des Meeresspiegels auf ca. – 100 m erfolgt sein, dem dann ein allmählicher Anstieg folgte. Nach FAIRBRIDGE oszillierte der Meeresspiegel seit etwa 6 000 BP um die heutige Marke, wobei um 6 000 – 5 000 BP ein Hochstand von + 2 – 5 m zu verzeichnen war (sog. Flandrische Transgression). SHEPARD leugnet den Hochstand und die jüngeren Oszillationen, die von ihm konstruierte Kurve zeigt einen stetigen, langsamer werdenden Anstieg des Meeresspiegels bis zum heutigen Stand (vgl. Abb. 2.2.). Gestützt sind die beiden gegensätzlichen Auffassungen auf radiocarbon datierte Proben aus verschiedenen Teilen der Erdoberfläche. Hieraus folgt, daß für die Veränderungen des Meeresspiegelstandes in den letzten 30 000 Jahren so widersprüchliche, sich gegenseitig ausschließende Ergebnisse vorliegen, daß Hypothesenbildungen, also eine Übertragung dieser Vorstellungen auf bislang nicht untersuchte Gebiete, im Grunde ausgeschlossen sind.

Die Küste der Zentralen Namib ist tektonisch stabil. Es sind aus der Literatur keine Hinweise auf jüngere Krustenbewegungen bekannt, und wir haben im Gelände hierfür keine Anhaltspunkte gefunden. Der afrikanische Kontinent enthält weitere, in jüngerer Zeit relativ stabile Küstenabschnitte, die zum Teil gründlicher erforscht sind. So liegen aus dem westafrikanischen Gebiet der Küste Senegals und Mauretaniens geologische und geomorphologische Arbeiten vor (ELOUARD 1967, MICHEL 1967, 1968, TRICART 1961), die eine eustatisch-marine Entwicklung für diesen Raum aufstellen. Sie konnten einen Meereshochstand um 5 500 BP erfassen und davor einen Tiefstand. DAVIES (1971) berichtet von einzelnen ^{14}C-Datierungen der jüngsten Hoch- und Tiefstände, die auch nur mit Vorsicht zum Vergleich für die eustatische Entwicklung der Küste der Zentralen Namib zu benutzen sind. Aus dem südlichen Afrika zitiert er vereinzelte Vorkommen, die auf einen Hochstand um 30 000 – 40 000 BP verweisen, dem ein Tiefstand um 8 000 – 9 000 BP folgte, und auf einen jüngeren Hochstand um 6 000 BP. Eine eventuelle schwache Regression um 3 000 – 2 000 BP soll eine Probe aus Südmadagaskar indizieren.

2.4. Indikatoren für fossile Meeresspiegelstände

Bei einer Änderung der Lage des Meeresspiegels, bezogen auf die Position des festen Landes, wird das gesamte Litoral mit seinen hydrodynamischen Zonen, mit seiner Formenabfolge, seinen Sedimenten und seiner Fauna in bezug auf das feste Land verlagert. Nachfolgende marine oder festländische Überformungen bewirkten Veränderungen durch Erosion, Umlagerungen, Akkumulation, so daß stets nur R e s t e früherer Meeresspiegelstände gefunden werden können und nie die gesamte Abfolge des Litorals. Reliefreste, Reste von Sedimentkörpern und Faunenreste erhalten somit den Stellenwert von Indikatoren fossiler Meeresspiegelstände. Hieraus ergeben sich einige Probleme bezüglich des Aussagewertes dieser Indikatoren.

Reliefreste aus der Formenabfolge sind eindeutig als marin-litoral entstanden anzusprechen, wenn sie aus marinen Sedimenten aufgebaut sind und möglichst in Verbindung mit mariner Fauna auftreten. Z. B. ist ein Steilhang in der Nähe des heutigen Strandes nicht notwendig ein totes Kliff (s. Mile 4 und Mile 30, cap. 6.2.), nur falls sich marine Ablagerungen an seinem Fuß nachweisen lassen. Ein langgestreckter Rücken, bewachsen und mit Kupstendünen bestanden, ist nicht unbedingt marin-litoral angelegt, wohl aber, wenn er marine Gerölle, Sande und Fauna enthält.

Fossilfreies marin-litorales Sediment läßt sich nach korngrößenstatistischen Parametern von fluvialen und äolischen Sedimenten trennen und damit eindeutig ansprechen (SHEPARD/YOUNG 1961, FRIEDMAN 1961, 1962, s. cap. 5.). Die marin-litorale Fauna der Namibküste ist bisher kaum untersucht. Einige Faunenreste lassen sich im Vergleich mit rezenter Fauna eindeutig als marin ansprechen (Mile 4, s. cap. 6.1.), andere Vorkommen als wahrscheinlich marin (z. B. bei Rooikop).

Doch selbst wenn aus der Vergesellschaftung von Formelement, Sediment und Fauna eine eindeutige Ansprache als Rest eines fossilen Meeresspiegelstandes möglich ist, so stellen sich die Probleme des Betrages der Abweichung des jeweiligen zugehörigen fossilen Meeresspiegelstandes vom augenblicklichen und der altersmäßigen Festlegung des durch diesen Meeresspiegelstand dokumentierten Zeitabschnittes (relativ und absolut).

Wie ausgeführt befinden sich die marinen Formen und die sie aufbauenden Sedimentkörper in der Zeitspanne ihrer Ausbildung in bestimmter geomorphologischer Position des Litorals. In bezug auf eine beliebige Vergleichshöhe, z. B. des festen Landes, befinden sie sich damit in unterschiedlicher Höhenlage. Hinzukommen Verschiebungen bei ruhendem Meereswasserspiegel durch kurzfristige Schwankungen der Wasseroberfläche, wie Tidenhub und Windstau, die in Meterbeträgen Verschiebungen z. B. des nassen und des trockenen Strandes verursachen. Diese Fehlerquelle ist nicht immer gebührend berücksichtigt worden, so daß stellenweise die Hochwasserplattform und die Niedrigwasserplattform eines Meeresspiegelstandes als Indikatoren zweier verschiedener Meeresspiegelstände interpretiert wurden (hierzu z. B. NONN 1972)

An der Küste der Zentralen Namib sind die gefundenen Spuren fossiler Meeresspiegelstände in bezug auf das feste Land mit ihren Oberflächen höhenmäßig eingemessen worden. Die aus diesen Meßergebnissen in bezug auf STL des rezenten Meeresspiegelstandes (oberste Grenze des rezenten Litorals) errechneten Schwankungsbeträge (in m) haben also unterschiedlichen Aussagewert je nach der Position der eingemessenen Form bzw. Sedimentkörper im zugehörigen Litoral. Sie sind Mindest- oder Höchstwerte, je nachdem, ob der zugehörige Meeresspiegelstand höher oder tiefer lag in bezug auf den heutigen. Z. B. gibt der nivellierte Betrag von 4.06 m zwischen Phase e und b (Mile 4/Vineta) einen Minimalwert, da der Meßwert für e (Pr 32 in Abb. 4.10.) aus dem e-zeitlichen Vorstrand und dort aus der Zone der Translationswellen, der Meßwert für b (beach rock in Abb. 4.11.) dem b-zeitlichen nassen Strand entstammt. Der Betrag von 2.18 m zwischen Phase e und a (Mile 30) ist ebenfalls ein Minimalwert, da der e-zeitliche nasse Strand und die a-zeitliche Sturmflutgrenze (STL) einnivelliert wurden. Andererseits ist der Betrag von 3.38 m zwischen

Phase b (beach rock in Abb. 4.11.) und Phase a (STL in Abb. 4.11.) ein Maximalwert, da hier der nasse Strand dem tieferen Meeresstand und STL dem höheren Meeresstand zugehören. Alle Beträge für Meereshochstände sind in bezug auf STL von Phase a Minimalwerte, da die herangezogenen Oberflächen der Formen- und Sedimentreste des Litorals zur Zeit ihrer Ausbildung tiefer gelegen haben als der jeweils zugehörige STL der entsprechenden Phase.

Es ist keine genaue Angabe über die höhenmäßige Schwankungsbreite der jeweilgen Litorale möglich. Aus der geomorphologischen Position der Profile 67 und 68 bei Rooikop (Tab. 4.6.) ist eine Zugehörigkeit zu demselben Meeresspiegelhochstand zu folgern (vgl. cap. 6.2.), so daß dort ein Höhenunterschied von 23 m im Litoral eines Meeresspiegelstandes nachweisbar ist, was die Umsetzung einer höhenmäßigen Abfolge in eine zeitliche Sequenz erschwert und den bisherigen Vorstellungen von der Kurve der Meeresspiegelschwankungen widerspricht. Der derselben Phase entstammende Litoralausschnitt bei Mile 30, der durch die dortigen Terrassenrestberge dokumentiert wird (Abb. 4.1., 4.2., 4.5.), weist eine Vertikaldistanz von mehr als 8 m auf.

Obwohl aus den referierten Gründen die von uns genau einnivellierten Meeresspiegelhöhen Unsicherheiten in Meterdimension aufweisen, sind diese Höhen selbst doch exakt und lassen Aussagen über Spiegelschwankungen innerhalb dieser Unsicherheitsgrenzen zu, da sie kategorial einheitlich und eindeutig beschrieben werden.

Da für die Küste der Zentralen Namib bezüglich des von uns untersuchten Zeitraumes keine tektonischen Bewegungen bekannt sind, können wir bei der zeitlichen Einstufung eustatischer Meeresspiegelschwankungen an dieser Küste von der Prämisse ausgehen, daß marin geschaffene Formen und Sedimente, die heute höher liegen als die entsprechenden Formen und Sedimente des aktuellen Litorals, umso älter sind, je höher sie liegen. Das ergibt einen älteren, höheren und einen jüngeren, nicht so hohen Meeresspiegelhochstand an der Namibküste (s. cap. 6.2.). Ergänzend konnte außerdem durch Sediment ein Tiefstand nachgewiesen werden, der aufgrund geomorphologischer Überlegungen jünger ist (s. cap. 6.1.10.). Im Zusammenhang mit der Phasenabfolge der terrestrischen Morphogenese ergibt sich damit eine relative Einstufung der letzten elf Phasen der Reliefentwicklung (s. cap. 6.2., Abb. 6.1.).

Es stellt sich außerdem das Problem der absoluten Datierung einiger dieser Phasen. Die Probleme, die sich der absoluten Altersbestimmung entgegenstellen, erschweren wiederum die überregionale Vergleichbarkeit und damit die Einstufung in die oben vorgestellten Abfolgen der eustatischen Meeresspiegelschwankungen (s. cap. 6.2.6.).

3. Erklärende Vorüberlegungen zur exogenen Realform in der Zentralen Namib

(U. Rust)

Hier bietet sich die Gelegenheit, einige etwas allgemeinere Anmerkungen zu unserem Forschungsgegenstand zu machen, mit der Zielsetzung, gewisse bescheidene Standpunkte zu erarbeiten und zu präzisieren. Der Akzent liegt dabei nicht auf der Präsentation unserer Befunde. Die Präsentation erfolgt in cap. 4., ihre Erklärung vor dem Hintergrund der nachfolgenden Ausführungen bzw. der Ausführungen F. WIENEKEs (cap. 2.) in cap. 6.

3.1. Die beiden Geomorphologien

CHORLEY (1969) hat untersucht, inwieweit im Rahmen geomorphologischer Fragestellungen Modellbildungen entwickelt worden sind. Seine Feststellung hinsichtlich der überwiegenden Forschungspraxis (z. B. climatic geomorphology, Penck's system u. a.) lautet: „They ... all falsely give the impression that they are based upon detailed knowledge of geomorphological processes and are simply concerned with the landform outputs which are supposed to result from combinations and tectonic outputs." (S. 85). Entsprechend werden ihre Ansätze als b l a c k b o x s y s t e m m o d e l s klassifiziert (Abb. 3.2.), d. h. Modelle von Systemen, bei denen die Kenntnis der Relationen zwischen den Elementen des Systems („... detailed internal examination of the system (e. g. of processes) ...") fehlt.

Verfasser hat früher für den Fragenkomplex „Inselberglandschaften" bereits versucht, eine Zusammenschau dessen zu geben, womit das Bezugssystem (i. S. von BARTELS 1968) der „Klimageomorphologie", vor allem vor dem Hintergrund der „Klassischen Geomorphologie", gekennzeichnet werden kann (RUST 1970, S. 75ff). Inzwischen ist BÜDELs (1971) „Natürliches System der Geomorphologie" erschienen. Diese Arbeit möge als Aufhänger für die Gedankenführung dienen.

BÜDEL unterscheidet insgesamt fünf Glieder in seinem natürlichen System: Reliefanalyse, dynamische Geomorphologie, klimatische Geomorphologie, klima-genetische Geomorphologie, synaktive Geomorphologie (Abb. 3.1.). Die black box CHORLEYs betrifft hier die dynamische und die synaktive Geomorphologie. Unter ersterer versteht BÜDEL (bes. S. 4ff) die Aufgabe, die reliefwirksamen „F o r m u n g s - M e c h a - n i s m e n" zu erarbeiten. Diese bestehen aus 12 Haupt-Vorgängen, die jeweils in weitere Teilvorgänge zerfallen. „Volle Reliefwirksamkeit besitzt nur der Formungs-Mechanismus im ganzen. Diese Wirksamkeit aber ist es, die sich im Relief widerspiegelt. Die wesentlichen Züge jedes Formungs-Mechanismus sind daher am ehesten aus der Analyse der von diesen erzeugten Reliefgestalt zu erkennen" (BÜDEL 1971, S. 6).

In disziplinspezifischer Begrifflichkeit ist dies also eine eindeutige Bestätigung von CHORLEYs Feststellung.

Dies wäre nicht weiter belangvoll, hätte nicht CHORLEY (1969, S. 61) mit seiner Klassifizierung eine ganz massive Kritik ausgesprochen. Denn das black box model system ist nur ein Subsystem eines Hauptsystems, deren er drei kennt (natural analogue systems, physical systems, general systems) — und die insgesamt die „geomorphologischen Aktivitäten" beschreiben (Abb. 3.2.). Immerhin hat CHORLEYs Auffassung von Geomorphologie auch außerhalb der Geomorphologie Resonanz gefunden, die sich z. B. in der wissenschaftstheoretischen Literatur niederschlägt (vgl. HARD 1973, S. 129ff). Offensichtlich sprechen CHORLEY und (pro pluribus) BÜDEL von verschiedenen Geomorphologien [3-1]. Nennen wir sie Geomorphologie (I) (BÜDEL) und Geomorphologie (II) (CHORLEY).

[3-1] Die Pluralisierung mag in Anlehnung an HARDs (1973) „physische Geographien" in ihrer sprachlichen Ungewohntheit verstanden werden

Für CHORLEY ist Geomorphologie in dem Maße Wissenschaft, wie sie zur Modellbildung imstande ist, d. h. Systeme erstellen kann, in welchen die einzelnen Elemente quantitativ als solche sowie in ihren Relationen zueinander (oder zu Elementen außerhalb des Systems) beschrieben werden (vgl. HARD 1973, S. 120). Er ist sich natürlich der Komplexität eines „natürlichen Komplexes" (wie z. B. des Reliefs) bewußt, favorisiert jedoch nur – vor allem von angelsächsischen Geomorphologen versuchte – Ansätze, mit denen diese Komplexität aufgehellt werden kann (s. etwa SCHEIDEGGER 1970). Die Analyse von Formungs-Mechanismen aus dem Resultat Relief heraus muß ihm als ungenügend erscheinen.

Für BÜDEL ist Geomorphologie eine „synthetisch-historische Wissenschaft", bedient sich Geomorphologie des logisch-historischen Indizienbeweises und des raum-zeitlichen Großvergleichs – allemal mit dem Ziel, die „exogene Realform" des Reliefs als Forschungsgegenstand zu erklären. Die „analytischen" Wissenschaften können nur Zuträgerdienste leisten.

Nun gibt es sicher exogene Realformen, die von den beiden Geomorphologien weitgehend zufriedenstellend erfaßt werden können, z. B. Barchane (BAGNOLD 1941) oder Rinnenbarren (WIENEKE 1971). Aber schon mathematische Ableitungen zur Hangformung (etwa SCHEIDEGGER 1970, S. 73ff oder GOSSMANN 1970) werden von CHORLEY wohl als mathematisches Modell (nebengeordnet zum black box model) akzeptiert, in BÜDELscher Sicht wohl am besten als ein Aspekt der synaktiven Geomorphologie einrangiert (sofern sie, was i. a. der Fall ist, Weiterbildungen vorhandener Formen betrachten).

Sicher vermag die Geomorphologie (I) ihre Wissenschaftlichkeit darzustellen: Sie verwendet Techniken der Deskription, die das Postulat nach Intersubjektivität der Befunde garantieren, egal ob es sich dabei um diagrammatische Beschreibungen (Karten, Profile u. a.) oder sonstige hilfswissenschaftliche Aussagen (Bodenprofile, Korngrößenverteilungen, Klimatabellen u. a.) handelt. Sie reiht sich ein in die anderen Erdwissenschaften, bei denen der Z e i t f a k t o r eine vergleichbare Bedeutung hat (historische Geologie im weitesten Sinne) und die in Hinsicht auf die „Prozesse" mit den gleichen Problemen konfrontiert sind. Immerhin vermögen diese Wissenschaften die Zeit in Zeitmarken und Abstände zwischen diesen zu fassen, d. h. das Zeit-Kontinuum in mehr oder weniger umfangreiche diskrete Einheiten zu gliedern.

Die „geomorphologische (I) Ära" (i. S. von BÜDEL 1971) rechnet in geologischen Zeitdimensionen (bis 10^7 a) [3-2]. Daraus folgt: Die Formungs-Mechanismen (zuzüglich aller sonstigen Varianzen (BREMER 1965a, BÜDEL 1961)), die beim heutigen Stand der „analytischen" Wissenschaften bisweilen kaum für die aktuellen Prozesse in ihrer Komplexität deskribiert (i. S. von BARTELS 1968) werden können [3-3], haben in eben geologischen Zeitdimensionen reliefwirksam operiert. Nur die über die Zeitachse integrierte Gesamtwirkung der Formungs-Mechanismen als Resultante (bzw. Teil des exogenen Realreliefs) ist überhaupt faßbar.

[3-2] Die Geomorphologie (I) ist eben nicht nur „quartärgeologisch" orientiert (so HARD 1973)

[3-3] In der Hydromechanik ist es z. B. zur Zeit noch nicht möglich, in einem kreiszylindrischen Rohr scheinbare Schubspannungen (turbulente Schubspannungen) eindimensionaler Strömungen theoretisch-physikalisch exakt zu beschreiben oder in offenen Gerinnen die Frage des Stabilitätsproblems turbulente/laminare Strömung (bei starren Gefäßwandungen, nicht bei einem Geschiebebetrieb verrichtenden fluvialen Gerinne!), u. z. gerade an der (vereinfacht starren) Wandung, zu beschreiben (KAUFMANN 1963, S. 72/73, 254/255). Anders formuliert ist es für diese Fälle zur Zeit noch nicht möglich, das System in bezug auf die zwischen den Elementen herrschenden Relationen physikalisch exakt zu deskribieren. – Diesen Hinweis verdankt Verfasser Dipl. Ing. W. Rust, Berlin.

Vor diesem Hintergrund sollte man von geomorphologischer (I) Seite entwickelte Vorstellungen etwa über die Formung durch fließendes Wasser relativieren (etwa LOUIS 1968, HORMANN 1964, ROHDENBURG 1971). Wenn mit LOUIS (1957a) z. B. Talbildung das (in der Zeit (!) werdende) Produkt aus Linearerosion und Flächendenudation ist – was geomorphologisch (I) sicherlich einleuchtet –, dann würde es sich bei einer die „fluviale" (vgl. dazu BÜDEL 1971) Formung betreffenden hydromechanischen Erklärung wohl darum handeln müssen, ein offenes Gerinne theoretisch-physikalisch zu fassen, dessen sämtliche Wandungen nicht starr sind ... In der Hydromechanik würde man das geomorphologische Problem „fluvialer" Formung zunächst unter Vernachlässigung des „Zeitfaktors" als Problem stationärer Strömung angehen.

Weiterhin: Von diesen Tatsachen aus sollten auch die geomorphologischen (II) stochastischen Modelle z. B. über landscape evolution relativiert werden (Zusammenschau bei SCHEIDEGGER 1970, S. 243ff). Abgesehen von deren Sicherheitsgrad in der Aussage beinhalten allgemeinere Aussagen, wie z. B. die Reynoldszahl, Froudezahl u. a., in sich auch angedeuteten theoretisch-physikalischen Unerklärtheiten.

Schließlich: Wie sollten die eingehenden Daten (bei aller Vereinfachung) realiter in einem Trockengebiet wie der Zentralen Namib wirklich durch beobachtende Messung gewonnen werden?

Das hier angerissene Problem — Zeitfaktor und Relief — ist auch CHORLEY bewußt (S. 80: relaxation time, historically oriented sequence of operations). Da die Inhärenz der Zeit (in geologischen Dimensionen) die Geomorphologie (I) BÜDELs — wie er sie auch selbst versteht — in die historischen Geowissenschaften einordnen läßt, kann Kritik, die unter Absehung des Zeitfaktors solche Geomorphologie im Vergleich mit Wissenschaften wie Meteorologie oder Ozeanographie als weniger entwickelt anspricht, nur als pointiert, aber nicht letztlich sachlich angesprochen werden.

In bezug auf dynamische Geomorphologie (I) wird meist mit black box models operiert, in bezug auf synaktive Geomorphologie (I) natürlich ebenfalls, denn diese ist nur die um die Varianzen noch erweiterte dynamische Geomorphologie (I) (vgl. auch LOUIS 1973). Wenn wir aus den outputs (dem Relief) auf die Prozesse selbst schließen, müssen wir uns des weitgehend tastenden Charakters dieses Schließens bewußt sein.

Auch die von uns in der Zentralen Namib verfolgte Fragestellung (vgl. cap. 1.1.) ist vom Ansatz her geomorphologisch (I) [3-4]. Soweit wir geomorphologisch (I)-dynamische Aussagen entwickeln, sind sie im vorgetragenen Sinne subjektiv. Wir sind in diesem Punkt, wie in den nachfolgenden Abschnitten weiter ausgeführt werden wird, durchaus der geomorphologischen (I) Tradition verpflichtet.

Ein letzter Blick auf die Gegensätzlichkeit zwischen den beiden Geomorphologien mag diese Verpflichtung begründen. Die Gegensätzlichkeit beruht letztlich auf einer B e w e r t u n g der Relevanz von Forschungsansätzen — und dies wird auch gar nicht abgestritten, im Gegenteil (HARD 1973, S. 148—156). Pointiert könnte man sagen, daß CHORLEY (1969) es akzeptiert, auf Vollständigkeit der Befunde zu verzichten, sofern nur die behandelten Befunde deskriptiv erfaßt werden können, daß BÜDEL (1971) lieber auf die Deskription der Befunde verzichtet, um das Forschungsziel Relief überhaupt angehen zu können.

Anders formuliert: Die Erklärung des Reliefs in allen seinen Teilen ist zur Zeit streng wissenschaftlich — von Ausnahmen vielleicht abgesehen (s. o. Barchane usw.) — noch nicht möglich. Verf. steht nicht an zuzugeben, daß das CHORLEYsche Verständnis von Geomorphologie — die streng wissenschaftliche Deskription in allen Teilen z. B. des „natürlichen Systems" der Geomorphologie (I) — das Forschungsziel „der" Geomorphologie sein müßte, wagt aber zu bezweifeln, ob dieses Ziel überhaupt erreichbar ist. Zur Zeit scheint es wohl zu hoch gestochen, einfach weil der „disziplinhistorische Augenblick" unseres Faches uns zwingt, die Entschuldigung vorzutragen, wir könnten gewisse Phänomene „nur qualitativ faßbar" machen — und wir brauchen uns deshalb nicht „ontologisch aufzublähen" (zu HARD 1973, S. 212). Oder wir verzichten vorerst auf das Forschungsziel „Relief".

3.2. Regenflächen-Spülung

Für die Erklärung des durch fließendes Wasser (fluviale Formung) geschaffenen exogenen Realreliefs in Trockenräumen gibt es mehrere black box approaches (z. B. Pedimentieren i. S. von BRYAN 1925, LAWSON 1915 u. a. oder Seitliche Erosion i. S. von JOHNSON 1932, von WISSMANN 1951) [3-5]. GOSSMANN (1970) hat (bei notwendiger starker Abstraktion hinsichtlich der Formungs-Mechanismen) die Vorstellung vom Pedimentieren in mathematischen Modellen vorgeführt [3-6]. Um die Befunde der Flußabtragungslandschaften in seinem Arbeitsgebiet (Inselberglandschaft von Komuanab, Südwestafrika) erklären zu können, hat Verf. selbst ein black box approach beigesteuert (RUST 1970, S. 153ff), dessen Grundzüge kurz noch einmal zusammengefaßt seien (vgl. Abb. 3.4.): Fluviale Abtragung durch Regenflächen-Spülung;

[3-4] Deshalb kann nachfolgend (cap. 3.2. bis 3.5.) das Suffix (I) oder (II) entfallen. Es wird dann also von „geomorphologisch" gesprochen und darunter der Consensus der Geomorphologie (I) verstanden. — Abweichungen von dieser Regel ergeben sich im Einzelfalle aus dem Kontext

[3-5] Vgl. den Forschungsbericht bei RUST (1970, S. 40ff) oder die neueste ausführliche Literatursichtung bei COOKE/WARREN (1973, S. 188ff), auch BREMER (1973). Weiterführende Gesichtspunkte scheinen auch diesen jüngeren Übersichten nicht entnommen werden zu können

[3-6] GOSSMANNs Modellrechnungen sind sämtlich auf W e i t e r b i l d u n g e n bestehender Hänge bezogen und betrachten nur bestimmte Beziehungen (Transportrate, Transportdifferential) in Richtung des Hanggefälles. Daß z. B. quer dazu gerichtete Transporte nicht berücksichtigt werden, hat LOUIS (1973) bereits herausgestellt

„Regenfläche" ist der während eines Regens in einem Trockenraum tatsächlich beregnete Bereich der Erdoberfläche; Regenflächen-Spülung umfaßt Linearerosion und Flächendenudation (i. S. von LOUIS 1957a) innerhalb der Regenfläche sowie Linearerosion außerhalb der Regenfläche (Allochthonie der Regenflächen-Spülung als Feldwirkung) [3-7]; typisches Talquerprofil ist der Canyon; engständige Zertalungssäume (Gramadullas) begleiten Hauptvorfluter in Bereichen dominant „allochthoner" Regenflächen-Spülung (Erhöhung der Basisdistanz durch Linearerosion im Vorfluter); das erzeugte fluviale Relief kann unter Verwendung des Reliefsockelbegriffs (LOUIS 1957b) als „Canyontypus der Talbildung" charakterisiert werden (vgl. cap. 3.4.). Im Umschwung zum Formungs-Mechanismus Regenflächen-Spülung wurde die Ursache dafür gesehen, daß die Inselberglandschaften am Innenrand der Zentralen Namib zerstört werden. Die Bezeichnung „Regenflächen-Spülung" ist als solche nicht von Bedeutung. Der Kernpunkt des so bezeichneten black box approaches ist darin zu sehen, daß der aus der Hydrographie bekannte Gegensatz zwischen „autochthonen"

[3-7] Wie manche der hier vorgetragenen Vorüberlegungen zur exogenen Realform in der Zentralen Namib bietet auch die Glaubhaftmachung von Regenflächen-Spülung ein sprachliches Verständigungsproblem: Disziplininterne Begriffsapparate der Geomorphologie (I) haben (leider) meistens einen auch örtlich fixierbaren Ausgangspunkt. Dieser geht in die inhaltliche Definition mit ein.

So ist es auch mit „Flächendenudation" und „Linearerosion". Wenn LOUIS (1957a, 1964, 1968) davon ausgehen kann, daß Talbildung in deren gegenseitigem Leistungsverhältnis begründet ist, dann schwingt sicher die von mitteleuropäischen Befunden ausgehende geomorphologische (I) Erfahrung der Existenz von Talreliefs mit. Diese Erfahrung kann – wie LOUIS wiederholt überzeugend dargelegt hat – in der Erklärung nichtmitteleuropäischer Talreliefs fruchtbar gemacht werden.

Für die Zentrale Namib liegen die Dinge etwas anders, wie unten (tumasisches Relief, Gramadullarelief) am Objekt vorgeführt werden kann. Gehen wir zunächst von dem Befund aus, daß es Talreliefs gibt, dann bietet sich die Erfahrung an, diese Talreliefs unter der Kategorie F o r m aus dem Gegensatzpaar Flächendenudation/Linearerosion heraus plausibel zu erklären. Wenden wir die black box Regenflächen-Spülung an und betrachten sie unter der Kategorie P r o z e ß, dann zeigt sich folgendes: Im autochthonen Bereich (Regenfläche) des abflußerzeugenden Niederschlags finden Spülvorgänge auf „Hängen" sowie in „Gerinnebetten" statt – das Denkmuster Flächendenudation/Linearerosion ist artifiziell, denn es zerstückelt einen einheitlichen Prozeß. Im allochthonen Bereich ist es ebenfalls artifiziell, aber in ganz anderem Sinne: Es verdeutlicht, daß Canyonquerprofile geformt werden, weil nur Linearerosion im Gerinnebett stattfindet, während die Flächendenudation gleich Null ist. Das Leistungsverhältnis Flächendenudation/Linearerosion ist gleich Null. Das Artifizielle liegt dann darin, die nichtexistente Flächendenudation als Gegensatz zur Linearerosion zu betrachten.

Unter der Kategorie Prozeß kommen wir also zu folgender Aussage: Dort, wo Flächendenudation und Linearerosion existent sind und zusammenwirken (autochthoner Bereich, Regenfläche), ist es unangebracht, das Gegensatzpaar zur Erklärung der Talbildung heranzuziehen, dort, wo nur Linearerosion existent ist (allochthoner Bereich), ist es angebracht, das Gegensatzpaar zur Erklärung der Talbildung heranzuziehen.

Betrachten wir diese Aussage unter einer dritten Kategorie: S e d i m e n t. Im autochthonen Bereich (Regenfläche) transportierte Sedimente sind in jedem Fall Schwemmsedimente, seien sie auf „Hängen", seien sie in „Gerinnebetten" transportiert worden. Im allochthonen Bereich werden Schwemmsedimente nur im Gerinnebett transportiert.

Daß dies alles keine Gedankenspielerei ist, sei in bezug auf Teilformen des exogenen Realreliefs vorgeführt. Fluviale Terrassen sind durch fließendes Wasser geschaffene Altformen, die aus fluvialen Sedimenten aufgebaut werden. In die Terrassendefinition gehen zwei durchaus verschiedene Betrachtungsebenen ein: Form und Sediment. Es ist geomorphologischer Gebrauch, von fluvialen Terrassen zu sprechen, wenn es sich um Relikte eines Gerinnebettes handelt, die durch beide Kategorien (Form und Sediment) beschrieben werden können. Denudationsterrassen sind demgegenüber Formen, die nicht unbedingt durch ein bestimmtes Sediment gleichzeitig gekennzeichnet zu werden brauchen (Hangleisten, Schichttrippen u. a.); von Denudationsterrassen wird nicht selten i. S. der „Flächendenudation" dann gesprochen, wenn es sich um nichtfluviale Verflachungen handelt, die z. B. in Talreliefs an den Hängen existieren (MAULL 1958, LOUIS 1968).

Überträgt man solche Konventionen auf durch Regenflächen-Spülung geschaffene Talreliefs, dann wird folgendes verständlich: In einem einzig durch autochthone Regenflächen-Spülungen geschaffenen Talrelief ist auch für die Terrassen das Gegensatzpaar Linearerosion/Flächendenudation kaum brauchbar. Verflachungen, die aus Schwemmsedimenten aufgebaut sind, können sowohl Relikte von „Hängen" als auch Relikte von „Gerinnebetten" sein. Es können „fluviale Terrassen" und „Denudationsterrassen" sein. Die Kategorie „fluviales Sediment" reicht zur Differenzierung nicht aus. Dies äußert sich auch in den fluvialen Verteilungstypen des Rundungsgrades von Schottern. Fluviale Verteilungen können sowohl an Hängen als auch in Gerinnebetten auftreten (vgl. RUST/WIENEKE 1973b, ag-Typ und kg-Typ). Im allochthonen Bereich sind die Terrassen eindeutig als Relikte von Gerinnebetten ansprechbar.

Deshalb sprechen wir nur dann von fluvialen Terrassen, wenn es sich eindeutig um Altformen eines ehemaligen Gerinnebettes handelt. Man könnte auch von „Gerinnebetterrassen" reden. Handelt es sich um Terrassen (gemäß Form und Sediment), die nicht eindeutig ehemalige Gerinnebetten konservieren, sprechen wir von „Denudationsterrassen" (vgl. WIENEKE/RUST 1973a).

Wie unter den Kategorien Prozeß und Form in bezug auf Regenflächen-Spülung dargelegt, ist dies sicher keine saubere Unterscheidung! Wir treffen sie nur, um noch verständlich zu bleiben und unsere Ergebnisse im Rahmen des disziplininternen Begriffsapparates diskutabel zu machen. Im Untersuchungsgebiet Zentrale Namib sind die mitteleuropäischen Erfahrungen, wie gesagt, nur vorbehaltlich anwendbar. Und es gibt Fälle, bei denen es nicht mehr sinnvoll ist, konventionelle Begriffe anzuwenden, sondern lieber neue, im Untersuchungsgebiet erarbeitete und für dieses als sinnvoll erachtete, einzuführen

und „allochthonen" Abschnitten geomorphologisch interpretiert und angewendet wird (vgl. Abb. 3.4.). Bereits KAYSER (1949, S. 267) hat mit diesem Gegensatzpaar operiert, um die Canyonzertalung von Swakop und Kuiseb zu erklären.

3.3. Geomorphologisches Milieu

Die Untersuchungen zur quartären Reliefentwicklung mit F. WIENEKE ergaben folgende weiterführende wichtigste Punkte für die Deutung des fluvialen Reliefs:

(1.) Es gibt in der Zentralen Namib z w e i fluviale Relieftypen: tumasisches Relief und Gramadullarelief (WIENEKE/RUST 1973a)

(1.1.) Das tumasische Relief (Abb. 4.19.) findet sich beim Tumasrivier. Der Tumas wurzelt in der Namib selbst. Er ist ein breiter Vorfluter für flach in die Namibfläche eingeschnittene Gerinne, die weithin nur als Schwemmfächersysteme (Photo 3.1.) anzusprechen sind. Gerinnebetterrassen fehlen. Im Mittelabschnitt des Tumas gibt es höhenmäßig nicht korrelierbare Denudationsterrassen. Diese sind in mächtig vergipsten Schwemmsedimenten ausgebildet (Photo 3.4., 4.15.)

(1.2.) Das Gramadullarelief findet sich an Swakop und Kuiseb (Abb. 4.20., Photo 3.2.). Diese Riviere wurzeln im Hochland. Die Vorfluter Swakop und Kuiseb sind canyonartig in die Namibfläche eingeschnitten. V-förmige Nebentäler laufen auf die Canyons aus. Es gibt fluviale Gerinnebetterrassen [3-8]

(2.) Im Gramadullarelief gibt es zwei Arten von Terrassen, die wir am Beispiel des unteren Swakop vermessen haben (Abb. 4.13.)

(2.1.) Es gibt Terrassen, auf welche Nebentäler (bzw. Nebentalterrassen) mit einem Übergangsschwemmfächer ausmünden

(2.2.) Es gibt Terrassen, auf welche keine Nebentäler (bzw. Nebentalterrassen) ausmünden

(3.) Terrassen von der zweiten Art (Terrasse III in Abb. 4.13., Terrassen III und V in Abb. 4.12.) lassen sich topographisch und sedimentologisch mit den marinen Terrassen des 17 m-Hochstandes bzw. des 2 m-Hochstandes verknüpfen (vgl. cap. 6.1.4. und 6.1.7.)

(4.) Die Untersuchungen bei Mile 4/Vineta und Mile 30 (s. cap. 6.1.7.) haben ergeben, daß zur Zeit des 2 m-Meereshochstandes ältere Sedimente vergipsten

Diese Befunde führten uns dazu, die Vorstellungen vom Formungs-Mechanismus Regenflächen-Spülung zu vertiefen und zu erweitern durch die Vorstellungen von ,,g e o m o r p h o l o g i s c h e n M i l i e u s'', um eben die Deutung der dargelegten Befunde plausibel machen zu können.

ROHDENBURG (1970) hat erarbeitet, daß die Reliefbildung abläuft in Phasen „morphodynamischer Aktivität", daß die Reliefbildung stagniert in Phasen „morphodynamischer Stabilität". Er hat dieses Gegensatzpaar aus der vergleichenden Sicht von Geomorphologie und Bodenkunde entwickelt und begründet. Es handelt sich wiederum um ein black box approach.

ROHDENBURGs (1970) Überlegungen haben in der geomorphologischen (!) Literatur Resonanz erfahren. Die ablehnende Kritik (z. B. LOUIS 1973) richtet sich dabei nicht so sehr gegen ROHDENBURGs Arbeit von 1970, sondern gegen ROHDENBURG (1971). Auch wir haben einige Bedenken angemeldet (WIENEKE/ RUST 1973a). Die Hauptkritik richtet sich gegen ROHDENBURGs (1971) Formulierung eines „morphodynamischen Dreiecks" (LOUIS 1973, S. 37), dies sicher nicht unbegründet, da in der Synthese des morphodynamischen Dreiecks eine rein qualitative Ableitung von unbekannten Prozeßabläufen deduziert wird (vgl. Anm. 3–3).

Es steht zu vermuten, daß auch von bodenkundlicher Seite begründete Einwände gegen ROHDENBURGs (1970) Gegensatzpaar erhoben werden können, und zwar wohl besonders gegen die Auffassung, daß „... von der Bodenoberfläche ausgehende Bodenbildung jedoch nur in einem durch Oberflächenstabilität gekennzeichneten Ökosystem stattfinden (kann)" (ROHDENBURG 1970, S. 88), mit anderen Worten gegen die Gleich-

---

3–8 Fluviale Terrassen sind an Swakop und Kuiseb verschiedentlich beschrieben worden: JAEGER (1965), ABEL (1955), KORN/MARTIN (1937), SPREITZER (1965), SCHOLZ (1968a und b). Auf die Problematik der Berücksichtigung dieser Befunde wird in cap. 3.5. eingegangen

setzung von Stabilität und Bodenbildung. — Um einen Punkt denkbarer Kritik anzuführen: In bodenkundlicher Sicht wird bekanntlich das Relief (neben Klima, Vegetation, Muttergestein, Zeit) (JENNY 1941) als eine die Bodenbildung mitsteuernde unabhängige Variable betrachtet. Als solche ist das Relief z. B. entscheidend für die Ausbildung von Bodencatenen (MILNE 1935). Das Betrachtungsprinzip „Catena" hat sich für im bodenkundlichen Sinne bodengeographische (ZIMMERMANN 1964) Untersuchungen als fruchtbar erwiesen, indem es das reliefabhängige Verteilungsmuster von verschiedenen Bodentypen erklären hilft (etwa GANSSEN 1963 für Südwestafrika oder GANSSEN 1968, S. 80/81). Es wird aber ebenfalls sinnvoll angewandt unter dem Aspekt „Bodendynamik" (und natürlich „Bodengenese"). Unter diesem Aspekt besagt die Catena-Betrachtung, daß eine reliefabhängige (in bezug auf einen beliebigen Vertikalschnitt (Bodenprofil) laterale) Verlagerung von Substanz stattfindet. Eine solche Bodendynamik dürfte der Bodenkundler schwerlich als „Stabilität" ansprechen [3-9]. Da solche Bodendynamik, geomorphologisch beurteilt, letztlich als Morphodynamik angesprochen werden muß — es findet „Abtragung" und „Sedimentation" statt! —, die sich irgendwie auch in der Form b i l d u n g äußern muß, ist ROHDENBURGs Auffassung wohl dahingehend zu relativieren, daß in Zeiten der Bodenbildung (morphodynamische Stabilitätszeiten) die Formbildung gehemmt abläuft [3-10].

Die neueren Arbeiten von ANDRES (1972) und GRUNERT (1972) zeigen andererseits, daß in Trockenräumen mit dem oben aufgezeigten Gegensatzpaar vertiefende Auffassungen zur Morphogenese gewonnen werden können. Auch wir glauben — ebenfalls in einem Trockenraum — unter Hinzuziehung der Alternativen Stabilität/Aktivität erklärende Hinweise zur Reliefentwicklung geben zu können. Es sei ausdrücklich betont, daß wir damit n i c h t für die weltweite Anwendbarkeit von ROHDENBURGs Konzept plädieren.

In Tab. 3.1. sind die in der Zentralen Namib faßbaren morphodynamischen Aktivitätszeiten und Stabilitätszeiten zusammengestellt. Sie seien nachfolgend erläutert (vgl. auch WIENEKE/RUST 1973a passim).

Wir können für die terrestrische Formung im Trockenraum Namib d r e i geomorphologische Milieus fassen: Feucht-Aktivität, Trocken-Stabilität und Trocken-Aktivität.

Wir können jeden Ort des exogenen Realreliefs als einen Standort mit einer Umwelt ansehen und betrachten, wie unter dem Aspekt „Formbildung" die Umwelt auf den Standort bzw. umgekehrt der Standort auf die Umwelt wirkt (entspricht dem dritten Umweltbegriff bei HARD 1973, S. 207). Für das Aktualrelief kann dies Aufgabe der dynamischen (Formungs-Mechanismen) bzw. synaktiven Geomorphologie der Geomorphologie (I) bzw. das Anliegen schlechthin der Geomorphologie (II) sein (vgl. cap. 3.1.) [3-11].

Morphodynamische Stabilität bedeutet nach diesem Milieuverständnis, daß unter dem Aspekt Formbildung kein Milieu existiert (vgl. Anm. 3–14). Im Untersuchungsgebiet herrscht Formungsruhe. Die Umweltfaktoren führen zur Bodenbildung, unter den hier in der Zentralen Namib herrschenden „bodenbildenden" Bedingungen zur Gipskrustenbildung [3-12], an einzelnen Punkten auch zur Bildung von Wüstenrohböden (Pr 41, Tab. 4.2.; s. SCHOLZ 1963). Die von uns untersuchten Gipskrusten (z. B. Pr 42, 43, 44, 54, 67, 49 in Tab. 4.2., 4.5., 4.6., 4.1., Photo 4.15.) sind sämtlich als Vergipsungen von Sedimenten anzusprechen (fluviale, äolische, marine Sedimente). D e s h a l b indizieren sie morphodynamische Stabilität. Wir bezeichnen

---

3–9 Bei einer bodenkundlichen Betrachtung, die etwa das Relief als dominanten Bodenbildungsfaktor herausdestillieren wollte, könnten letztlich alle Verteilungsmuster von Böden als Catenen behandelt werden. Aus anderen pedologischen Gründen (s. o. die unabhängigen Variablen nach JENNY 1941) ist eine solche Betrachtung allerdings nicht so sinnvoll

3–10 Vice versa: In Zeiten der Formbildung ist die Bodenbildung gehemmt. — „Dynamik" des Bodenkundlers und „Dynamik" des Geomorphologen (I) scheinen verschieden zu sein — auch hier wohl (in erster Linie) wieder der Faktor zeitliche Dauer ... Allgemeiner: Der disziplininterne Begriffsapparat ist nur vorbehaltlich ausweitbar (vgl. auch cap. 3.5.)

3–11 Ohne die Dimensionen des „Ortes" im einzelnen diskutieren zu wollen, sei diese Standortdefinition veranschaulicht: Z. B. kann ein Talquerprofil an beliebiger Stelle eines Gerinnebettes als Standort aufgefaßt werden, auf den die Formungs-Mechanismen (Umwelt) einwirken, der aber selbst (als vorgegebene Form, „Altrelief") wiederum auf die Formungs-Mechanismen einwirkt (z. B. Begrenzung der Hangabtragung auf vorgegebenes Talgefäß oder Abreißen der Denudation an der Talhangoberkante).

3–12 Gipskrusten sind keine Böden i. S. der Bodenkunde, da ihnen der biotische Faktor fehlt (KUBIENA 1948). Sie werden hier deshalb unter dem kategorialen Aspekt Bodenbildung abgehandelt, weil sie gemäß der Definition ROHDENBURGs (1970) den das Relief stabilisierenden Boden ersetzen.
Zur Verbreitung und Bildung von Gipskrusten in der Namib vgl. MARTIN (1963) und in einer abwägenden Beurteilung der bisherigen Kenntnisse und eigener Befunde BESLER (1972). — Weiter landwärts treten am Innenrand der Namib Kalkkrusten auf (SCHOLZ 1968b)

die so beschreibbare Stabilität mit „Trocken-Stabilität", da von bodenkundlicher Seite Gipskrusten Trockenklimaten zugeordnet werden (BLUM/GANSSEN 1972) [3-13]. Die oben unter (4.) angeführte Verknüpfung von fluvialen und marinen Terrassen am Swakopunterlauf läßt als Erklärungsversuch die Auffassungen ROHDENBURGs (1970) verbinden mit dem black box approach RUSTs (1970) über Regenflächen-Spülung: Der Swakop schnitt sich in eine ältere Terrasse ein, zur gleichen Zeit als auf den umgebenden Breiten des Landes morphodynamische Stabilität herrschte. Das Gerinnebett des Swakop war also ein isolierter Aktivitätsbezirk (ROHDENBURG 1971, S. 254ff). Hier wirkte sich die Allochthonie der Regenflächen-Spülung aus. Deswegen laufen auf diese Terrassen (III und V) auch keine Nebentäler aus — denn in den Nebentälern herrschte Stabilität (Formungsruhe). Die morphodynamische Gesamtwirkung (über die Zeit) fassen wir in der ortsgebundenen Sprunghöhe zur nächst höheren Terrasse (Abb. 4.14.) quantitativ. Die Allochthonie verknüpft das Element Abfluß im Binnenhochland mit dem Standort (unterer Swakop). Hier liegt eine Distanzwirkung vor, die zur Beschreibung eines geomorphologischen Milieus im definitorischen Sinne herangezogen werden muß, weil sie die eigentümlichen Terrassen erklären hilft [3-14].

Wenn wir auch nicht die Prozesse im einzelnen fassen können, so haben wir mit der Terrassensprunghöhe immerhin einen Zeitabschnitt beschrieben (oder umschrieben), in welchem das betreffende geomorphologische Milieu herrschte. Wir bezeichnen den durch ein bestimmtes geomorphologisches Milieu beschriebenen Zeitabschnitt als k l i m a g e o m o r p h o l o g i s c h e   P h a s e .

Zwei gleichrangige geomorphologische Milieus mit morphodynamischer Aktivität sind aus dem Relief heraus zu postulieren, von uns Feucht-Aktivität und Trocken-Aktivität benannt, erstere das Milieu einer fluvialen, letztere das Milieu einer äolischen Formung.

Das fluviale System des Tumas sowie auf Swakop- und Kuisebterrassen ausmündende Nebentäler von Swakop und Kuiseb, schließlich Tälerreliefs z. B. bei Mile 4/Vineta und Mile 30 indizieren, daß es Zeiten gegeben haben muß, in welchen innerhalb der Namib Talbildung geherrscht hat. Reliefwirksame (i. S. von BÜDEL 1971) Regenflächen-Spülungen im Bereich der Regenfläche, also autochthone Regenflächen-Spülungen, mögen eine plausible Erklärung sein.

Im Mündungsgebiet des künstlich abgedämmten Kuiseb östlich Walvis Bay, im Erg (Dünennamib) südlich des Kuiseb, am Südufer des Swakop östlich Swakopmund (Abb. 4.12., Photo 4.10., vgl. auch das Gemini-Satellitenbild in Abb. 1.1.) hat aktuell äolische Formung die Oberhand: Barchane wandern als Transportformen. Äolische Abtragungsreliefs, wie sie aus der zentralen Sahara beschrieben werden — Yardangs — (MAINGUET 1972, HAGEDORN 1971), treten im Untersuchungsgebiet nicht auf, während aus der südlichen Dünennamib Deflationswannen bekannt sind (KAISER 1926).

Bodenrelikte aus boden- oder großklimatisch feuchterer Vergangenheit am Innenrand der Namib und im angrenzenden Hochland (SCHOLZ 1963, RUST 1970) verweisen auf stabilitätszeitliche Bedingungen, die nicht der Trocken-Stabilität entsprechen, die Inselberglandschaften ebendort auf morphodynamische Aktivität.
Im Vorgriff auf den Aspekt der zeitlichen Entwicklung (cap. 6.1.) sei vermerkt, daß die Inselberglandschaften noch vor dem von uns untersuchten Zeitraum gebildet worden sind. Für die Bildung der Inselberglandschaften wäre Feucht-Aktivität, für die Böden Feucht-Stabilität zu postulieren. Wir stoßen hier auf terminologische und inhaltliche Schwierigkeiten, denn diese Feucht-Aktivität hat zur Bildung von Flachmuldentälern und Inselbergen geführt („Alteritisches Tieferschalten" bei RUST 1970), sie kennzeichnet deshalb ein völlig anderes geomorphologisches Milieu als das durch reliefwirksame Regenflächen-Spülungen gekennzeichnete. — Es sei deshalb betont, daß wir unsere drei Milieus Feucht-Aktivität, Trocken-Stabilität, Trocken-Aktivität zur Kennzeichnung geomorphologischer Milieus im T r o c k e n g e b i e t Namib heranziehen.

3–13 Zu „trocken" und „Klima" vgl. unten cap. 3.5.
3–14 Der Befund macht weiterhin deutlich, wie berechtigt es ist, bei der Reliefanalyse mit dem Milieubegriff zu operieren. Denn nur so wird erklärlich, warum das geomorphologische Nichtmilieu der Trocken-Stabilität dennoch als Milieu aufgefaßt werden kann. Weiterhin: Auch kleinräumig (hier z. B. Talquerschnitt als Standort) muß mit einem Verteilungsmuster morphodynamischer Aktivität bzw. Stabilität gerechnet werden. Wieviel näher liegend ist die Vermutung, daß dies großräumig bzw. global wohl kaum anders sein kann (LOUIS 1973 als Gegenthese zu dem von ROHDENBURG 1970 weltweit geforderten Stabilitätszustand)

Die so bestimmten Reliefs zugeordneten Milieus sind weiterhin durch bestimmte, das Relief konstituierende Sedimente (Farbe, Rundungsgrad, Korngrößenverteilungen) charakterisiert (vgl. cap. 6.1. und Tab. 3.1.). Aus Tab. 3.1. ist ersichtlich, daß die fluvialen Sedimente keine eindeutigen Aussagen per se hinsichtlich des geomorphologischen Milieus gestatten, während sie über das Sedimentationsmilieu Aussagen gemäß Tab. 5.2. zulassen. Die Entscheidung kann nur bei Lage der Sedimente in e i n d e u t i g e r   g e o m o r p h o l o g i s c h e r   P o s i t i o n   angegeben werden, was für den Rückschluß auf bestimmte Milieus nach dem Prinzip des Aktualismus wichtig ist. Beispiel für feucht-aktive fluviale Sedimente ist Pr 31 I, da korrelates Sediment zu autochthoner Kliffzerschneidung bei Mile 4 (Abb. 4.10., Tab. 4.2.); Beispiel für trocken-stabile Sedimente ist Pr 42 III – V, da Teil des allochthonen Swakopdeltas (aus Phase i) (Tab. 4.2., Abb. 4.27.). – Der hilfswissenschaftliche Befund hinsichtlich des Reliefs kann als solcher nur eine bedingte Aussagekraft besitzen.

Wir können nun den Gedankengang zurückführen auf die oben angeführten Befunde zu den fluvialen Relieftypen „tumasisches Relief" und „Gramadullarelief", die durch einen äolisch-fluvialen Relieftyp ergänzt werden können (s. u.). Mit Hilfe von Regenflächen-Spülung und von geomorphologischem Milieu kann ihr tatsächlich vorhandenes e x o g e n e s   R e a l r e l i e f   erklärt werden als P r o d u k t   d e r   A u f e i n a n d e r f o l g e   b e s t i m m t e r   g e o m o r p h o l o g i s c h e r   M i l i e u s   (faßbar als Aufeinanderfolge bestimmter klimageomorphologischer Phasen), einer Aufeinanderfolge, die in der Zentralen Namib regelhafte Reliefbildungen (Relieftypen) erkennen läßt.

Das t u m a s i s c h e   R e l i e f   (Beispiel Tumasrivier, Abb. 4.19.) ist das Produkt des Wechsels zwischen feucht-aktiven und trocken-stabilen Phasen, bei welchem in der Trocken-Stabilität sowohl auf den Hängen als auch in den Gerinnebetten Formungsruhe herrscht und – wie am mittleren Tumas – Gipskrusten in fluvialen Sedimenten gebildet werden (Photo 4.15.). In der feucht-aktiven Phase wird n u r   autochthone Regenflächen-Spülung reliefwirksam. Auf Trocken-Stabilität erneut folgende Feucht-Aktivität führt denkbarerweise allein zur Reaktivierung der bereits in einer vorangegangenen feucht-aktiven Phase geschaffenen Gerinnebetten. Die Gipskrustenbildung in der zwischengeschalteten trocken-stabilen Phase bewirkt aber, daß in Anpassung an die durch Vergipsung lokal differenzierte Petrovarianz der Schwemmsedimente (Einwirkung des Standortes) eine érosion différentielle (i. S. von BIROT/JEREMINE 1950, ROGNON 1967 u.a.) auftritt, im Zuge welcher kleinräumig (10 – 100 m Größenordnung, vgl. WIENEKE/RUST 1973a, Abb. 3) Denudationsterrassen unterschiedlicher Höhen und Ausdehnung herauspräpariert werden können [3-15].

Das G r a m a d u l l a r e l i e f   (Beispiel Swakop, Abb. 4.14., Kuiseb, Abb. 4.20.) ist das Produkt des Wechsels von trocken-stabilen und feucht-aktiven Phasen, bei welchem während der Trocken-Stabilität im Gerinnebett des im Hochland wurzelnden Vorfluters die Allochthonie der Regenflächen-Spülung geherrscht hat. Deren Effekt ist in trocken-stabiler Umgebung die Tieferlegung des Vorfluters. Diese führt zur Erhöhung der Basisdistanz, auf welche sich in nachfolgender Feucht-Aktivität die reaktivierten Gerinne einstellen müssen. Dabei resultieren die engständigen, V- bis canyonartigen Gramadullas, die als nur einige Kilometer breite Zertalungssäume den Hauptvorfluter begleiten (Photo 3.2.) [3-16]. Schneidet sich der Vorfluter in einer feucht-aktiven Phase in sein aus der vorangegangenen trocken-stabilen Phase stammendes Gerinnebett terrassenbildend ein, dann stellen sich die Nebentalböden der Gramadullas auf ihn ein. Terrassenreste des Hauptvorfluters aus der trocken-stabilen Phase (z. B. III und V in Abb. 4.12., 4.13.) weisen die beschriebene Eigentümlichkeit auf, daß keine Nebentalböden auf sie ausmünden, ein Phänomen, das geomorphologisch die Formungsruhe der Trocken-Stabilität anzeigt.

3-15 Betont sei, es geht hier um die Erklärung eines Modells. – Wir wissen nicht, seit wann das tumasische Relief am mittleren Tumas erzeugt wird. Die bis mehrere Meter mächtigen Gipskrusten (Pr 54 in Tab. 4.5.) lassen vermuten, daß die auf den geschilderten Relieftyp abzielende Entwicklung lange dauert. Wir wissen auch nicht, warum gerade am mittleren Tumas zwischen etwa 200 bis 400 m ü KN SWA das Phänomen der Denudationsterrassen so ausgeprägt auftritt. Der großräumige Lagevergleich (Küstendistanz, Meereshöhe) zu Swakop und Kuiseb (s. u. zu Gramadullarelief) läßt die Vermutung aufkommen, daß eine etwa aktualküstenparallele Aufwölbung für diesen Teil der Zentralen Namib als erosionsverstärkender Einfluß angenommen werden kann und dann zeitlich – zumindest auch – ins Pleistozän zu stellen wäre

3-16 Wie wir für den mittleren Kuiseb zeigen konnten (RUST/WIENEKE 1974, s. auch Abb. 5 in WIENEKE/RUST 1972), wird diese vereinfachte Modellvorstellung durch weitere Ereignisse (Tsondabisierung) noch kompliziert. Dort ist die Reliefbildung in mehr als 12 klimageomorphologischen Phasen abgelaufen (s. cap. 6.2.4.)

Wie die Geländebefunde zeigen, hat auch die Phasensukzession Trocken-Stabilität oder Feucht-Aktivität zu Trocken-Aktivität zu einer regelhaften Reliefbildung geführt. Das Auftreten äolischer Transportformen (Barchane) kann zur Laufversperrung der Riviere führen. So sind Tumas (Photo 3.3.) und Kuiseb in Phase f vom Meer abgeschnitten worden, als sich das Dünenfeld der Dünennamib bis zum Swakop ausbreitete. Wir sprechen bei solcher Sukzession von Tsondabisierung — in Analogie zum Tsondabrivier, das (im Hochland wurzelnd) im E vor dem Erg der Dünennamib in Vleys endet (Abb. 1.1.). Der fluvial-äolische Reliefmischtyp eines durch Dünenbildung abgedämmten Gerinnesystems könnte als T s o n d a b i s i e r u n g s - R e l i e f unter dem kombinatorischen Aspekt von geomorphologischem Milieu und Aufeinanderfolge klimageomorphologischer Phasen angesprochen werden [3-17].

Die drei erarbeiteten Relieftypen lassen die Reliefdifferenzierung in unserem Untersuchungsgebiet besser verständlich erscheinen. Ein Blick auf das Gemini-Satellitenbild (Abb. 1.1.) zeigt, daß — im dort abgebildeten Ausschnitt der Namibwüste — weitere Relieftypen erkennbar sind. So die Dünennamib (Namiberg), die als rein äolischer Relieftyp augenfällig ist, milieumäßig gesprochen für den gesamten Bereich des Ergs Trocken-Aktivität deduzieren läßt. Die Frage „seit wann?" wäre in unserem Sinne Forschungsgegenstand, ist aber von uns für diesen Raum nicht angegangen worden.

Weiterhin wird am Innenrand der Flächennamib und auch der Dünennamib, am Fuße der sogenannten Großen Randstufe (KAYSER 1949) der Relieftyp Inselberglandschaften im Satellitenbild abgebildet. Wie bereits dargelegt, ist dieser Relieftyp nicht mit dem von uns entwickelten Spektrum geomorphologischer Milieus zu erklären. Andererseits ist das Produkt der Zerstörung der Inselberglandschaften, die noch aktuell vonstatten geht (RUST 1970), vergleichsweise als tumasisches Relief anzusprechen. Das legt die Vermutung nahe, daß im tumasischen Relief der Zentralen Namib ein Relieftyp vorliegt, bei dem die Milieusukzession feucht-aktiv zu trocken-stabil (ohne Allochthonie) nur eine minimale Überprägung eines unter anderen morphodynamischen Bedingungen erzeugten fluvialen Reliefs (Flachmuldentalrelief) bewirkt hat. Im Gegensatz zur Inselberglandschaft von Komuanab haben wir jedoch keine hilfswissenschaftlichen Indizien (z. B. Bodenrelikte) am mittleren Tumas finden können, die diese durchaus plausible Annahme hätten erhärten können.

Der zeit-räumliche Vergleich der von uns ausgewählten und untersuchten Standorte läßt das in Abb. 6.1.[3-18] zusammengefaßte Verteilungsmuster erkennen. Dessen erklärende, mit Befunden argumentierende und vor allem auch die Varianzen i. S. von BREMER (1965a) und BÜDEL (1961) (insbesondere das Altrelief) in Rechnung stellende Betrachtung, die von den vereinfachenden eben abgehandelten Modellen bestimmter Milieusukzessionen weiterführend gerade deren das exogene Realrelief erzeugt habende Mischung mitberücksichtigt, soll in cap. 6. unter Hinzuziehung der küstengeomorphologischen Betrachtungen F. WIENEKEs (cap. 2.) erfolgen.

3.4. Klimageomorphologische Zonen als Ordnungsprinzip?

Verf. hatte für das mittlere Südwestafrika (RUST 1970, Karte 1), dem Vorbilde LOUIS' (1957b) folgend, herausgestellt, daß hier im „Canyontypus der Talbildung" ein eigenständiges fluviales Abtragungsrelief vorliegt. Am Beispiel von Chihuahua/Sonora (RUST 1971) konnte dieses Ergebnis für einen anderen Trockenraum bestätigt werden.

Es stellt sich nun die Frage, ob, auch bei Beschränkung auf das fluviale Abtragungsrelief, im Beispielsfalle der Canyontypus wirklich eine „klimageomorphologische Zone" im definitorischen Sinne BÜDELs (1969, S. 175) als Zone eines herrschenden Formungsmechanismus beschreibt. Wie erörtert ist das vorliegende

---

3-17 Beim aktuellen Kuiseb in dessen Delta sowie am Swakopunterlauf kann vergleichend eine unterschiedliche Intensität des Vorganges der Tsondabisierung verfolgt werden. Nach der künstlichen Laufabdämmung des Kuisebnordarmes wandern Barchane unbehindert, die der Südarm in guten Regenjahren noch durchbrechen kann (STENGEL 1964). Der Kuiseb ist partiell tsondabisiert. Am unteren Swakop reichen die Barchane von S nur bis zum Hochwasserbett, der Swakop erreicht zur Zeit ungehindert das Meer (Photo 4.10., 4.14.). Der Tumas endet — voll tsondabisiert — östlich der Dünen zwischen Walvis Bay und Swakopmund

3-18 Eine Darstellung im λ/φ-Deskriptionsschema bei WIENEKE/RUST 1973a, Abb. 5, für die küstennahen Untersuchungspunkte Mile 30, Mile 4, Swakopterrassen, Tumasvley, Rooikop, Kuisebdelta

Relief ein Produkt von klimageomorphologischen Phasenabläufen und findet Formbildung im Prinzip nur während Aktivitätszeiten bzw. in isolierten Aktivitätsbezirken während Stabilitätszeiten statt. Das exogene Realrelief (als Skulpturrelief i. S. von LOUIS 1957b) in Gegenüberstellung zum Reliefsockel hat hier zur Definition des Canyontypus geführt, in LOUIS' (1957b) Beispielfällen Rhein und Kongo zur Definition des Kerbtaltypus bzw. des Flachmuldentaltypus (vgl. Abb. 3.3.). In allen drei Typfällen ist das Relief selbst Produkt der Varianzen, d. h. es geht auch die Z e i t als Varianz ein. Der Canyontypus kann also nicht die aktuelle klimageomorphologische Zone beschreiben (wie RUST 1970 glaubte).

Andererseits kennzeichnen die drei genannten Typen den Tatbestand, daß es grundsätzlich unterschiedliche fluviale Abtragungsreliefs gibt, die nach dem heutigen Kenntnisstand wohl nur auf unterschiedliches Zusammenwirken von Flächendenudation und Linearerosion — aber im Verlaufe der Zeit — zurückgeführt werden können. Daß der Canyontypus hier vorliegt, besagt also, daß wohl der fluviale Formungs-Mechanismus Regenflächen-Spülung im Wechsel von trocken-stabilen und feucht-aktiven Phasen schon so lange wirkt, daß ein eigenständiges Skulpturrelief erzeugt worden ist [3-19]. Der Typus repräsentiert das Ergebnis einer im Verlauf der Zeit einheitlichen „klimagenetischen" Tendenz des Spektrums geomorphologischer Milieus.

Weiterhin stellt sich dann die Frage, inwieweit es sinnvoll ist, überhaupt klimageomorphologische Zonen zu erarbeiten, da sich die Erforschung definitionsgemäß nur beschränken müßte auf die aktuogeomorphologische Fragestellung nach den zur Zeit herrschenden Formungs-Mechanismen. Es wäre also die Geomorphologie (II) aufgerufen. Deshalb kann es wiederum — zumindest in Geomorphologie (I)-Begründung — kaum sinnvoll sein, klimamorphologische Zonen zu erarbeiten. Das von geomorphologischer (I) Seite (BÜDEL 1969, 1971) als höchstes Ordnungsziel geforderte Erarbeiten klimamorphologischer Zonen kann — und das darf nicht überraschen — von dem geomorphologischen (I) Ansatz nicht angestrebt werden, sondern nur vom geomorphologischen (II) Ansatz [3-20]. Gibt man der klimamorphologischen Zone eine neue Definition, etwa „Zone, in welcher ‚gleiche' Formungs-Mechanismen schon seit geraumer [3-21] Zeit wirken", dann kann sie erst geomorphologisches (I) Ordnungsziel sein.

3.5. Geomorphologisches Klima

Es sei noch auf ein disziplininternes etwas allgemeineres Problem der Geomorphologie (I) — soweit sie sich als „Klimageomorphologie" versteht [3-22] — eingegangen.

Die Geomorphologie (I) mag, etwa mit LOUIS (1968, S. 1) [3-23] folgendermaßen definiert werden: „Lehre von den Formen der festen Erdoberfläche. Sie geht aus von der Erkenntnis, daß keine dieser Formen etwas unveränderlich Gegebenes ist, sondern daß sie alle geworden und in langsamer oder schnellerer Umbildung begriffen sind. Die Geomorphologie will die Formen der festen Erdoberfläche beschreiben, sie systematisch ordnen und nach Möglichkeit ihre Entstehung und die Richtung ihrer Weiterentwicklung ergründen. Unlöslich damit verbunden ist die weitere Aufgabe, alle diejenigen Vorgänge möglichst weitgehend aufzuhellen, die an der Umformung der festen Erdoberfläche beteiligt sind."

In BLÜTHGEN (1966) sind mehrere Definitionen des Klimas zusammengestellt, aus denen diejenige (textlich kurze) von SCHNEIDER-CARIUS zitiert sei (S. 4): „Das Klima ist die für einen Ort geltende Zusammenfassung der meteorologischen Zustände und Vorgänge während einer Zeit, die hinreichend lang

---

3-19 Die Ausbildung des Kerbtaltypus in LOUIS' (1957b) Beispiel Rhein ist auch das Produkt mindestens quartärer fluvialer Formung, beim Flachmuldentaltypus (Kongo) dürften ebenfalls langfristige Abläufe, die LOUIS (1967) im „per-rezenten" Relief Tanganyikas beschreibt, typbildend gewirkt haben. In der Zentralen Namib dürfte mindestens die gleiche Entwicklungsdauer (mehr als Pleistozän) wahrscheinlich sein (s. etwa fragliches Alter der Erstanlage der Kuiseb-Gramadullas in RUST/WIENEKE 1974)

3-20 PASSARGE (1926) hat schon früh darauf hingewiesen: „Demnach hängen von den Klimazonen höchstens die heutzutage wirksamen Kräfte und ihre Formbildung ab." (S. 173)

3-21 Nach aller Erfahrung also mindestens das Quartär hindurch

3-22 Eine Skizze von der Entwicklung des Selbstverständnisses der Klimageomorphologie hat Verf. in RUST (1970, S. 75ff) versucht

3-23 Ähnliche Definitionen z. B. in BÜDEL (1971, S. 18) oder STRAHLER (1963, S. 259)

sein muß, um alle für diesen Ort bezeichnenden atmosphärischen Vorkommnisse in charakteristischer Häufigkeitsverteilung zu enthalten."

In der geomorphologischen (I) Literatur wird bisweilen mit einem recht s c h i l l e r n d e n K l i m a -
b e g r i f f operiert, der in seiner weitesten inhaltlichen Fassung geradezu ein geomorphologisches Klima (etwa in BÜDEL 1961, 1971) suggeriert, in seiner engsten Fassung auf ein einziges Element der analytischen Klimatologie minimiert erscheint.

Es seien einige Beispiele genannt: Für LOUIS (1964) fällt die Grenze der betont klimabedingt entstandenen Kehltäler in Tanganyika etwa mit der 1000 mm – Jahresisohyete zusammen, MENSCHING/GIESSNER/STUCKMANN (1970, S. 52) begrenzen das aridmorphodynamische System der sahelisch-saharischen Trockenzone mit der Dauer der ariden Monate (> 6 Monate). Der Bogen wird z. B. sehr weit gespannt bei POSER (1950), wenn aus Dünenvorkommen in Europa auf eine Großwetterlagendominanz geschlossen wird. Oder z. B. GRUNERT (1972) schließt aus Befunden zur Tal- und Hangentwicklung im Tibesti jeweils auf humidere oder aridere Klimaverhältnisse, BREMER (1965b) leitet aus der Reliefanalyse eines Inselbergs in Zentralaustralien eine Entwicklung in komplexeren klimatologischen Begriffen ab, ähnlich LESER (1971) in der westlichen Kalahari aus geomorphologischen und anderen Befunden eine Abfolge von klimatischen Bedingungen (bezogen auf heute), oder MICHEL (1968) ebenfalls bezogen auf heute aus der Flußentwicklung des Sénégal. Die letzteren leiten über zu dem Ansatz, aus komplexeren Geländeanalysen (geomorphologisch, bodenkundlich, faunistisch, stratigraphisch usw.) heraus auf Klimatypen i. S. des aktuellen Klimatypenmusters (wobei es hier nicht auf diese oder jene Klimaklassifikation ankommt) zu schließen, etwa ROGNON (1967), ZIEGERT (1967), BREMER (1967).

Die beliebig ausgewählten und beliebig ergänzbaren Beispiele zeigen die zwei Wege der Konnektion von Relief und Klima auf, die beschritten werden: entweder Rückschluß vom Klima auf das Relief oder vom Relief auf das Klima.

Natürlich ist sich Verf. darüber im klaren, daß dies eine pointierte Darstellung ist, daß die Autoren ihre Befunde mehr vergleichend als inhaltlich mit einer sonst bekannten Meßgröße koppeln. Es soll kein „Primitiv-Denken", wie es BÜDEL (1971) zu recht abwehrt, unterstellt werden. Es soll nur auf ein V e r f a h r e n aufmerksam gemacht werden, das geübt wird [3-24].

WEISCHET (1969) hat einmal sehr prägnant die Frage aufgeworfen, ob es überhaupt zulässig sei, eine so enge Beziehung zwischen Form und Klima herzustellen. Er hat damit eine Frage aufgegriffen, die ebenfalls schon früh PASSARGE (1926) klar ausgesprochen hat, und die jüngst BREMER (1973) unter dem Aspekt Klimawechsel/Reliefentwicklung erneut gestellt hat. Man kann diese Frage weiter zuspitzen: Warum überhaupt die Beziehung suchen?

Unter der Annahme, daß der Forschungsgegenstand der Geomorphologie (I) im weitesten Sinne das Relief, etwa als exogene Realform i. S. BÜDELs (1971) sei, derjenige der Klimatologie das Klima, darf geschlossen werden, daß Relief und Klima zwei verschiedene Forschungsgegenstände sind (vgl. die zitierten Definitionen). Weiterhin darf geschlossen werden, daß Ergebnisse in bezug auf das Relief implizit eben das Relief und nicht das Klima betreffen – oder negativ formuliert, daß Rückschlüsse vom Relief auf das Klima oder um gekehrt wohl kaum a priori geboten erscheinen. Dies will nicht sagen, solche Schlüsse seien im Prinzip unmöglich, es will nur sagen, wenn solche Schlüsse gezogen werden, muß wohl im Einzelfalle nachgewiesen werden, daß sie zulässig sind. Solange dies nicht geschieht, handelt es sich um Musterbeispiele von Elementverknüpfungen in einer black box.

Im Falle der Zuordnung von Altformen als Teilgliedern des exogenen Realreliefs zu einem Klima handelt es sich bei diesen Elementverknüpfungen um geomorphologisch-paläoklimatische Aussagen. Eine – soweit es Verf. betrifft, nur aus der Sicht des interessierten Laien mögliche – Hinzuziehung paläoklimatischer Befunde nach Maßgabe meteorologisch-klimatologischer Ansätze (etwa FLOHN 1970, bes. aber 1963, 1964) zeigt,

---

3-24 Daß dem so ist, dürfte disziplinhistorisch verstanden werden können, etwa aus dem starken Pendelschlag von einer stark tektonozyklisch orientierten klassischen Geomorphologie zu einer demgegenüber das Klima (i. S. der exogenen Kräfte) stark herausstellenden Klimageomorphologie, die in der überpointierten Bewertung ihres Standpunktes sich überhaupt erst durchsetzen konnte (vgl. etwa MAULLs (1958) Handbuch und BÜDELs (1971) Zusammenschau)

daß man dort noch weit davon entfernt ist, Aussagen etwa i. S. effektiver Klimate zu geben. Die Aussagen „beschränken" sich auf Modellvorstellungen denkbarer atmosphärischer Zirkulationen (z. B. die akryogenen Warmzeiten in FLOHN 1964) und deren dann ableitbare Auswirkungen auf die verschiedenen Klimaelemente. Dabei bedient sich die theoretische Paläoklimatologie sehr komplizierter physical system models (i. S. von CHORLEY 1969). Handelte es sich zwischen der Neigung eines Talhanges, dem Vorkommen von Barchanen, dem Längsgefälle eines Flusses, dem Rundungsgradtyp eines Schottervorkommens usw. einerseits, dem Klima andererseits wirklich um eine d i r e k t e Beziehung — im Beispielfall zu einem beliebigen geologischen Zeitpunkt (−t) −, die theoretische Klimatologie dürfte sie wohl ohne Zögern als willkommenen zusätzlichen Parameter in dieses oder jenes bereits entwickelte Modell mit einbauen.

Womit an einem weiteren Beispielsfall erneut die in cap. 3.1. aufgezeigte strukturelle Gegensätzlichkeit der beiden Geomorphologien (I) und (II) aufgehellt werden kann, hier zwischen Geomorphologie (I) und theoretischer Paläoklimatologie. Letztere bedarf der Ergebnisse der historischen Geowissenschaften (nicht deren black box approaches) als Correctiva. Denn eine P a l ä o k l i m a t o l o g i e sensu stricto ist vor dem Hintergrund der historischen Geowissenschaften ein Unding, da wohl kaum — etwa gemäß der Klimadefinition von SCHNEIDER-CARIUS — „meteorologische Zustände und Vorgänge während" z. B. des Paudorf-Interstadials irgendwo konserviert sein dürften. Dabei könnten diese — mit fortschreitendem Kenntnisstand der historischen Geowissenschaften (also auch der Geomorphologie (I)) — sicherlich fortschreitend vertieft in einem physical model beschrieben werden. Es zeigt sich noch einmal, wie sehr es bei der Bedeutung der beiden Geomorphologien letztlich auf Bewertungen ankommt.

In früheren Veröffentlichungen (z. B. WIENEKE/RUST 1973b, RUST/WIENEKE 1973a) haben wir chiffriert auf die hier explizierte Beziehung angesprochen, wenn wir von der U n l o g i k sprachen, zwischen Form und Klima eine (ungeprüfte und zur Zeit nicht prüfbare) Beziehung herstellen zu wollen [3-25].

Die Konzeption „morphodynamischer Aktivitäts- bzw. Stabilitätszeiten" ROHDENBURGs (1970) ist d e s h a l b so bedeutsam, weil sie von der schillernden Fixation auf ein „geomorphologisches Klima" wegführt. Sie ist trotz ROHDENBURG (1971) — und wie angerissen stimmen wir mit LOUIS (1973) und BÜDEL (1971) in mancher Kritik überein — ein weiterer black box approach, ein Denkmuster, das aber — und dies ist entscheidend — den Geomorphologen der Geomorphologie (I) auf seinen Forschungsgegenstand exogenes Realrelief zurückführt und ihn anregt, vielleicht doch unter zunehmend möglicher Hinzuziehung von Geomorphologie (II)-Ansätzen, die black box zu ersetzen. Zur Zeit kommen wir wohl kaum umhin, mit dynamisch-geomorphologischen (I) erklärenden Vorüberlegungen wie z. B. „Doppelte Einebnungsflächen" (BÜDEL 1957), „Pedimentieren" (BRYAN 1925), „Seitliche Erosion" (JOHNSON 1932) oder meinetwegen „Regenflächen-Spülung" zu operieren. Sie sind nur keineswegs so belangvoll, sei es in ihrer Begründung, sei es in ihrer regionalen Glaubhaftmachung, sei es in ihrer Verallgemeinerung, sei es für die Existenzberechtigung der Geomorphologie (I) überhaupt. Und wir bescheiden uns deshalb auch, nicht so sehr den „Prozeß" zu strapazieren, sondern den „Zustand", z. B. unsere klimageomorphologischen Phasen a, e, f (s. cap. 6.1.), möglichst diversifiziert und „quantitativ" gemäß seines exogenen Realreliefs zu beschreiben (also das Formungsergebnis von ... bis) und die diesen Zustand erzeugt habenden Prozesse nur glaubhaft zu machen.

3−25 Eine sehr klare Darstellung über klassenlogische Beziehungen bei BARTELS (1968, bes. S. 76−95).
 Dies geschah für unser Arbeitsgebiet z. B. für die Einstufung von Flußterrassen, wenn sie etwa „pluvialen" oder „interpluvialen" Klimaten zugeordnet wurden (z. B. SPREITZER 1965, KORN/MARTIN 1937, SCHOLZ 1968a und b, vgl. Anm. 3−8). Wie schillernd gerade für die Reliefanalyse in Trockengebieten dieses Gegensatzpaar ist, hat ROHDENBURG (1970) herausgestellt

4. Präsentation der Befunde

(U. Rust/F. Wieneke)

Unsere Gelände- und Laborbefunde sind in den zu diesem Kapitel gehörenden Abbildungen, Tabellen und Photos dokumentiert. Weitere Abbildungen, Tabellen und Photos sind den anderen Kapiteln jeweils deshalb beigefügt, weil sie dort die textlichen Ausführungen am besten ergänzen.

4.1. Topographische Informationen

Abb. 4.1. – 4.20., 4.40. sind topographische Informationen; davon sind Abb. 4.1., 4.8.–4.10., 4.12., 4.13. und 4.18. λ/φ-Diagramme. Es sind im Gelände gecheckte Interpretationsskizzen nach Luftbildern bzw. von uns vermessene Krokis. Die übrigen Abbildungen (Abb. 4.2. – 4.7., 4.11., 4.14., 4.15., 4.16., 4.17., 4.19., 4.20., 4.40.) sind h/Distanz-Diagramme, zum einen eigene Nivellements, zum anderen Auszüge aus topographischen Karten. Die topographischen Informationen sind nach Lokalitäten geordnet zusammengefaßt. In diesen Informationen ist die Lage der selbst gegrabenen Profile und Aufschlüsse vermerkt. In den h/Distanz-Diagrammen ist außerdem die Lage der genommenen Proben angegeben. Zusätzliche nichttopographische Informationen sind jeweils der Beschriftung und Legende zu entnehmen.

4.2. Granulometrische Informationen

Abb. 4.21. – 4.34. sind granulometrische Informationen, geordnet und zusammengefaßt nach Lokalitäten der Probenentnahme. Es sind Darstellungen der Summenkurven der Korngrößenverteilungen des Feinerdeanteils ($< 2000\,\mu$) im Wahrscheinlichkeitsnetz mit logarithmischer Abszisse. Die Summenkurven nur trocken gesiebter Proben unterscheiden sich von denen der pipettierten und anschließend trocken gesiebten Proben, da erstere nur den Feinerdeanteil $> 63\,\mu$ erfassen.

4.3. Rundungsgradverteilungen

Abb. 4.35. – 4.37. zeigen Rundungsgradverteilungen von Schottern geordnet nach Lokalitäten. Abb. 4.39. faßt die Verteilungstypen nach RUST/WIENEKE (1973b) zusammen. In Tab. 4.8. werden die einzelnen Schottervorkommen soweit möglich den Verteilungstypen zugeordnet und wird ihre jeweilige topographisch-geomorphologische Position angegeben.

4.4. Profilaufnahmen

In Tab. 4.1. – 4.6. sind die von uns sedimentologisch und bodenkundlich aufgenommenen Profile nach Lokalitäten geordnet dargestellt. Ihre Lage ist aus den topographischen Informationen ersichtlich. Die Körnung der Feinerde ergibt für die allermeisten Proben „Sande" i. S. der z. B. in der Bodenkunde üblichen Klassifikation (SCHLICHTING/BLUME 1966, S. 81). Um diese Sande genauer zu beschreiben, haben wir nach Durchführung der Laboruntersuchungen die Profilbeschreibungen folgendermaßen ergänzt: Wenn der Anteil der Fraktionen 0.063 – 2.0 mm $\geq 15\,\%$ betrug, wurde dieser Anteil gemäß Abb. 4.38. in sich klassifiziert (Grobsand 0.5 – 2.0 mm, Mittelsand 0.25 – 0.5 mm, Feinsand 0.063 – 0.25 mm). In der Profilansprache erscheinen also in diesem Falle die Symbole der Abb. 4.38.

4.5. Sulfat- und Carbonatgehalt

Tab. 4.7. enthält den Sulfat- und Carbonatgehalt ausgesuchter Proben.

4.6. Photos

Ausgewählte Photos (Photo 4.1. – 4.15.) ergänzen die diagrammatischen und tabellarischen Informationen. Sie stammen von den Verfassern.

5. Granulometrie

(F. Wieneke)

5.1. Einführende Bemerkungen

Zur Analyse der Korngrößenverteilungen sind die Gewichtsanteile der Fraktionen in Prozentwerte umgerechnet worden. Dann wurden die Summenkurven im Wahrscheinlichkeitsnetz mit logarithmischer Abszisse gezeichnet (Abb. 4.21. – 4.34.). Die Fraktionsgrenzen sind in mm angegeben. Sie entsprechen nach der Phi-Skala von WENTWORTH den Werten – 1 (2.0 mm) bis + 9 (0.002 mm). Die für die vergleichende Interpretation der Korngrößenverteilungen der analysierten Proben benötigten Werte wurden graphisch aus den Summenkurven erschlossen. Die ersten drei Momente der Korngrößenverteilungen in Phi-Werten (arithmetisches Mittel $\bar{x}(\phi)$, Standardabweichung $\sigma(\phi)$ und Schiefe $\alpha_3(\phi)$) wurden berechnet (Tab. 5.1.)[5-1]. Die $\alpha_3(\phi)$-Werte der gesiebten Proben sind nicht mit denen der pipettierten und gesiebten Proben vergleichbar, da dieser Wert die Prozentanteile der Fraktionen an den beiden Enden der Korngrößenverteilungen sehr stark berücksichtigt und sich die gesiebten Proben (nur $> 63\mu$) von den pipettierten und gesiebten ($< 2 - 63\mu$) im Bereich der feinen Korngrößen fundamental unterscheiden. Das heißt es sind jeweils nur Aussagen aufgrund der $\alpha_3(\phi)$-Werte der gesiebten Proben einerseits und der gesiebten und pipettierten andererseits möglich.

Nach der Erfahrung mehrerer Sedimentologen sind die empirischen Korngrößenverteilungen logarithmischen Normalverteilungen angenähert (z. B. MARSAL 1967, S. 51; nur FRIEDMAN 1961 spricht sich gegen diese Erfahrung aus), ihre Summenkurven ergeben daher im Idealfall im Wahrscheinlichkeitsnetz mit logarithmischer Abszisse Geraden. Die Steigung der Geraden ist ein Maß für die Sortierung der Probe: Je steiler die Gerade, umso besser die Sortierung. Außer der Steilheit der Kurve und ihrer Lage im Netz zu den feinen oder zu den groben Fraktionen hin können Größe und Art der Abweichungen der empirischen Summenkurve von der theoretisch zu erwartenden Geraden als Indikatoren für das Sedimentationsmilieu der untersuchten Probe gelten (FRIEDMAN 1961, 1962, SINDOWSKI 1957/58). SINDOWSKI hat durch Vergleich solcher Summenkurven charakteristische Kurventypen für unterschiedliche Sedimentationsmilieus erarbeitet. GREENWOOD (1972) hat mit derselben Technik rezenten Strandsand von Dünensand trennen können und nach dem aktualistischen Prinzip im Analogieschluß pleistozäne Sedimente derselben Lokalität genetisch erklärt.

Abgesehen von Vergleichen des gesamten Kurvenverlaufes finden, vor allem in der angelsächsischen Literatur (KRUMBEIN 1938, INGLE jr 1966, MILLER/ZEIGLER 1958 u. a.), mehrere verschiedene Parameter der Korngrößenverteilungen Verwendung, um Sedimente milieumäßig zu trennen: Medianwert Md, Quartile Q_{25}, Q_{75}, Percentile, Sortierungsindex und Schiefewert nach TRASK, Sortierungsindex nach INMAN und die ersten drei Momente der Verteilung in Phi-Werten $\bar{x}(\phi)$, $\sigma(\phi)$ und $\alpha_3(\phi)$. Der Sortierungsindex nach TRASK $S_o = (Q_{75}/Q_{25})^{1/2}$ und der von MILLER/ZEIGLER (1958) bzw. HARRISON/KRUMBEIN/WILSON (1964) verwendete Index $S_p = (P_{80} - P_{20})/P_{50}$ nach INMAN sind einfach zu berechnen und die gebräuchlichsten Parameter zur Beschreibung der Sortierung in der angelsächsischen Literatur. Daher sind Vergleiche mit angelsächsischen Autoren mit Hilfe der Indices S_o und S_p sowie des Medians Md möglich. Allerdings charakterisieren diese Sortierungsindices die Verteilungen nicht so gut wie die Momente Standardabweichung und Schiefe (MARSAL 1967, S. 26/27), mit deren Hilfe z. B. FRIEDMAN (1961, 1962) oder SHEPARD/YOUNG (1961) Strand-, Dünen- und Flußsand voneinander trennen konnten.

[5-1]
$$\bar{x}(\phi) = \frac{\Sigma f_i \, m_i(\phi)}{100} \qquad \sigma(\phi) = \frac{\Sigma f_i \, (m_i(\phi) - \bar{x}(\phi))^2}{100}$$

$$\alpha_3(\phi) = \frac{\Sigma f_i \, (m_i(\phi) - \bar{x}(\phi))^3}{100 \cdot \sigma^3(\phi)}$$

mit f_i = % – Anteil der i-ten Fraktion,
$m_i(\phi)$ = Mittelwert der Fraktion in Phi-Werten
(nach FRIEDMAN 1961, S. 516, KING 1966, S. 288)

Es ist bisher nicht gelungen, und prinzipiell auch unmöglich, Korngrößenverteilungen nach den Sedimentationsmilieus so zu klassifizieren, daß allgemein gültige Standardkurven oder Standardgrenzwerte für die Indices hätten erarbeitet werden können. Es sind für jede Lokalität neu aus in sedimentologisch-geomorphologisch eindeutiger Position entnommenen Proben Eichwerte und Eichkurven zu gewinnen, anhand derer dann nach dem aktualistischen Prinzip im Analogieschluß Aussagen über fossile Sedimentationsmilieus möglich werden. Diese Aussagen gelten dann für das Untersuchungsgebiet, die Eichwerte und Eichkurven sind jedoch nicht auf andere Räume übertragbar.

Für die Proben der Zentralen Namib sind anhand der Summenkurven der Korngrößenverteilungen Medianwert, Quartile und Percentile graphisch bestimmt worden. Aus den genannten Werten wurden die Sortierungsindices S_o und S_p errechnet. Außerdem wurden die Werte $\bar{x}(\phi)$, $\sigma(\phi)$ und $\alpha_3(\phi)$ berechnet (s. Tab. 5.1.).

5.2. Ansprache der Summenkurven der Korngrößenverteilungen

Erstes und wichtigstes Kriterium zur Ansprache der Sedimentproben bezüglich ihres Sedimentationsmilieus waren die Summenkurven der Korngrößenverteilungen des Feinerdeanteils (< 2.0 mm) im Wahrscheinlichkeitsnetz mit logarithmischer Abszisse. Zur Ansprache der Kurven und damit zum Vergleich dienten die Steilheit der Kurven, ihre Lage im Netz, ihre Abweichungen vom Idealtyp einer Geraden. Erst in zweiter Linie sind dann Zahlenwerte, die aus den Summenkurven gewonnen wurden (Median, Quartile), aus ihnen berechnete Sortierungsindices (S_o, S_p) und die aus den Korngrößenverteilungen in der WENTWORTH-Skala berechneten Momente $\bar{x}(\phi)$, $\sigma(\phi)$, $\alpha_3(\phi)$ zur Ansprache und zum Vergleich herangezogen worden.

Es zeigte sich empirisch, daß die Summenkurven sich in Hauptklassen zusammenfassen lassen, denen jeweils Proben aus sedimentologisch-geomorphologisch eindeutigen Positionen angehören. Sonderfälle werden gesondert betrachtet werden. Damit wurde die schon bei der Probenentnahme im Gelände gewonnene Erkenntnis bestätigt, daß sich nach Korngröße (Modalklasse, Median, arithmetisches Mittel) und Sortierung (Steilheit der Summenkurve, Sortierungsindices, Standardabweichung) Barchansedimente, marin-litorale Sedimente und fluviale Sedimente trennen lassen.

Abb. 5.1. zeigt die Bündel der Kurven der eindeutigen und der vermuteten Barchansedimente, der eindeutigen und vermuteten marin-litoralen Sedimente und der eindeutigen und der vermuteten fluvialen Sedimente. Das Bündel der fluvialen Sedimente enthält fluvial transportierte und in Stillwasser abgelagerte Sedimente. Für die marin-litoralen Sedimente ergaben sich empirisch zwei verschiedene Bündel von Summenkurven (cap. 5.2.2.). Die Abb. 5.1. zeigt, daß die sich ergebenden Kurvenbündel sich nicht überdecken, leeren Durchschnitt haben, also klar unterscheidbar sind. In der überwiegenden Mehrzahl der Proben kann das Sedimentationsmilieu aus der Art und dem Verlauf der Summenkurve der Korngrößenverteilung des Feinerdeanteils erschlossen werden. Es treten jedoch Proben auf, deren Summenkurven keiner der Gruppen und damit der Bündel eindeutig zuordbar sind (vgl. Tab. 5.2., cap. 5.2.5.).

5.2.1. Korngrößenverteilungen der Barchansedimente

Die als Barchansedimente angesprochenen und anzusprechenden Proben weisen Korngrößenverteilungen auf, deren Summenkurven eng zusammenliegen. Pr 55B ist an der Südseite des Swakopunterlaufes in der Nähe des Profiles 55 am Leehang eines aktiven Barchans entnommen worden. Die zugehörige Summenkurve (Abb. 4.30.) kann als eine Eichkurve gelten. Pr 30 IIa und 30 IIb entstammen einem Profil im aktuellen Flußbett des Swakop (Tab. 4.3., Abb. 4.30.) und sind dort durch ihre Farbe (7.5 YR 7/4) als eingewehter oder -geschwemmter Barchansand kenntlich. Auch sie können zum Vergleich mit herangezogen werden.

Die Summenkurven der Barchansedimentproben sind sehr steil, wesentlich steiler als diejenigen der fluvialen Sedimente und derjenigen des einen Bündels der marin-litoralen Sedimente, jedoch ähnlich steil wie diejenigen des zweiten Bündels marin-litoraler Sedimente (Abb. 5.1.). D. h. die Barchansedimentproben sind sehr gut sortiert (vgl. die Werte für die Sortierungsindices und die Standardabweichung in Tab. 5.1.). Sie sind jedoch eindeutig feiner als das ähnlich steile Bündel marin-litoraler Sedimente (kein gemeinsamer Durchschnitt, vgl. auch die niedrigeren Werte für den Median und das arithmetische Mittel in Tab. 5.1.). Als weiteres Charakteristikum kann gelten, daß die Quartile und der Medianwert in der Modalklasse von $125\mu - 250\mu$ liegen. Die wenigen Ausnahmefälle hiervon sind erklärbar (s. u.). Die Kurven liegen alle eng beieinander. Hierdurch ist, besonders für den Verlauf in der Modalfraktion, eine sehr gute Ansprache möglich.

Die zweitstärkste Fraktion ist die von $63\mu - 125\mu$, d. h. die Korngrößenverteilungen sind für diese Gruppe von Proben positiv schief. Dies ist nach FRIEDMAN (1962) ein zusätzliches Kriterium für äolischen oder fluvialen Transport, jedoch auf keinen Fall für marin-litoral transportiertes Sediment. Auch GREENWOOD (1972) stellte analoge Unterschiede der Summenkurven äolischer und marin-litoraler Sedimente fest.

Die Steilheit der Kurven zeigt an, daß die analysierten Proben gut sortiert sind. Die berechneten Sortierungsindices liegen in der Regel für S_o zwischen 1.20 und 1.30, extrem gut sortiert Pr 55B mit 1.11 (Tab. 5.1.); doch ist dies kein eindeutiges Kriterium zur Unterscheidung von den marin-litoralen Proben. Die S_p-Werte liegen in der Regel zwischen 0.30 und 0.70, doch auch sie lassen keine eindeutige Abgrenzung gegenüber marin-litoralen Sedimenten zu. Wie bereits angedeutet ermöglicht jedoch die Kombination der beiden Attribute „Sortierung" und „Feinheit", ausgedrückt entweder durch die Steilheit der Summenkurven und ihre Lage im Wahrscheinlichkeitsnetz oder durch einen Sortierungsindex und den Medianwert oder durch die Standardabweichung und das arithmetische Mittel, eine eindeutige Abgrenzung der Barchansedimente gegenüber den fluvialen und den marin-litoralen Sedimenten.

Es erscheint möglich, mit Hilfe des Schiefewertes $\alpha_3(\phi)$ rein äolisch sedimentierte Proben ($\alpha_3 < 0$) von evtl. nach der äolischen Sedimentation noch fluvial umgelagerten Proben ($\alpha_3 > 0$) zu trennen (Pr 55B, 42 II, 31 II/2 einerseits, Pr 30 IIa, 30 IIb, 31 IV/1, 31 VI, 60 I, 60 II andererseits). Jedoch reicht die statistische Masse dieser Proben nicht aus, um diese empirisch gewonnene, durch die Ergebnisse von FRIEDMAN (1961) gestützte Differenzierung abzusichern. Dieser Befund entspricht der Geländebeobachtung.

5.2.2. Korngrößenverteilungen der marin-litoralen Sedimente

Die beiden Bündel der Summenkurven der Korngrößenverteilungen des Feinerdeanteils der als marin-litorale Sedimente angesprochenen und anzusprechenden Proben sind in Abb. 5.1. dargestellt. Die Proben 32 S, 52 I, 53 I – III sind geomorphologisch-sedimentologisch eindeutig Strandsedimente, Pr 50 I, 68 I, 44 I – IV z. B. eindeutig marin (Fauna, Gerölle), jedoch läßt sich ihre Position im zugehörigen Litoral nicht mehr angeben. Die genannten Proben werden zum Eichen marin-litoraler Sedimente herangezogen.

Es ergeben sich zwei Gruppen von Kurven, die sich beide eindeutig sowohl von den Kurven der Barchansedimente als auch von denen der fluvialen Sedimente unterscheiden. Die marin-litoralen Sedimente sind insgesamt gröber als die Barchansedimente, jedoch i. a. feiner als die fluvial transportierten. Die beiden Gruppen von Kurven der marin-litoralen Sedimente unterscheiden sich voneinander durch die Steilheit der Kurven und damit die zugehörigen Gruppen der Proben durch die Sortierung. Zu der besser sortierten Gruppe gehören Pr 32 IX, 32 S, 53 I, 53 II, 52 I, 69 II (vgl. Tab. 4.2., 4.3., 4.4.). Die entsprechenden Werte der Sortierungsindices und der Standardabweichung (Tab. 5.1.) zeigen, daß diese Proben im Grad der Sortierung denen der Barchansedimente entsprechen, nur sind die Proben insgesamt gröber als jene (höherer Medianwert bzw. größeres arithmetisches Mittel, Tab. 5.1.).

Die zweite Gruppe der marin-litoralen Sedimente weist eine eindeutig schlechtere Sortierung auf, jedoch treten in den berechneten Werten der Sortierungsindices und der Standardabweichung große Schwankungsbreiten auf, die graphisch-visuelle Ansprache mit Hilfe der Summenkurven ist eindeutiger.

Die der Gruppe der besser sortierten marin-litoralen Sedimente zugehörigen Proben entstammen dem eigentlichen Strand (vgl. ihre geomorphologisch-sedimentologischen Positionen), während die Proben der schlechter sortierten Gruppe in die zugehörigen Litoralabfolgen nicht eindeutig einordbar sind. Es mag sich in den Unterschieden der Summenkurvenbündel eine Differenzierung in strandnahe und strandfernere marin-litorale Sedimente widerspiegeln, jedoch läßt sich diese Vermutung mangels statistischer Masse nicht weiter absichern.

Insgesamt verlaufen die Summenkurven der marin-litoralen Sedimente wesentlich steiler als die der fluvialen Sedimente, d. h. die Proben sind besser sortiert als jene. Die beiden am stärksten besetzten Fraktionen sind die von $125\mu - 250\mu$ und die von $250\mu - 500\mu$. Beide können dabei als Modalklasse auftreten, meistens bildet die gröbere dieser beiden Fraktionen die Modalklasse, d. h. die Korngrößenverteilungen dieser Proben sind nahezu logarithmische Normalverteilungen, eine geringe negative Schiefe und eine geringe positive Schiefe sind festzustellen. Das entspricht auch den Ergebnissen z. B. GREENWOODs (1972), der feststellte, daß Strandsande etwas gröber als Dünensande waren, daß innerhalb ihrer Korngrößenverteilungen die zweitstärkste Fraktion meist gröber war als die Modalklasse und drittens die Proben einen stärkeren Grobanteil enthielten als die Dünensandproben, da dieser Grobanteil oberhalb des durch den Wind noch Transportierbaren lag.

5.2.3. Korngrößenverteilungen der fluvialen Sedimente

Die in Abb. 5.1. dargestellten Summenkurven der Korngrößenverteilungen der als fluviale Sedimente angesprochenen und anzusprechenden Proben liegen weit auseinander, verlaufen jedoch untereinander annähernd parallel. Das heißt sie haben etwa gleiche Steigung und damit die durch sie repräsentierten Proben ähnliche Sortierung. Die in sich etwa parallelen Kurven sind deutlich flacher als die der übrigen Bündel. Ein wesentlicher Unterschied der fluvialen Sedimente zu den Barchansedimenten und zu den marin-litoralen ist damit ihre relativ schlechte Sortierung.

Aus geomorphologisch-sedimentologisch eindeutiger Position stammen Pr 30 I, 43 I, 43 II, 46 I, 46 II, 47 I, 48 I, 48 II, 54 II (Tab. 4.1., 4.3., 4.5.). Ihre Summenkurven (Abb. 4.30., 4.26., 4.24., 4.33.) liegen über das gesamte Bündel der Abb. 5.1. verteilt, womit gezeigt ist, daß alle dargestellten Kurven typmäßig analog sind.

Es lassen sich trotz der breiten Streuung der Kurven im Bündel Gruppierungen feststellen. Eine Untergruppe z. B. weist einen hohen Ton- und Schluffanteil ($< 63\mu$) auf ($\geqslant 70\%$). Eine diesen Kurven analoge Korngrößenverteilung zeigen Proben aus dem rezenten Hochwasserbett des Kuiseb (RUST/WIENEKE 1974).
Bei allen Proben dieser Untergruppe ist Sedimentation in Stillwasser, d. h. abseits vom Stromstrich, oder in einem Vley gegeben.

Eine weitere Untergruppe weist einen hohen Anteil (ca. 30%) an Grobsand $> 1000\mu$ auf. Dem entspricht ein niedriger Anteil ($< 5\%$) an Schluff und Ton. Den entsprechenden Proben ist vor der granulometrischen Analyse das Material $> 2000\mu$ abgesiebt worden. Diese besonders groben Sedimente, zu denen u. a. auch 30 I aus dem rezenten Swakopbett gehört, weisen auf fluviale Sedimentation durch kräftig fließendes Wasser hin. Diese sehr groben Proben zeigen untersuchungstechnisch bedingte relativ bessere Sortierung (Tab. 5.1.), da der Anteil $> 2000\mu$ abgesiebt worden ist.

Zwischen diesen beiden Untergruppen liegt ein breites Band flacher Summenkurven. Eine enge Bündelung der Kurven wie bei Barchansedimenten oder bei marin-litoralen Sedimenten ist bei fluvialen Sedimenten nicht zu erwarten, da die Geschwindigkeit des Transportmediums in diesem Falle starken Schwankungen unterworfen ist. Daher sind Mittelwerte und Modalklassen wenig aussagekräftig. Eindeutig unterscheidbar von den übrigen Sedimenten sind die fluvialen Sedimente jedoch hinsichtlich der Flachheit der Summenkurven ihrer Korngrößenverteilungen.

5.2.4. Beeinflussung durch Probenbehandlung

Die Proben sind, wie cap. 1.3. schon beschrieben, mit HCl behandelt worden, um die Sulfate und die Carbonate, insbesondere $CaSO_4 \cdot 2H_2O$ und $CaCO_3$, zu entfernen. Einige der Proben sind zweimal fraktioniert worden, ohne derartige Behandlung und nachdem eine derartige Behandlung erfolgt war. An diesen Proben zeigten sich Unterschiede in den Korngrößenverteilungen. Die mit HCl behandelten Proben wiesen höhere Gehalte an Feinsubstanz auf als die nicht behandelten. Die zugehörigen Summenkurven lagen im Wahrscheinlichkeitsnetz über denen der nicht behandelten Proben der gleichen Sedimentprobe. Ganz allgemein zeichneten sich die verkrustet gewesenen Proben durch einen höheren Feinanteil aus als die entsprechenden nicht verkrustet gewesenen Proben. Ob dieses eine Folge der Verkrustung oder der Behandlung mit HCl ist, soll dahin gestellt bleiben. Es ist jedoch bei der Interpretation der Summenkurven zu berücksichtigen, daß die Summenkurven derartiger Sedimentproben unter Umständen von den Eichkurven zu den feineren Fraktionen abweichen. Da das Hauptunterscheidungsmerkmal zwischen den Summenkurven der Barchansedimente, der marin-litoralen und der fluvialen Sedimente die S t e i l h e i t   d e r   K u r v e n ist, die Steilheit der Kurven jedoch durch ihre eventuelle Verschiebung zu den feineren Fraktionen hin nicht wesentlich verändert wird, ist dieses Kriterium nach wie vor für alle Proben anwendbar.

5.2.5. Nicht eindeutig ansprechbare Korngrößenverteilungen

Einige aus eindeutiger geomorphologisch-sedimentologischer Position entnommene Proben weisen Korngrößenverteilungen auf, die keinem der empirisch gewonnenen Summenkurvenbündel angehören.

Die Summenkurven von Pr 67 I, II, III liegen sämtlich eng beieinander, d. h. sie repräsentieren analoge Sedimente. Die Kurven liegen in der Gruppe der Kurven der Barchansedimente. Die Proben weisen sämtlich nicht die bei den Barchansedimenten auftretende charakteristische Färbung auf. Pr 67 I und 67 III sind eindeutig marin (Fauna, Schotter), 67 II wegen seiner stratigraphischen Position und der zu 67 I und 67 III analogen Korngrößenverteilung ebenfalls (Abb. 4.34., Tab. 4.6.).

Die Summenkurve von Pr 32 K (Abb. 4.26.) unterscheidet sich durch flachere Neigung, d. h. schlechtere Sortierung, und tiefere Lage im Wahrscheinlichkeitsnetz, d. h. gröberes Korn, eindeutig von denen der Barchansedimente. Pr 32 K ist ein Kupstendünensediment (Tab. 4.2.) und weist nicht die Farbe der Barchansedimente auf. Barchansedimente und Kupstendünensedimente (äolisch-litoral) sind daher nach der Korngrößenverteilung und nach der Farbe eindeutig voneinander trennbar. Die Summenkurve von Pr 32 K fällt in die Gruppe der flachen Kurven der marin-litoralen Sedimente in Abb. 5.1., obwohl es sich um ein äolisches Sediment handelt, weil dieses Sediment marin-litoralen Sedimenten ursprünglich entstammt.

Pr 33 0 (Abb. 4.23.) weist eine Korngrößenverteilung auf, deren Summenkurve noch unter allen übrigen Kurven liegt. Sie weist nur 30 % Anteil $< 1000\,\mu$ auf. Da diese Probe in geomorphologisch eindeutiger Position entnommen wurde, läßt sich dies eindeutig erklären. Das durch Pr 33 0 repräsentierte Sediment ist der Rest der Ausblasung feinerer Bestandteile auf einem Wall am rezenten Strand (Tab. 4.1.). Hierdurch kam es zu selektiver Anreicherung der gröberen Fraktionen, fluvialer Transport ist eindeutig auszuschließen.

In den oben angegebenen Fällen ist die Ansprache der Proben aufgrund zusätzlicher Kriterien eindeutig möglich. Schwieriger ist es mit Proben, deren Summenkurvenverlauf in keine der aufgeführten Gruppen paßt (z. B. Mischsedimente) und für die keine weiteren eindeutigen Kriterien zur Ansprache zur Verfügung stehen.

So weichen z. B. die Kurven von Pr 31 III/2, IV/2, III/3 durch einen höheren Anteil feinerer Fraktionen etwas von den Kurven des Bündels der Barchansedimente ab, obwohl sie in der Fraktion $125\,\mu - 250\,\mu$ den gleichen Steilanstieg aufweisen. Numerisch äußert sich dies darin, daß $Q_{25} < 125\,\mu$. Die zugehörigen Sedimente sind interpretierbar als Barchansedimente mit Beimengungen von Schluff und Ton.

Die Kurven von Pr 31 II/1 und 72 II liegen unterhalb der übrigen Kurven des Bündels der Barchansedimente, d. h. sie sind zu den gröberen Fraktionen hin verschoben. Ihr Q_{75}-Wert ist $> 250\,\mu$. Diese Sedimente sind erklärbar als Barchansedimente mit gröberen Beimengungen. Auch Pr 31 II/2 besitzt Beimengungen gröberer Fraktionen, wie die Verflachung der Summenkurve $> 250\,\mu$ anzeigt.

Die Summenkurve von Pr 49 II ist flacher als die Kurven des Bündels der Barchansedimente, sie ist ebenfalls flacher als die Summenkurve von 32 K und selbst als die Kurven einiger eindeutig marin-litoraler Sedimente, wie z. B. Pr 32 S. Von der Korngrößenverteilung her ist daher 49 II nicht als Barchansediment anzusprechen. Da die Summenkurve im Bündel der flacheren Summenkurven marin-litoraler Sedimente liegt, ist Pr 49 II nach seiner Korngrößenverteilung marin-litoral (Abb. 4.21.). Dieses Ergebnis entspricht nicht der Ansprache im Gelände als Äolianit (vgl. RUST/WIENEKE 1973a). Die Analyse der Summenkurven marin-litoraler Sedimentproben erlaubt den Rückschluß auf den marin-litoralen Charakter der Probe.

Pr 49 I ist von der Korngrößenverteilung her nicht typisch marin-litoral (Abb. 4.21.), jedoch von der Fauna (Photo 4.3.) und den vergesellschafteten Geröllen (Abb. 4.35.) her eindeutig marin. Das gesamte Profil 49 (Tab. 4.1.) ist stark vergipst, außerdem ist die Position im ehemaligen Litoral nicht erschließbar. Dies mag den abweichenden Verlauf der Summenkurve von Pr 49 I erklären. Pr 50 I ist geomorphologisch äquivalent zu Pr 49 I. Die Summenkurve von Pr 50 I entspricht zwischen 63μ und 250μ dem Verlauf der Summenkurven der marin-litoralen Sedimente.

Die Proben der Swakopterrassen (Tab. 4.3.) weisen teilweise Korngrößenverteilungen auf, die denen des marin-litoralen Typs ähneln (Abb. 4.29. – 4.31.). Nach dem Entnahmeort liegen Pr 55 und Pr 56 auf Terrasse IV des Swakop (Abb. 4.12.), d. h. (s. cap. 6.) im Bereich eines ehemaligen Swakopdeltas. Pr 55 I, 55 IV, 56 I, 56 III und sämtliche Proben von Pr 57 sind nach ihren Korngrößenverteilungen eindeutig fluvial. Die Summenkurven von Pr 55 II, 55 III, 56 II und 58 I sind nicht eindeutig vom fluvialen Typ, sondern passen zu denen des marin-litoralen Typs. Pr 55 III wurde bei der Entnahme aufgrund der Farbe und der Korngrößen als Mischprobe aus eingeschwemmtem Barchansand und fluvialem Sediment angesprochen, ähnlich Pr 55 II, 56 II. Pr 58 I ist nach dem Entnahmeort ein Mischsediment (fluvialer Transport/Stillwasser) des Swakopmündungsbereiches (Terrasse IV). Die Tatsache des Mischsedimentes verschiebt die Korngrößenverteilungen dieser Proben hin auf diejenigen der marin-litoralen Sedimente. Hier ist die eindeutige Probenentnahme (fluviales Sediment mit Barchansanden oder Lehmschmitzen, vgl. Tab. 4.3.) das Korrektiv in der Ansprache.

Die Summenkurven von Pr 71 II und 72 II (Tab. 4.4., Abb. 4.32.) verlaufen analog denen der Proben marin-litoraler Sedimente. Nach der stratigraphischen Position im Profil ist Pr 71 II ein marin-äolisches Mischsediment und Pr 72 II ein Barchansediment, das fluviale Beimengungen enthält (Vley). Die Korngrößenverteilung von 72 I weist Anreicherungen in den Fraktionen $32 \mu - 125 \mu$ auf (Einwehungen), ansonsten ist sie jedoch vom Typ der fluvialen Sedimente.

So ergaben sich bei der Interpretation und Klassifikation der Summenkurven der Korngrößenverteilungen mehrere Proben, die zu keinem der erarbeiteten Typen passen. Einige dieser Proben konnten als Mischsedimente erklärt werden, entweder durch Einwehung feineren Materials (z. B. Pr 31 III/3, 56 I) oder durch Einschwemmung gröberen Materials (z. B. 31 II/2). Pr 31 II/1 ist mit Hilfe der Korngrößenanalyse nicht genetisch erklärbar, nach der Geländeansprache ist es ein Barchansediment mit Lehmschmitzen (Abb. 4.25., Tab. 4.2.).

Die nicht in diesem Kapitel aufgeführten Proben sind nach der Korngrößenanalyse und nach den Geländebefunden eindeutig einem der beschriebenen Sedimentationsmilieus zuzuordnen (s. Tab. 5.2.).

6. Deutung der Befunde

(U. Rust/F. Wieneke)

6.1. Die Phasensukzessionen l — a zwischen Mile 30 und dem Kuisebdelta

6.1.1. Vorbemerkung

Abb. 6.1. vermittelt in graphischer Form die ausdeutende Zusammenfassung unserer Gelände- und Laborbefunde für die küstennahe Zentrale Namib. Sie soll nachfolgend entwickelt werden. Unter Verweis auf cap. 1. (dort Abb. 1.1. und Tab. 1.1., 1.2., 1.3.) sei wiederholt, daß die Argumentation in verschiedenen Kategorien geführt werden muß und geführt werden kann, dies stets vor dem Hintergrund des logisch-historischen Indizienbeweises und räumlichen (λ, φ, h) Vergleiches (BÜDEL 1971).

Abb. 6.1. sei zunächst f o r m a l erläutert: Die Morphogenese im Untersuchungsgebiet läßt sich gliedern in eine Sukzession von Phasen (Zeitspannen) von der Vergangenheit zur Gegenwart (= Phase a). Wir bezeichnen diese Phasen zunächst neutral mit kleinen Buchstaben (l — a), um nicht von vornherein die Assoziation von Phasenreihen, die in anderen Gebieten entwickelt worden sind, zu implizieren. Die einzelnen Phasen sind gemäß Abb. 6.1. an nur einer Lokalität (z. B. Phase b) oder an mehreren Lokalitäten (z. B. Phase f) faßbar. Die Anordnung der Lokalitäten in Abb. 6.1. entspricht von oben nach unten etwa der N-S-Abfolge im Untersuchungsgebiet (vgl. Abb. 1.1.).

Wie dargestellt werden wird, kennzeichnen die Phasen i, e, b zunächst marine Ereignisse, die Phasen l, k, h, g, f, d, c zunächst festländische Ereignisse, die Phase a kennzeichnet a priori beide. Die festländischen Phasen sind deshalb definitionsgemäß (vgl. cap. 3.3.) klimageomorphologische Phasen, die durch ein bestimmtes geomorphologisches Milieu charakterisiert sind. Das Spektrum unserer geomorphologischen Milieus (Feucht-Aktivität, Trocken-Stabilität, Trocken-Aktivität) ist für jede Lokalität als zusätzliche Information in Abb. 6.1. eingetragen. Aus der Argumentation heraus kann glaubhaft gemacht werden, inwieweit die zunächst marinen Phasen i, e und b ebenfalls bestimmten geomorphologischen Milieus zuzuordnen sind und damit auch zu klimageomorphologischen Phasen avancieren.

Die Verknüpfung mariner und festländischer Ereignisse in e i n e r Zeitreihe bedeutet formal zunächst, daß zwei (vordergründig) unabhängige Ereignisse und damit kategorial gleichrangige Ereignisse so in Zusammenhang gebracht werden, daß zwei voneinander unabhängige zeitliche Entwicklungen in eine einzige zusammengefaßt werden, die dann noch in Diskreta zerstückelt wird (Phasen). Ein Übergreifen (Vorauseilen, Verzögern) der einen gegenüber der anderen eigenständigen Zeitreihe wird damit graphisch verschleiert und soll im Einzelfalle im nachfolgenden Kontext diskutiert werden. Die Verlaufskurve (Koordinaten „Zeit" sowie „m ü STL Mile 30") der Meeresspiegelschwankungen in Abb. 6.1. gibt bereits zusätzliche graphische Information in der aufgezeigten Richtung. Schließlich weist die über mehrere Phasen reichende Balkenlänge (z. B. k-i-h am Swakop, f-e-d bei Mile 30) eines geomorphologischen Milieus auf die zeitlichen Unterschiede hin.

Die Sukzession der Phasen l — a als solche ergibt sich aus dem Ansatz, die festländische Entwicklung einzuhängen in die marin-litorale Entwicklung. Die Begründung für die Aufstellung einer Verlaufskurve der eustatischen Meeresspiegelschwankungen erfolgte in cap. 2. In Abb. 6.1. sind die die marinen Ereignisse der küstennahen Zentralen Namib dokumentierenden Befunde gemäß Lokalität und Höhenlage (m ü STL Mile 30; 0 m ü STL Mile 30 = + 3.43 m ü KN SWA nach eigenen Vermessungen, vgl. TP in Abb. 4.5.) verzeichnet.

Die Abb. 6.1. veranschaulicht also zusammenfassend dreierlei synthetische Aspekte:

(1) Von links nach rechts die zeitliche Entwicklung der geomorphologischen Milieus an den Lokalitäten bzw. die höhenmäßigen Schwankungen des Meeresspiegels in der Zeit
(2) Von oben nach unten die räumliche Differenzierung der geomorphologischen Milieus in den einzelnen Phasen bzw. die Höhenlage der marinen Befunde

(3) Insgesamt das sich in der Zeit ändernde Verteilungsmuster der geomorphologischen Milieus [6-1] sowie dessen Zusammenhang mit den Schwankungen des Meeresspiegels

Dieses Kapitel (cap. 6.1.) hat die Aufgabe, unsere Befunde (cap. 4., 5.) vor dem in cap. 2. und 3. aufgezeigten Hintergrund gemäß der Betrachtungsrichtung „von links nach rechts" in Abb. 6.1. zu erläutern, und zwar jeweils für die einzelnen Lokalitäten. Die gewählte Betrachtungsrichtung ist historisch. Sie faßt das Relief als Ergebnis einer Entwicklungsfolge von der Vergangenheit zur Gegenwart hin auf. Aus Gründen der Transparenz in der Darstellung soll diese Betrachtungsrichtung konsequent in cap. 6.1. angewandt werden.

So muß ein anderer Aspekt, derjenige der Plausibilität der Argumentation dabei in den Hintergrund treten. Die Befunde und Argumente für die einzelnen Phasen sind, wiewohl bis auf Phase b an verschiedenen Lokalitäten vorhanden, nicht überall gleichermaßen überzeugend aufzuspüren. Deshalb seien die nach unserer Auffassung klarsten Befunde gesondert vorangestellt.

Wichtigste Befunde gemäß Lokalitäten für die einzelnen Phasen:

Phase	Lokalität	radiometrisches Alter
l	Swakop TR II	
k	Tumasvley	
i	Rooikop	älter als ca. 26 000 BP
h	Mile 30	
g	Swakop TR IV, Mile 30	
f	Mile 4	ca. 26 000 BP
e	Mile 4, Mile 30, Swakop TR V	
d	Mile 4 (trocken-aktiv), Mile 30 (trocken-stabil)	
c	Mile 4	jünger als ca. 26 000 BP
b	Mile 4/Vineta	

Die Zeitreihe veranschaulicht zunächst nur eine relative Geochronologie. Radiometrische Untersuchungsergebnisse sind für Phase i und Phase e gegeben und in Abb. 6.1. vermerkt [6-2].

Die von uns untersuchte Morphogenese der küstennahen Zentralen Namib beginnt erst mit unserer Phase l und erfaßt folglich nur die letzten elf Phasen überhaupt. Die Reliefentwicklung der Zentralen Namib reicht mit Sicherheit vor Phase l zurück; dies sowohl im Rahmen der von uns entwickelten Vorstellungen über den Wechsel dreier geomorphologischer Milieus (cap. 3.3.), als auch unter davon grundsätzlich unterschiedenen Formbildungsbedingungen (vgl. WIENEKE/RUST 1973a, RUST 1970). So ist z. B. für den unteren Swakop aus geomorphologischen Befunden heraus (Terrasse I in Abb. 4.13., 4.14., Photo 4.8.) der die Swakopterrassentreppe krönende Namibreg prä-l-zeitlich und macht die geröllmorphoskopische Analyse glaubhaft, daß es womöglich in der küstennahen Zentralen Namib auch höhere Meeresspiegelstände als den i-Hochstand gegeben hat (R 26 in Abb. 4.36., Tab. 4.8., Abb. 4.39.). Weiter landeinwärts von uns durchgeführte Vergleichsuntersuchungen am mittleren Kuiseb (RUST/WIENEKE 1974) weisen ebenfalls auf eine vor Phase l zurückreichende, das exogene Realrelief konstituierende Phasenentwicklung hin. Derartige Bezüge sollen in cap. 6.2. mit diskutiert werden.

Im nachfolgenden Text sowie in der Abbildung 4.9. sprechen wir vom 2 m-Niveau bzw. vom 17 m-Niveau, wenn die Rede ist vom e- bzw. i-zeitlichen Meereshochstand. Begründet sind diese metrischen Bezeichnungen im Forschungsgang unserer Untersuchungen (vgl. RUST/WIENEKE 1973a, Abb. 2). 2 m ü STL Mile 30 bzw. 17 m ü STL Mile 30 sind mittlere Höhenlagen der e-Befunde bei Mile 30 und Mile 4 einerseits, der i-Befunde bei Mile 30 und unseres Rooikop-Hauptprofils 67 andererseits. Welche Vertikaldistanz insbesondere das i-Marin umfaßt, ergab sich im weiteren Verlauf der Untersuchungen. Über die geomorphologische An-

---

6-1 Eine Zusammenfassung im λ/φ-Koordinatensystem für die einzelnen Phasen (d. h. Verteilungsmuster der geomorphologischen Milieus in den einzelnen Phasen) in WIENEKE/RUST (1973a), dort Abb. 5
6-2 Die radiometrischen Daten werden in cap. 6.2. diskutiert

sprache der Befunde im einzelnen (Riff, Terrasse, Nehrung usw.) ist durch diese neutrale Ansprache zunächst nichts ausgesagt. Da wir in RUST/WIENEKE (1973a) die Begriffe 2 m-Hochstand und 17 m-Hochstand propädeutisch eingeführt haben, werden wir sie auch weiter verwenden. Die metrischen Schwankungsbreiten um diese „Niveaus" werden im einzelnen nachfolgend beschrieben und gedeutet.

Unser Beitrag zur Erklärung der Reliefentwicklung der Zentralen Namib wird von uns selbst nur als erster Versuch gewertet, über die bisher aus der Literatur bekannten Informationen hinaus (vgl. cap. 1.) aufgrund der Analyse gezielt ausgewählter Lokalitäten eine zeitlich und räumlich differenziertere Klärung herbeizuführen. Eine Vertiefung in diesem Sinne muß späteren Forschungen vorbehalten bleiben.

6.1.2. Phase l

Phase l ist formenmäßig faßbar im fluvialen Altrelief der Swakopterrasse II mit den auf sie ausmündenden, in den Namibreg eingeschnittenen Nebentälern (Abb. 4.13., 4.14., Photo 4.8.). Sie dokumentiert dort feucht-aktives geomorphologisches Milieu. Das Swakopsystem aus Phase l bestimmt im Sinne des geomorphologischen Standortes als Altrelief die weitere Reliefentwicklung am unteren Swakop. Es begrenzt den Rahmen, in welchem die nachfolgende Talbildung stattgefunden hat.

Phase l ist sedimentologisch faßbar bei Rooikop als liegend zum Marin der Phase i (Abb. 4.34., Tab. 4.6.) im dortigen Profil 68. Die geomorphologische Position des Sediments an einem zum Kuiseb geneigten Hang (Abb. 4.16., 4.17.) läßt für dieses Sediment ein feucht-aktives geomorphologisches Milieu postulieren. Da die in Pr 67 bei Rooikop zum Marin der Phase i ebenfalls liegenden Sedimente alternativ auch denkbar wären als Sedimente des im Prinzip allochthonen Kuiseb, also trocken-stabiles Milieu anzeigen könnten, dürfte der Vergleich zu Pr 68 III die Ansprache dahingehend entscheiden, daß sie ebenfalls aus der feucht-aktiven Phase l stammen (Abb. 4.34., Tab. 4.6.).

6.1.3. Phase k

Die Ausgliederung einer Phase k ist möglich im Vergleich zu den Befunden der Phase i (cap. 6.1.4.).

Am Tumasvley transgredierte das Meer der Phase i Barchansedimente (Abb. 4.32., Tab. 4.4., 5.2.). Sedimentologisch ist k dort als trocken-aktiv einzustufen. Bei Rooikop transgredierte das i-Meer die fluvialen Sedimente aus l (cap. 6.1.2.). Barchansedimente fehlen liegend zu i bei Rooikop. Da also nördlich anschließend Barchanwanderung in k stattfand, ist nicht auszuschließen, daß die Vergipsung der Sedimente aus l bei Rooikop bereits eingesetzt hatte, also bei Rooikop Trocken-Stabilität herrschte (Tab. 4.6., 4.7.), denn ein Umschwung von Feucht-Aktivität am unteren Swakop und Kuiseb in l zu Trocken-Aktivität in k im Gebiet zwischen diesen beiden Lokalitäten (am Tumasvley) dürfte nicht spurlos in den nicht barchanüberwanderten Gebieten (Swakopunterlauf, Rooikop) vorübergegangen sein [6-3]. Wie nachfolgend ausgeführt, ist Terrasse III am unteren Swakop eindeutig mit dem Meereshochstand i zu konnektieren. Terrasse III ist eine trocken-stabile Terrasse (Tab. 6.1., cap. 6.2.4.). Wir glauben, daß Terrasse III im Vergleich zum Tumasvley und zu Rooikop die Trocken-Stabilität von Phase k schon repräsentiert, daß also der Umschwung von Feucht-Aktivität zu Trocken-Stabilität (Terrasse II zu III) schon vor i einsetzte, und stufen Terrasse III auch in Phase k ein.

Da in der auf k folgenden Phase i durch die i-Transgression eventuelle Spuren der k-Barchane formenmäßig vollständig getilgt werden konnten, kann angenommen werden, daß die Trocken-Aktivität von k am Tumasvley wenig bedeutend gewesen ist. Vereinzelte Barchane mögen bis dorthin vorgestoßen sein. Immerhin verweisen ihre Sedimentrelikte darauf, daß schon vor i nördlich des Kuiseb Dünenbildung überhaupt stattfinden konnte, daß also Barchansedimente (vgl. Pr 71, Tab. 4.4.) disponibel waren.

Für Mile 30 postulierten wir ebenfalls eine trocken-aktive Phase k (RUST/WIENEKE 1973a). Das im Gelände als Äolianit angesprochene Sediment in Pr 49 II erwies sich nach granulometrischer Analyse als marin

---
6-3 Vgl. cap. 6.2.4. zum Phasenwechsel

(Tab. 5.2., Abb. 4.2., 4.21.). Es ist dies der einzige Fall, in welchem die Laborergebnisse unsere Geländebefunde nicht bestätigt haben. Wir müssen Phase k für Mile 30 revidieren.

6.1.4. Phase i

Phase i markiert den ältesten von uns eindeutig faßbaren Meereshochstand (Abb. 6.1.). Wir bezeichneten diesen als 17 m - Meereshochstand (RUST/WIENEKE 1973a, WIENEKE/RUST 1973b). Bei Mile 30 ist er formenmäßig durch sanft landwärts ansteigende Oberflächen von Restbergen (Abb. 4.1., 4.2., 4.3., 4.5., Photo 4.2.) als dort ältestes (da höchstgelegenes) Formelement faßbar. Eine Zuordnung zu bestimmten Abschnitten der litoralen Formenabfolge (vgl. cap. 2.2.) ist nicht möglich. Der erhaltene Abschnitt der i-Schorre umfaßt die Vertikaldistanz von 12.53 – 20.62 m ü STL. Das die Oberflächen der Restberge konstituierende Sediment ist sowohl sedimentologisch (Abb. 4.21., Tab. 4.1., 5.2.) als auch geröllmorphoskopisch (Abb. 4.35., Tab. 4.8.) eindeutig marin. Muschelschill haben wir nur wenig gefunden (Photo 4.3.).

In Pr 69, genommen in einer Mülldeponie oberhalb des Lokasie-Friedhofes östlich Swakopmund (Abb. 4.9., 4.12.), verzahnen sich fluviale Sedimente (R 29 in Abb. 4.36., Tab. 4.8., Pr 69 I und 69 IV in Abb. 4.29., Tab. 4.3., 5.2.) und marine Sedimente (Pr 69 II und III in Abb. 4.29., Tab. 4.3., 5.2.). Die Oberfläche von Pr 69, in 33.57 m ü STL gelegen, gehört zum 17 m - Niveau in Abb. 4.9. Dieses Niveau ist identisch mit Terrasse III in Abb. 4.12., welche sich als Form bis zur Swakopterrassentreppe oberhalb der Eisenbahnbrücke verfolgen läßt (Abb. 4.13.). Dort ist sie eindeutig als trocken-stabile Terrasse einzustufen, da keine Nebentäler auf sie auslaufen (Abb. 4.14., Photo 4.8.). Für den unteren Swakop ergibt sich daraus trocken-stabiles geomorphologisches Milieu zur Zeit des i-Meereshochstandes.

Bei Mile 4 wird in Pr 42 in 11.01 m ü STL (= 173 cm unter Oberfläche) ein marines Sediment gefaßt (Pr 42 VI, VII in Abb. 4.27., Tab. 4.2., 5.2.), liegend zu fluvialen Sedimenten (Pr 42 III, IV, V in Abb. 4.27., Tab. 4.2., 5.2.). Die Oberfläche von Pr 42 (Abb. 4.10.) ist die Post - 17 m - Terrasse in Abb. 4.9., welche nicht identisch ist mit der Swakopterrasse III, sondern mit Terrasse IV (Abb. 4.12.). Es gibt keinen Grund zu der Annahme, das tiefer gelegene seewärtigere Marin bei Mile 4 sei nicht dem gleichen Meereshochstand wie das höher gelegene landwärtigere Marin in Pr 69 zuzuordnen (vgl. cap. 6.2.3.). Wir rechnen die beiden marinen Sedimentkörper dem gleichen Hochstand i zu, den wir somit am unteren Swakop einmal sedimentologisch und geomorphologisch (Pr 69, Terrasse III), einmal nur sedimentologisch (Pr 42 VI, VII) fassen. Die Lokalität Mile 4 (Campingplatz von Swakopmund) markiert den nordwestlichen Punkt, bis zu welchem sich der Einfluß des Swakop noch bemerkbar gemacht hat. Da hier die fluvialen Sedimente (des Swakop) unverzahnt zum i-Marin auftreten, mag in Pr 42 das bereits regredierende i-Meer vorliegen oder der i-zeitliche Swakop hat einen Teil des i-Marin erodiert. Die Verzahnungen fluvialer und mariner Sedimente in Pr 69 mögen den Mündungsbereich des i-zeitlichen Swakop dokumentieren, der deltaartig war (divergierende Terrassen-III-Reste in Abb. 4.12.).

Im Tumasvley bildet das i-Marin in 20 m ü KN SWA (gemäß Topographic Map 1 : 50 000) die Oberfläche (Abb. 4.15., Photo 3.3.). Es ist sedimentologisch (Pr 71 I in Abb. 4.32., Tab. 4.4., 5.2.) und geröllmorphoskopisch (R 41 in Abb. 4.37., Tab. 4.8.) faßbar. Es transgredierte die trocken-aktiven Sedimente aus Phase k.

Am besten erhalten und folglich zu dokumentieren ist das i-Marin an der Lokalität R o o i k o p , die nach unseren Untersuchungen als T y p l o k a l i t ä t für das i-Marin angesehen werden kann. Geomorphologisch faßbar ist die i-Schorre über 3 km Distanz (Abb. 4.16.) als schiefe Ebene von 17.75 m ü STL (= 21.18 m ü KN SWA) an Pr 67 bis 40.37 m ü STL (= 43.80 m ü KN SWA)[6-4], also mit einem Höhenunterschied von 22.62 m! Die marine Grenze (Abb. 4.17.) ist geomorphologisch noch erhalten (Gerölle zwischen Granithöckern, Photo 4.12.), die Gerölle sind vom marinen Rundungsgradtyp (R 23 in Abb. 4.37., 4.39., Tab. 4.8.). Die Korngrößenverteilungen der Sedimente von Pr 67 (Abb. 4.34., Tab. 5.2.) sind zwar nicht vom Typ der marin-litoralen Verteilungen, aus anderen Gründen sind dennoch diese Sedimente eindeutig marin-litoral (s. cap. 5.2.5.). Die Korngrößenverteilung von Pr 68 I (Abb. 4.34., Tab. 5.2.) ist marin-litoral. Schließlich ist das

---

[6-4] Der Wert 40.47 in RUST/WIENEKE (1973a, S. 17) bzw. in WIENEKE/RUST (1973b, S. 52) beruht auf einem Rechenfehler unsererseits

i-Marin durch eine individuenreiche, nach unseren Beobachtungen auf eine Spezies beschränkte Muschelfauna dokumentiert (Tab. 4.6.), die besonders reich in Pr 67 erhalten ist (Photo 4.11.). Auf der gesamten i-Schorre steht Marin oberflächlich an.

Das i-Meer transgredierte fluviale Sedimente aus Phase l (s. cap. 6.1.2.). Daß diese fluvialen Sedimente überhaupt liegend zum i-Marin erhalten geblieben und nicht erodiert worden sind, legt die für Phase k postulierte Vermutung nahe, daß sie bereits vergipst waren, als das i-Meer transgredierte (Pr 67 IV und 68 II, III in Tab. 4.6., 4.7.). Dies würde für die Phase i bei Rooikop Trocken-Stabilität bedeuten.

Da in Pr 67 III die Muscheln als Band, meist mit der Hohlseite nach oben, flach und gut erhalten vorliegen, in Pr 67 I überwiegend als zerbrochene Einzelstücke, in Pr 67 II fehlen (Tab. 4.6.), hatten wir die Vermutung geäußert, in Pr 67 evtl. sowohl einen Transgressions- als auch einen Regressionsabschnitt des i-Meeres fassen zu können (RUST/WIENEKE 1973a, S. 13). Die ^{14}C-Datierungen für Pr 67 III (Hv 5230, > 33 485 BP), Pr 67 I (Hv 5229, > 30 755 BP) und Pr 68 I (Hv 5231, 35 950 ± 2730/2170 BP) konnten diese Annahme nicht entscheiden, da sie radiometrische Maximalalter ergaben bzw. für Hv 5231 eine Contamination nicht auszuschließen ist (nach Kommentar von Dr. M. A. GEYH, Hannover) (vgl. Abb. 6.1. und cap. 6.2.3.).

6.1.5. Phase h

Nach dem Rückzug des i-Meeres setzte bei Mile 30 die Vergipsung der marinen Sedimente ein (Tab. 4.7.), denn in der feucht-aktiven Phase g (cap. 6.1.6.) wurden Stufen in den marinen Sedimenten ausgebildet, was ohne Verfestigung eben dieser Sedimente wohl kaum der Fall gewesen wäre (Abb. 4.2., 4.3., 4.5., 4.21., Tab. 4.1.). Für Mile 30 ist deshalb eine trocken-stabile Phase h anzusetzen.

Bei Mile 4 ist eine post-i-zeitliche trocken-aktive Phase h sedimentologisch zu fassen (Barchansedimente 115 – 70 cm unter Oberfläche in Pr 42, Abb. 4.10., 4.27., Tab. 4.2., 5.2.). Mischsedimente und Warwentone (95 – 86 cm unter Oberfläche, Tab. 4.2.) zeigen an, daß sich der Swakop bisweilen in die Barchane hinein ausbreiten konnte. Die Trocken-Aktivität in Phase h ist nur für Mile 4/Vineta nachweisbar. Es sei an die randliche Lage im Swakop erinnert. Diese macht Barchanwanderung verständlich, denn der Swakop brauchte nicht unbedingt das gesamte Gerinnebett beim Abkommen auszufüllen (ähnlich der aktuellen Situation, Photo 4.10.). Man kann von partieller Tsondabisierung des Swakop in Phase h sprechen. Formenmäßig (Terrassen) ist Phase h am Swakop nicht auszugliedern. Vielleicht ist die Zwischenfläche zwischen 17 m-Niveau und Post-17 m-Terrasse in Abb. 4.9. in Phase h zu stellen. Sie würde Trocken-Stabilität anzeigen. Es ist auch denkbar, daß es sich bei dieser Zwischenfläche – die sonst nirgends auftritt – um ein Teilfeld der i-zeitlichen Terrasse III oder der g-zeitlichen Terrasse IV (Abb. 4.12.) handelt. Die partielle Tsondabisierung spricht eher für eine Zuordnung zur trocken-stabilen Terrasse III, d. h. der allochthone Swakop floß im Unterlauf in trocken-stabiler Umgebung und vermochte Barchanwanderung im trichterförmigen Mündungsgebiet nicht zu verhindern. Terrasse III (evtl. nebst Zwischenfläche) (Abb. 4.12., 4.13., 4.14.) ist also als trocken-stabile Terrasse der Phasensukzession k-i-h zuzuordnen, d. h. am unteren Swakop dauerte das geomorphologische Milieu drei Phasen lang an bzw. ist definitionsgemäß unter dem Aspekt Form (Terrasse) k-i-h e i n e klimageomorphologische Phase (dies kommt in Abb. 6.1. zum Ausdruck, vgl. auch cap. 6.2.6.).

Bei Rooikop gilt ähnliches wie für Mile 30. Der gute Erhaltungszustand der i-Schorre trotz g-zeitlicher Zertalung (s. cap. 6.1.6.) spricht dafür, daß die Vergipsung des i-Marin (Abb. 4.16., 4.34., Tab. 4.6., 4.7.) nach Rückzug des i-Meeres bereits einsetzte, für Rooikop also ebenfalls eine trocken-stabile Phase h zu fordern ist. Damit ergibt sich unter der Kategorie Bodenkunde (Gipsbildung) ein Analogon zum unteren Swakop: Die marine Phase i trennt zwei trocken-stabile festländische Phasen k und h, die mit großer Wahrscheinlichkeit e i n e klimageomorphologische Phase k-i-h repräsentieren. Anders formuliert: Der i-Hochstand erfolgte bei Rooikop in trocken-stabilem geomorphologischen Milieu.

6.1.6. Phase g

Bei Mile 30 herrschte in Phase g eine sehr intensive Zertalung und Hangentwicklung durch autochthone, in der küstennahen Namib wurzelnde Gerinne (Abb. 4.1., 4.2., 4.3., 4.4., 4.5.). Die Phase ist unter der Kategorie

Formbildung als feucht-aktiv einzustufen. Das entstandene fluviale Relief ist tumasisch (s. cap. 3.3.). Breite und flache Talformen sind in die i-Schorre eingeschnitten und haben diese nur als Restberge erhalten sein lassen. Nach der Luftbildinterpretation haben sie die Physiognomie von Schwemmfächern (vgl. Abb. 4.1.). Es sind jedoch keine Aufschüttungs- sondern Erosionsformen, denn die fluvialen Sedimente verhüllen das Grundgebirge, in das die Täler eingeschnitten sind, nur einige Dezimeter (Pr 44 e in Abb. 4.22., Pr 51 in Abb. 4.21., Pr 47 und Pr 48 in Abb. 4.24., Tab. 4.1., 5.2.). Der aktualküstenparallele Hang der Terrassenrestberge aus i (bes. Abb. 4.2., 4.5., Photo 4.2.) ist kein Kliff, sondern ein g-zeitlicher tumasischer Talhang, denn zwischen der marinen Grenze des e-Meeres (s. cap. 6.1.7.) und den i-marinen Sedimenten auf den Restbergen fehlt jegliches Marin. Die landwärtig der Restberge gelegenen Hohlformen sind vleyartige Erweiterungen von g-Talböden (Abb. 4.1.), in denen ebenfalls dünnmächtiges fluviales Sediment auf Grundgebirge vorkommt (Pr 48 in Abb. 4.24., Tab. 4.1., 5.2.). Die „Schwemmfächer" zeigen in sich eine Stockwerkgliederung zweier um 1 − 2 m gegeneinander versetzter Niveaus (ältere und jüngere „Schwemmfächer" in Abb. 4.1.). Eine Zweigliederung der Phase g in zwei feucht-aktive Phasen ist für Mile 30 deshalb formenmäßig nicht auszuschließen. Andererseits zeigen die Beobachtungen am mittleren Tumas, daß sehr wohl Stockwerkgliederungen im tumasischen Relief möglich sind, ohne daß jeweils eigenständige morphodynamische Aktivitätszeiten anzunehmen sind (s. cap. 3.3.). Schließlich ist an allen anderen Untersuchungspunkten (s. u.) die g-zeitliche Zerschneidung einphasig. Deshalb fassen wir beide „Schwemmfächer"-Niveaus als formenmäßiges Resultat e i n e r feucht-aktiven Phase g zusammen.

Die Phase g ist bei Mile 4/Vineta sowie am unteren Swakop formenmäßig, sedimentologisch und geröllmorphoskopisch faßbar. Die Post - 17 m - Terrasse (Abb. 4.9.) wurzelt oberhalb der Eisenbahnbrücke in Terrasse IV, auf welche Nebentalböden mit Übergangsschwemmfächern auslaufen (Abb. 4.13., 4.14.). Deshalb ist das geomorphologische Milieu zur Zeit von Phase g feucht-aktiv. Terrasse IV weitet sich, nachdem sie unterhalb der Eisenbahnbrücke auch rechtsseitig gefaßt werden kann, zu einem Delta (Abb. 4.12.), das meerwärts dank späterer (Phase e, cap. 6.1.7.) mariner Abrasion von einem Kliff begrenzt wird. Die Stadt Swakopmund liegt mit ihrem Kern auf diesem Delta. Das Delta läßt sich auch auf der Südseite des Swakop unter den später geformten Dünen verfolgen und ist in mehreren Anschnitten entlang der Straße Swakopmund/Walvis Bay aufgeschlossen. Bei der Lokalität Mile 4/Vineta bildet die Oberfläche dieses g-zeitlichen Deltas das älteste faßbare Formelement (Oberfläche von Pr 42 in Abb. 4.10.). Von der Wurzel an der Terrassentreppe bis Mile 4 dacht sich die Oberfläche des Deltas (Terrasse IV) auf 12.76 m ü STL ab. Die Tatsache, daß das Delta seewärts durch Kliffbildung anerodiert werden konnte, zeigt, daß der g-zeitliche Swakop weiter meerwärts als zur Zeit der Kliffbildung schüttete. In der Phase g war der Swakop auf einen tieferen Meeresspiegelstand als i (und e, s. cap. 6.1.7.) eingestellt (zum Delta s. cap. 6.2.4.).

Die den Körper von Terrasse IV konstituierenden Sedimente sind sämtlich fluvial, einige mit äolischen Beimengungen (Abb. 4.29., 4.30., 4.31., Tab. 4.3., 5.2.). Die Schotter weisen fluviale Rundungsgradverteilungen auf (R 27, R 28, R 30 in Abb. 4.36., Tab. 4.8.). Die g-zeitlichen Swakopsedimente schließen bei Mile 4/ Vineta die Sedimentfolge i-h-g nach oben ab (Pr 42 I in Abb. 4.27., Tab. 4.2., R 12, R 14 in Abb. 4.35., Tab. 4.8.). Die Rundungsgradverteilung von R 13 bei Mile 4/Vineta (Abb. 4.35., Tab. 4.8.) läßt nicht ausschließen, daß ebendort auch umgelagertes i-Marin (aus Terrasse III) in den Körper von Terrasse IV eingearbeitet worden ist.

Am Tumasvley ist die i-Schorre noch zerschnitten worden (Abb. 4.15., dort „fluvial"). In Fortsetzung zum Meer unter den Dünen hindurch verläuft ein fluvialer Sedimentkörper, auf den die Dünen aufgesetzt sind. Wir stufen ihn, da post-i-zeitlich, in Phase g ein und postulieren für das Tumasvley ebenfalls Feucht-Aktivität. Die Vleysedimente (Abb. 4.15., Pr 72 I in Abb. 4.35., Photo 3.3.) sind aus anderen Überlegungen heraus (vgl. cap. 6.1.7.) als jünger einzustufen.

Bei Rooikop ist ebenfalls eine feucht-aktive Phase g nachzuweisen. Die i-Schorre wurde von autochthonen Gerinnen, die auf den Kuiseb ausgerichtet waren, zerschnitten (Abb. 4.17.).

6.1.7. Phase f und Phase e

Phase e markiert an der Namibküste den 2 m - Meereshochstand (RUST/WIENEKE 1973a, WIENEKE/RUST 1973b). Sie ist am besten im Zusammenhang mit der klimageomorphologischen Phase f darzustellen.

Bei Mile 30 ist eine trocken-stabile Phase f zu postulieren, die nur bodenkundlich gefaßt werden kann. Sie steht hier zu vermuten, weil das e-Meer auf die g-zeitlichen Hänge transgredierte (Muscheln auf dem Reg an der marinen Grenze, Abb. 4.6., Photo 4.1.), keine fluvial-marine Sedimentverzahnung festzustellen ist und damit das Festland bereits keine fluviale Aktivität mehr gegenüber dem transgredierenden e-Meer aufwies. Die Vergipsung der Oberflächen aus Phase g dürfte bereits vor e eingesetzt haben (Abb. 4.8., 4.22., 4.23., Tab. 4.1., 4.7.). Die Phase e wird formenmäßig durch die litorale Abfolge Brandungsriff, Meeresbucht mit Nehrungshaken erfaßt (Abb. 4.1., 4.2., 4.4., 4.6., 4.7., 4.8., Photo 4.1., 4.2.), sedimentologisch durch die marin-litoralen Sande (Pr 44 in Abb. 4.22., Pr 45 in Abb. 4.23., Tab. 4.2., 5.2.), faunistisch durch die Muscheln in Pr 44 (Tab. 4.2.), auf dem in f vergipsten Reg aus g sowie auf dem e-zeitlichen Nehrungshaken (Photo 4.1., 4.4., Pr 51 in Abb. 4.21.).

Weil Formen, Sedimente und Fauna aus e auf dem tumasischen Relief aus g ausgebildet sind, wird auch deutlich, daß das Meer sich nach dem Hochstand von Phase i in Phase g weiter zurückgezogen hatte, also Phase e eine echte Transgression faßt und nicht nur einen Halt eines sich nach i phasenhaft zurückziehenden Meeres.

Das e-Meer transgredierte ein tumasisches Talrelief bei Mile 30 (man beachte die Überhöhung in den Abb. 4.2., 4.4., 4.6., 4.7., 4.8.). Hinter dem Brandungsriff entstand vor den Restbergen eine buchtartige Erweiterung der Zone der Translationswellen (s. cap. 2.2.), in welcher zusätzlich Sedimenttransport von S nach N stattfand (Nehrungshaken). Das Niveau der faunistisch faßbaren marinen Grenze am Innenrand der Bucht liegt bei + 2.18 m ü STL (Abb. 4.6.) [6-5].

Auffällig ist, daß landwärts des Brandungsriffs eine Muschel den e-Hochstand dokumentiert (Pr 44 II in Tab. 4.1., Photo 4.4., 4.1.), die nach unseren Beobachtungen sowohl im aktuellen Litoral zwischen Kuisebmündung und Mile 30 fehlt, als auch in den e-Sedimenten bei Mile 4/Vineta (s. u.), als auch im i-Marin bei Mile 30 und Rooikop (s. cap. 6.1.4.). Es ist deshalb möglich, daß die Änderung des Küstenformenschatzes auch die Lebensbedingungen für bestimmte Faunen entscheidend geändert hat, daß die e-zeitliche Muschel von Mile 30, die nur landwärts des Brandungsriffs auftritt, nur in brandungsgeschützten flachen Buchten existieren konnte.

Das B r a n d u n g s r i f f ist die auffälligste Form des 2 m - Hochstandes. Es läßt sich ununterbrochen von Hentiesbaai bis 12 miles südlich Swakopmund verfolgen. Es dient uns deshalb als geomorphologisches Argument dafür, die Phänomene an verschiedenen Lokalitäten, die mit diesem Brandungsriff zusammenhängen, als gleichalt einzustufen. Dieses geomorphologische Argument wird inzwischen gestützt durch ^{14}C-Datierungen von Pr 44 II (e-Litoral Mile 30) und Pr 32 VIII (e-Litoral Mile 4), die vergleichbare Radiocarbonalter ergaben (Pr 44 II = Hv 5958: 25 250 ± 1150 BP; Pr 32 VIII = Hv 5957: 27 100 ± 1050 BP).

Das Brandungsriff ist eine unserer Kenntnis nach sonst nicht beschriebene marin-litorale Altform. Der das Riff aufbauende Sedimentkörper (Steine > 2 cm, marine Rundungsgradverteilungen (z. B. R 16, 17 in Abb. 4.35., Tab. 4.8.), marin-litorale Sande (z. B. Pr 45 in Abb. 4.23., Tab. 4.1., Pr 33 in Tab. 4.1.) und seine Lage im Litoral der Phase e (Vorstrand, Distanz zur zugehörigen marinen Grenze) lassen es unmöglich erscheinen, die Form als Strandwall anzusprechen. Die Lage des Walles auf dem g-zeitlichen Talrelief bei Mile 30 läßt eine Erklärung durch lateralen Transport (Nehrungshaken) ausgeschlossen sein. Bei Mile 4 (s. u.) liegt der Wall vor einem Kliff, eine Nehrung würde am Kliffende ansetzen, dort befindet sich aber kein Wall (s. Abb. 4.9.). Die ozeanographischen Bedingungen seit Ausbildung der Form dürften sich kaum so entscheidend bis heute gewandelt haben. Eine starke Brandung ist für die gesamte Namibküste typisch (Handbuch 1964, S. 110, vgl. hierzu cap. 2.2.).

Das Brandungsriff dokumentiert den 2 m - Meereshochstand der Phase e auch am Campingplatz von Swakopmund (Mile 4) und in Vineta (Abb. 4.9., 4.10., 4.11.). Außerdem wird das e-Meer bei Mile 4 formenmäßig durch ein Kliff (Abb. 4.10., Photo 4.5.) sowie sedimentologisch und faunistisch gefaßt (Pr 32 IX, VIII in Abb. 4.26., Photo 4.6., Tab. 4.2., Abb. 4.10.). Die etwa küstenparallele Stufe, mit der die Post - 17 m - Terrasse in Abb. 4.9. (= Terrasse IV in Abb. 4.12.) gegenüber dem 2 m - Niveau (Abb. 4.9.) abgesetzt ist, kann als

---

6-5 Der Wert 2.5 m ü STL in WIENEKE/RUST 1973b ist ein Druckfehler

marine Abrasionsform (Kliff) angesprochen werden, die das durch Brandungsriff und Pr 32 VIII, IX dokumentierte e-zeitliche Litoral begrenzte. Pr 32 liegt in ca. 250 m Distanz zu dieser Stufe (Abb. 4.10.).

Dafür spricht auch die Betrachtung der festländischen Entwicklung am Beispiel der Swakopterrassen. Das 2 m-Niveau verzahnt sich topographisch mit Terrasse V des Swakop (Abb. 4.9., 4.12.). Terrasse V ist oberhalb der Eisenbahn nicht vorhanden (fehlt deshalb in Abb. 4.13., 4.14.). Soweit Terrasse V erhalten ist, münden auf sie keine Nebentalböden aus. Sie dokumentiert trocken-stabiles geomorphologisches Milieu. Schließlich ist sie einfach die auf die g-zeitliche Deltaschüttung des Swakop (Terrasse IV) nächstfolgende fluviale Reliefgeneration. Damit fehlt auch aus dieser Sicht jedes Argument dafür, die Stufe bei Mile 4/Vineta nicht als Kliff anzusprechen.

Andererseits gibt die Form Kliff im Zusammenhang mit der trocken-stabilen Terrasse V einen Hinweis auf das geomorphologische Milieu zur Zeit des e-zeitlichen 2 m-Meereshochstandes. Es herrschte Trocken-Stabilität bei Mile 4. Das Kliff von Mile 4 ist eingeschnitten in den durch Pr 42 (Abb. 4.27., Tab. 4.2., 5.2.) dokumentierten, die Phasen i, h, g für Mile 4 konservierenden Sedimentkörper. Dieser wird nach oben hin (s. cap. 6.1.6.) durch die feucht-aktiven g-zeitlichen Swakopsedimente abgeschlossen. Ein Kliff hätte sich kaum in diesem Sedimentkörper bilden können, wenn er nicht gegenüber dem transgredierenden Meer inaktiv und widerständig gewesen wäre. Also muß die Vergipsung in Pr 42 (Tab. 4.2., 4.7.) vor dem 2 m-Hochstand eingesetzt haben. Es ist auch für Mile 4 eine trocken-stabile Phase f zu fordern, die zwischen g und e steht.

Die für den unteren Swakop beträchtliche relative Einschneidung von Terrasse V gegenüber Terrasse IV von ca. 10 m (barometrisch gemessen, entspricht einnivellierter Vertikaldistanz bei Mile 4, Abb. 4.10.) spricht dafür, daß die topographische Verzahnung des e-marinen 2 m-Niveaus mit Terrasse V (Abb. 4.9., 4.12.) das Endergebnis des Einschneidungsvorganges von Terrasse V ist. Terrasse V kann also auch schon in die trocken-stabile Phase f gestellt werden. Der „Einschneidungsvorgang" — formal deduzierbar aus der zu Terrasse V gehörigen Talform — kann durchaus auch eine akkumulative Endphase beinhalten. Denn Terrasse V ist auf einen Meereshochstand e eingestellt, der als ein höheres Basisniveau des Swakopunterlaufes angesehen werden muß, als es dasjenige des Tiefstandes g gewesen war. Die Terrassenoberfläche von Terrasse V ist diejenige eines Sedimentkörpers uns unbekannter Mächtigkeit. Immerhin werden im Niedrigwasserbett in der Kiesgrube von Swakopmund ca. 5 m eines Sedimentkörpers aufgeschlossen (Pr 30). Schließlich endet Terrasse V an der Eisenbahnbrücke (Abb. 4.12.), was ihre Schüttung als vom Meeresspiegel gesteuert nicht unwahrscheinlich sein läßt. [6-6] Die Feststellung, daß Terrasse V für den unteren Swakop trocken-stabiles Milieu in f und e dokumentiert, bleibt davon unberührt.

Die Ablösung des Terrassenniveaus IV durch das Niveau V bedeutet weiterhin, daß die Lokalität Mile 4/ Vineta dem Einfluß des Swakop entzogen wird. Außerdem wird die Talform des unteren Swakop geändert, indem aus einer trichterförmigen Mündung ein Kastental (kurzhangiger Canyon) wird (Photo 4.10.). Dieses ist in das Grundgebirge eingeschnitten (Kalzit). Die weitere Reliefentwicklung des Swakop ist auf dieses selbstgeschaffene Talgefäß beschränkt. Das für die folgenden Phasen als Altrelief anzusehende Kastental hat i. S. der Milieudefinition (s. cap. 3.3.) als Standort entscheidend die Formbildung seiner Umgebung beeinflußt.

Das Kliff bei Mile 4 ist auch für diese Lokalität ein geomorphologisches Argument dafür, daß Phase e den Hochstand einer echten Transgression faßt. Das Kliff kappt das g-zeitliche Delta der Terrasse IV (Abb. 4.12.), welches auf einen tieferen Meeresspiegel in Phase g eingestellt ist.

Die Sukzession g-f-e erklärt schließlich die Ausbildungsmöglichkeit des Brandungsriffs in e überhaupt. Die Schotter der g-zeitlichen Gerinne sind es, die im Zuge der 2 m-Transgression im Litoral von der Brandung erfaßt und zur Wallform des Riffes aufgehäuft wurden. Dazu kommt das untief anstehende Grundgebirge, das bei Niedrigwasser an verschiedenen Stellen der Küste freifällt (z. B. Abb. 4.11., auch Photo 4.7.).

Das e-zeitliche Brandungsriff ist bis 12 miles südlich Swakopmund auszumachen und dann nicht mehr. Das e-Meer hat südwärts kein Brandungsriff aus Steinen mehr aufhäufen können, obwohl noch der Tumas (und

---

6-6 Letzteren Gedankengang verdanken wir Herrn Prof. Dr. K.-H. Kaiser, Berlin, anläßlich einer Diskussion beim Berliner Geographischen Kolloquium am 19. 12. 1974

sicher auch der Kuiseb) g-zeitlich kräftig geschüttet haben. Das bedeutet, daß südlich des angegebenen Punktes dem transgredierenden Meer ein anderes terrestrisches Relief zur Disposition stand, ein Relief, gegenüber dem kein Brandungsriff aus Steinen geformt werden konnte. Es muß für die Küste südlich des Punktes angenommen werden, daß ein Dünenrelief zur Disposition stand. Für das Tumasvley und folglich auch für das Kuisebdelta ist eine trocken-aktive Phase f zu postulieren.

In Phase f wurde der Tumas tsondabisiert (Photo 3.3., Abb. 4.15.). Diese Tsondabisierung ist seit Phase f festgeschrieben. Der Tumas endet in einigen Kilometern Aktualküstendistanz und ist aus dem Feld litoraler Formung ausgeklammert. In Phase f wandern also erstmals und mit Folgewirkung (im Gegensatz zur partiellen Tsondabisierung bei Mile 4 in Phase h) Dünen aus dem Namiberg über den Kuiseb nach N. Die Erstanlage des küstenparallelen Dünenfeldes zwischen Kuiseb und Swakop (s. Abb. 1.1.) ist in Phase f zu stellen.

Ob Vorläuferdünen in f bereits den Swakop erreicht haben, ist nicht eindeutig. Am unteren Swakop (Pr 57 in Abb. 4.31., Tab. 4.3., 5.2.) und bei Mile 4/Vineta gibt es keine sedimentologischen Hinweise auf ein f-zeitliches trocken-aktives geomorphologisches Milieu. Daß die Dünen überhaupt wandern konnten, bedeutet, daß transportable Korngrößen verfügbar sein mußten (Namiberg, Schelf, Rivierbetten), aber vor allem, daß der Kuiseb die Wanderung nicht verhindern konnte, also ebenfalls in Phase f tsondabisiert gewesen sein muß.

Bei Rooikop gibt es keine formenmäßigen Spuren mehr seit der g-Zertalung; es fehlen auch Sedimente (z. B. in den g-Gerinnen), die darauf hinweisen würden, daß die Kuiseb-Tsondabisierung bis nach Rooikop gereicht hätte. Indirekt läßt sich so für Rooikop post-g, also f, Trocken-Stabilität postulieren, d. h. Weiterentwicklung der Vergipsung in Pr 67, 68 (Tab. 4.7.).

6.1.8. Phase d

Bei Mile 30 mag noch nach Rückzug des e-Meeres Trocken-Stabilität geherrscht haben (Vergipsung der marin-litoralen Sedimente in Pr 44, 45, Abb. 4.8., 4.22., 4.23., Tab. 4.1., 4.7., 5.2.). Das heißt nur, daß das e-Meer bei Mile 30 in trocken-stabilem Milieu (f) transgredierte und auch regredierte (d).

Bei Mile 4/Vineta bedeutet das e-marine Brandungsriff als Wallform eine Barriere, die die terrestrische und die marin-litorale Weiterentwicklung unabhängig voneinander verlaufen läßt, da sie Verzahnungen verhindert hat. Nach Rückzug des e-Meeres hat Barchanwanderung in der Hohlform zwischen Riff und Kliff stattgefunden. In die Barchane wurde hin und wieder inundiert, wie Stillwassersedimente, die sich mit Barchansedimenten verzahnen, anzeigen (Abb. 4.40., 4.25., Tab. 4.2., 5.2.). Bei Mile 4 herrscht in Phase d Trocken-Aktivität.

Die Spuren dieser Barchanwanderung sind oberhalb des Kliffs aus e nirgends nachzuweisen. Das heißt, daß die Barchanwanderung nur auf dem schmalen 2 m - Niveau (Abb. 4.9.) möglich war, der Swakop (Terrasse V) also in seinem Kastental das Wandern verhindern konnte, im unmittelbaren Küstenstreifen aber nicht, also partiell tsondabisiert war.

6.1.9. Phase c

Bei Mile 30 zeigen unbedeutende Spuren autochthoner Talbildung — nämlich flache Rinnen im g-zeitlichen Relief (Abb. 4.2., 4.6.) — eine feucht-aktive Phase c an. Die die e-zeitliche Meeresbucht füllenden Stillwassersedimente dürften korrelat zu dieser Zerschneidung sein (Pr 46 in Abb. 4.24., Tab. 4.1., 5.2.). Die Meeresbucht hatte also in Phase c die Funktion einer durch das Brandungsriff vom c-zeitlichen Litoral abgeschirmten Endpfanne (Vley).

Bei Mile 4 sind die Spuren der autochthonen Talbildung in der feucht-aktiven Phase evidenter, da die Steilstufe des Kliffs zerschneidbar war. Geomorphologisch faßbar sind sie in der Zerschneidung des e-Kliffs (Abb. 4.10., Photo 4.5.) mit anschließender Schwemmfläche. Diese wird gebildet von fluvialen Sedimenten, die sich über die d-zeitlichen Barchan- und Stillwassersedimente in der Hohlform landwärts des Brandungsriffes ausbreiteten (Pr 31 I in Abb. 4.25., 4.40., Pr 43 in Abb. 4.26., Tab. 4.2., 5.2.).

Am Swakop kann Terrasse VI in diese feucht-aktive Phase c gestellt werden. Sie ist im Kastental aus f-e-d in Resten erhalten (Abb. 4.12., Tab. 4.3., 6.1.). Oberhalb der Eisenbahnbrücke dürfte sie die zweitjüngste Terrasse sein. Auf sie ist eine gewisse autochthone Zerschneidung älterer Gerinnebettreste ausgerichtet (Abb. 4.13., 4.14.).

Für das Kuisebdelta kann indirekt deduziert werden, daß auch hier eine gesteigerte fluviale Aktivität in Phase c gegeben war (Abb. 6.1. mit Fragezeichen). Der Kuiseb hat, ganz im Gegensatz zum Tumas, nach der Tsondabisierung in Phase f erneut das küstenparallele Barchanfeld durchbrochen. Wir wissen nicht, in welcher Phase, stellen diesen Durchbruch im Vergleich zu den geschilderten feucht-aktiven Milieus an den anderen Lokalitäten zunächst ebenfalls in Phase c, da die anderen Phasen (d, a) durch trocken-stabile bis trocken-aktive Milieus gekennzeichnet sind.

6.1.10. Phase b

Phase b markiert den M e e r e s t i e f s t a n d v o n V i n e t a , der geomorphologisch-sedimentologisch durch beach rock im Raum um Swakopmund dokumentiert wird (Abb. 4.9., Pr 53 III in Abb. 4.28., Tab. 4.2., 4.7., 5.2.). Bei Vineta haben wir den beach rock vermessen (Abb. 4.11., Photo 4.7.). Der Tiefstand und seine Einstufung zwischen e und a ergeben sich aus folgender Beobachtung: Die Brandungsgerölle im Brandungsriff der Phase e (R 16, 17 in Abb. 4.35., 4.39., Tab. 4.8.) enthalten keinen beach rock, also ist der beach rock jünger als e. Der beach rock wird zur Zeit erodiert, ist also älter als Phase a. Da beach rock endgültig verfestigt wird im Bereich des nassen Strandes (RUSSELL 1962), der beach rock von Vineta aber unter die SpTnw-Linie hinabreicht (Abb. 4.11.), muß er einem tieferen als dem aktuellen Meeresspiegelstand zugeordnet werden. In bezug auf STL konnte dieser Tiefstand auf – 3.38 m STL nivelliert werden (vgl. zu den Bezugshöhen cap. 2.4.). Der beach rock dokumentiert einen tieferen Meeresspiegelstand als den heutigen, der zeitlich zwischen ca. 26 000 BP und heute einzustufen ist (vgl. cap. 6.2.3.) und der mit Sicherheit nicht der tiefste in dieser auch das Hochwürm umfassenden Zeitspanne gewesen ist (vgl. SEGOTA 1973).

Da die Barriere des Brandungsriffes aus Phase e, wie dargestellt, eine Faziesverzahnung der terrestrischen und der marin-litoralen Sedimente verhindert hat, kann nicht eindeutig entschieden werden, ob der Vineta-Tiefstand vor, während oder nach der feucht-aktiven Phase c erreicht war. Die Einordnung in feucht-aktives Milieu (Abb. 6.1. mit Fragezeichen) erfolgt aus dem Vergleich mit einer für die Namibküste zu erschließenden Regelhaftigkeit, die zwischen Meeresspiegel- und Milieuschwankungen festzustellen ist (s. cap. 6.2.6.). In bezug auf die Phasensukzessionen im Untersuchungsgebiet markiert der Tiefstand von Vineta in jedem Falle ein junges marines Ereignis.

6.1.11. Phase a

Phase a ist die aktuelle klimageomorphologische Phase. Sie beschreibt das jetzige Verteilungsmuster der geomorphologischen Milieus im Untersuchungsgebiet bzw. der Küstenformung unter den herrschenden marin-litoralen Bedingungen.

Bei Mile 30 herrscht fluviale Formungsruhe (Trocken-Stabilität). Die Regbildung und Vergipsung hat auch die c-zeitlichen Rinnen erfaßt (Pr 44 e in Abb. 4.22., Abb. 4.8., Tab. 4.1., 4.7., 5.2.). Auf dem Brandungsriff herrscht Regbildung durch Deflation (Pr 33 in Abb. 4.23.). Kupstendünen werden an Vegetationshindernissen korrelat aufgehäuft (Abb. 4.3.). In den Stillwassersedimenten haben sich bodenähnliche Bildungen (Takyre) entwickelt. Die G_O/G_R-Differenzierung in Pr 46 (Abb. 4.6., 4.24., Tab. 4.1.) zeigt einen schwankenden Spiegel des brackischen Grundwassers an.

Das rezente Meer hat die Formen eines steilen Sandstrandes mit beach cusps und Strandkliffs ausgebildet (Abb. 4.2., 4.8.). Es vermag hier in einer Sturmflutrinne bei hohen Wasserständen bisweilen in die takyrierte Bucht zu inundieren, wie Spülsäume anzeigen (Abb. 4.8., Photo 4.2.).

Bei Mile 4/Vineta ist die Situation analog. Nach Wiederanstieg des Meeres hat sich ein steiler Sandstrand mit beach cusps und Strandkliffs entwickelt (Abb. 4.10., 4.11., Photo 4.7., Pr 32 S in Abb. 4.26., Pr 53 I in Abb. 4.28., Tab. 4.2., 5.2.). Der festländische Abschnitt weist Trocken-Stabilität auf, denn die c-zeitlichen Schwemmsedimente vergipsen (Pr 31 I in Abb. 4.25., Pr 43 in Abb. 4.26., Tab. 4.2., 4.7., 5.2.). Regbildung durch Deflation und Kupstendünenbildung herrschen (Abb. 4.10.). Die Sedimente der Kupsten sind deutlich nach Körnung und Farbe von den Barchansedimenten zu unterscheiden (Pr 32 K in Abb. 4.26., Tab. 4.2., 5.2., Abb. 5.1., vgl. cap. 5.2.5.). Auf den Kupstendünen entwickeln sich Regosole (Pr 40 in Abb. 4.2.).

Der Swakop hat sich seit Phase c erneut etwas eingeschnitten. Sein Gerinnebett ist – 1972 – zweistöckig, ein Hochwasserbett (Terrasse VII in Abb. 4.12., 4.13., 4.14.), das um einige Dezimeter abgesetzt ist, und ein Niedrigwasserbett sind auszumachen. Das Hochwasserbett wird von fluvialen Sedimenten aufgebaut (Pr 59 in Tab. 4.3., R 31 in Abb. 4.37., Tab. 4.8.). Von S reichen Barchane des Dünenfeldes zwischen Kuiseb und Swakop (Abb. 1.1.) bis auf die Hochwasserterrasse (Photo 4.10.). Im Kleinstformenbereich (Meterdimensionen) ist sie von Feinsandfahnen überzogen, die sich aus dem Sandreservoir der Barchane ablösen und bis in das Niedrigwasserbett vorstoßen können. Der aktuelle Swakop ist auch bei dürftigem Abkommen, wie es 1972 der Fall war (Photo 4.9.), imstande, das Durchwandern des Feinsandes unter Etablierung äolischer Transportformen zu verhindern, wie auch aus Aufschlüssen im Niedrigwasserbett rekonstruiert werden kann (Pr 30 in Abb. 4.30., Tab. 4.3., Photo 4.13.). Bei starkem Abkommen, wie z. B. 1963 (Photo 4.14., vgl. STENGEL 1964), füllt er sein gesamtes aktuelles Bett aus. Das Talgefäß des unteren Swakop (Abb. 4.12.) markiert also aktuell die Grenze zwischen trocken-stabilem geomorphologischem Milieu nördlich und trocken-aktivem Milieu südlich. Da der Swakop Tsondabisierung verhindern kann, ist er selbst – aus formenkundlichen Kriterien – trocken-stabilem Milieu zuzuordnen. Am Tumasvley herrscht die seit Phase f eingeleitete Tsondabisierung (Photo 3.3.), formenmäßig also Trocken-Aktivität. Die Vleysedimente (Abb. 4.15., Pr 72 I in Abb. 4.32., Tab. 4.4., 5.2.) sind irgendwann nach f geschüttet worden. Die Verzahnung von Stillwasser- und Barchansedimenten (Pr 72) in der geomorphologischen Position vor Dünen, die den Flußlauf sperren, kann als typisch für Tsondabisierung angesehen werden (s. RUST/WIENEKE 1974 für den Kuiseb).

Im Kuisebdelta ist künstlich nach der Jahrhundertregenzeit 1934 (STENGEL 1964) ein Eingriff in das geomorphologische Gefüge vorgenommen worden, weil der auf Walvis Bay gerichtete Nordmündungsarm an der Deltawurzel bei Rooibank mit Hilfe eines Leitdammes aus dem fluvialen Geschehen ausgeklammert worden ist. Der Kuisebsüdarm erreicht in guten Regenjahren noch die Walfischbucht – so auch 1972. Er kann aber nicht verhindern, daß im gesamten Deltagebiet ein aus der Dünennamib in Richtung auf das küstenparallele Dünenfeld nördlich des Kuiseb orientierter Feinsandtransport in Form wandernder Barchane stattfindet (Photo 6.4., auch 3.3.). Das Kuisebdelta ist tsondabisiert. Es herrscht Trocken-Aktivität.

Bei Rooikop herrscht seit Phase f Trocken-Stabilität, Formungsruhe mit Vergipsung der älteren marin-litoralen und fluvialen Sedimente (s. cap. 6.1.7.).

Die Küstenformung südlich des Punktes, an dem das e-zeitliche Brandungsriff ausläuft (cap. 6.1.7.), ist gekennzeichnet durch marin-litorale Überformung eines Dünenreliefs. Nehrungshakensysteme, Lagunenbildung, Dünenkliffs kennzeichnen sie (Photo 6.2., 6.3.). Wir haben keine Phasenausgliederungen in diesem Küstengebiet durchgeführt, sondern kennen es nur besuchsweise (Sandwich Bay) bzw. vom Überfliegen her (Conception Bay, Sandwich Bay). Der unterschiedliche Reifegrad der Formenvergesellschaftung Nehrung/Lagune, wie er schon im Satellitenbild sichtbar ist (Abb. 1.1.), legt die Vermutung nahe, daß die einzelnen Küstenabschnitte von N nach S zunehmend älter in ihrer Erstanlage sind (vgl. WIENEKE/RUST 1972). Zumindest dem Küstenabschnitt ab Walvis Bay nach N steht erst seit Phase f ein Dünenrelief zur Disposition.

6.2. Ergebnisse

6.2.1. Einführung

In den vorangegangenen Kapiteln sind explizit und implizit regionale und allgemeine Ergebnisse unserer Forschungen zur quartären (?) Morphogenese der küstennahen Zentralen Namib enthalten, die herauszustellen sind. Es handelt sich um Ergebnisse bezüglich einiger der angewandten Techniken, solche der marin-litoralen Morphogenese, der festländischen Morphogenese und solche, die aus der Verknüpfung marin-litoraler und festländischer Morphogenese resultieren.

6.2.2. Techniken

Hinsichtlich der von uns angewandten Techniken ergaben sich empirisch aus den genommenen Proben (vgl. Tab. 4.1., 4.2., 4.3., 4.4., 4.5., 4.6.) bzw. den analysierten Schottern (Tab. 4.8.) Gruppierungen der Summenkurven der Korngrößenverteilungen des Feinerdeanteils einerseits (Abb. 5.1.) bzw. Gruppierungen der Rundungsgradverteilungen der Schotter andererseits (Abb. 4.39.), die beide jeweils die eindeutige Zuordnung zu Sedimentationsmilieus ermöglichen (Tab. 5.2., 4.8.). Aufgrund der granulometrischen Analyse des Feinerdeanteils und der Darstellung der resultierenden Korngrößenverteilungen mit Hilfe ihrer Summenkurven im Wahrscheinlichkeitsnetz mit logarithmischer Abszisse konnten vier Bündel von Kurven unterschieden werden, die keinen gemeinsamen Durchschnitt haben und die den Sedimentationsmilieus äolisch (Barchan), marin-litoral (2 Bündel, evtl. strandnäher und strandferner) und fluvial (kräftiger Transport – Stillwasser) entsprechen (vgl. cap. 5.). Es erscheint sogar möglich, die fluvialen Stillwassersedimente von den übrigen Proben zu trennen (mit Hilfe der Parameterpaare S_p/Md bzw. $\sigma(\phi)/\bar{x}(\phi)$) und evtl. verschwemmte Barchansande von nicht verschwemmten zu trennen.

Der Versuch, die Rundungsgradanalyse von REICHELT (1961) auf Schottervorkommen der Zentralen Namib und der Westsahara anzuwenden (RUST/WIENEKE 1973b) ergab, daß ergänzend zu den Kategorien REICHELTs die Kategorie „angerundet" neu eingeführt werden mußte. Dann war diese geröllmorphoskopische Technik voll anwendbar. Aus Schottervorkommen in geomorphologisch eindeutigen Positionen konnten induktiv vier Rundungsgradverteilungstypen definiert werden (kt-Typ, ag-Typ, kg-Typ, g-Typ, s. Abb. 4.39.), die eindeutig den Sedimentationsmilieus „in situ – Zerfall" (kt-Typ), fluvial (ag-Typ und kg-Typ) und marin (g-Typ) zugeordnet sind. Nicht in eindeutiger Position befindliche Schottervorkommen konnten durch Vergleich ihrer Rundungsgradverteilungen mit den vier Typverteilungen genetisch erklärt werden (Tab. 4.8.).

6.2.3. Marin-litorale Morphogenese

Die in cap. 6.1. erfolgte Deutung der cap. 4. präsentierten Befunde wies für die Küste der Zentralen Namib zwischen Mile 30 im N und dem Kuisebdelta im S zwei Meereshochstände und einen Meerestiefstand mit Reliefanalyse, topographischer Position, granulometrischer, geröllmorphoskopischer und faunistischer Analyse direkt nach sowie ihre relative zeitliche Einstufung zueinander. Außerdem ist ein weiterer echter Meerestiefstand indirekt nachweisbar und zeitlich einstufbar (cap. 6.2.5.). Auf einen i-zeitlichen Hochstand (17 m-Niveau) folgte eine Regression bis zum g-zeitlichen Tiefstand, dann eine Transgression zum e-zeitlichen Hochstand (2 m-Niveau), eine erneute Regression und Transgression zum rezenten a-zeitlichen Niveau des Meeresspiegels (Bezugshöhe STL Mile 30; s. Abb. 6.1.). Dieses Schwanken des Meeresspiegels, das an mehreren Lokalitäten des Untersuchungsgebietes nachweisbar ist, zeigt eine gute Analogie zu der Kurve der Meeresspiegelschwankungen nach FAIRBRIDGE (Abb. 2.2.). ^{14}C-Datierungen von Proben beider Meereshochstände stellen diese Analogie wegen unterschiedlicher zeitlicher Einstufung wieder in Frage (s. u.).

In der Literatur sind die folgenden eustatischen Terrassen an der Küste der Zentralen Namib zwischen Swakopmündung und Cape Cross beschrieben: eine jüngste, unterste in 2 – 3 m (DAVIES 1959) bzw. 4 – 6 m (SPREITZER 1965) über dem heutigen Meeresstand (ohne definierte Bezugshöhen), eine zweite, mittlere in 13 – 16 m (DAVIES 1959) bzw. 14 – 16 m bei Swakopmund, aber 18 – 20 m bei Cape Cross (SPREIT-

ZER 1965) und eine höchste in 35 m im Hinterland von Swakopmund und 27 m bei Cape Cross (DAVIES 1959). Die höchste der erwähnten Terrassen mag vielleicht unserem i-Hochstand entsprechen, die unterste vielleicht unserem e-Hochstand. Die 13 – 16 m - Fläche, auf der Swakopmund angelegt ist, ist e i n d e u - t i g   n i c h t   m a r i n , sondern fluvial (Terrasse IV in Abb. 4.12., Tab. 6.1., s. cap. 6.2.4.).

Die litorale Formen- und Sedimentabfolge (s. cap. 2.2.) der fossilen Meeresstände ist in den meisten Fällen wegen nachfolgender Überformung nur teilweise erhalten geblieben. Die Einordnung der erhaltenen Formen- und Sedimentreste in ihre ursprüngliche Position innerhalb des zugehörigen Litorals ist nicht immer möglich. So sind die i-zeitlichen marin-litoralen Sedimente von Pr 42 der Lokalität Mile 4/Vineta (Tab. 4.2.) ebenso- wenig in ihrer Litoralposition festlegbar wie die ebenfalls i-zeitlichen Sedimentkörper und Oberflächen der Terrassenrestberge von Mile 30 oder das i-Marin am Tumasvley (s. cap. 6.1.4.). Der b-zeitliche beach rock von Vineta (Abb. 4.11.) ist einstufbar in den nassen Strand der zugehörigen Phase, d. h. in den von MThw- Linie und MSpTnw-Linie begrenzten Abschnitt des b-zeitlichen Litorals (s. cap. 2.2., cap. 6.1.10.). Die sich hieraus ergebenden Unsicherheiten der aus den auf STL Mile 30 einnivellierten Höhendifferenzen berechne- ten Schwankungsbeträge des Meeresspiegels sind cap. 2.4. erörtert worden.

Größere zusammenhängende Abschnitte der Litoralabfolge sind für den i-zeitlichen Hochstand bei Rooikop, für den e-zeitlichen bei Mile 30 und Mile 4/Vineta erhalten. Abb. 4.16. und 4.17. zeigen die topographi- schen Positionen von Pr 67 und 68 bei Rooikop in 17.75 m ü STL bzw. 33.22 m ü STL. Der die Profile ver- bindende Hang ist ungegliedert und weist flächig ohne Lücken oberflächlich und oberflächennah die in den Profilen gefundene marine Fauna auf. Diese läßt sich noch über Pr 68 hinaus hangaufwärts verfolgen bis 40.37 m ü STL, in welcher Höhe die zugehörige marine Grenze als alte Küstenlinie an der basal surface geröllmorphoskopisch erhalten ist (Abb. 4.17., 4.37., Tab. 4.8., Photo 4.11., 4.12., vgl. cap. 6.1.4.). Die aus der topographisch-geomorphologischen Position eindeutige Einstufung des Marin von Pr 67 in den i-zeitli- chen Hochstand macht im Zusammenhang mit den referierten stratigraphischen und geomorphologischen Befunden die Interpretation des Pr 67/68 – Hanges als i-zeitliche Schorre und der zugehörigen Küstenlinie als i-zeitliche marine Grenze wahrscheinlich. Die resultierende zeitliche Gleichstellung marin-litoraler Spuren in 40.37 m ü STL, 33.22 m ü STL und 17.75 m ü STL – eine Schwankungsbreite in der Vertikalen von 23 m – bedeutet, daß Reste fossiler Meeresspiegelstände, die rezent mehr als 20 m Vertikaldistanz aufweisen, durchaus d e n s e l b e n   H o c h s t a n d anzeigen können. ^{14}C-Datierungen an Proben von Pr 67 und 68, die vom Geophysikalischen Labor des Niedersächsischen Landesamtes für Bodenforschung, Hannover, Leiter Dr. M. A. GEYH, durchgeführt wurden, führten zu keinem abweichenden Ergebnis. Die Analysen er- gaben für Pr 67 I (= Hv 5229) ein Radiocarbonalter > 30 755 BP, für Pr 67 III (= Hv 5230) > 33 485 BP und für Pr 68 I (= Hv 5231) 35 950 ± 2730/2170 BP. Die beiden ersten Proben weisen radiometrische Maxi- malalter auf, die letzte kann kontaminiert sein. Daher sind weder Mehrphasigkeit noch Gleichphasigkeit von Pr 67 und 68 aufgrund des Radiocarbonalters auszuschließen. Nach den oben angeführten Gründen nehmen wir i-zeitliche Gleichphasigkeit an (vgl. cap. 6.1.4.).

Die an der Lokalität Mile 30 erhaltene Litoralabfolge des e-zeitlichen Hochstandes (2 m - Hochstand) umfaßt das fossile Brandungsriff, den fossilen Vorstrand landwärts des Brandungsriffes mit einer ebenfalls fossilen Nehrung (entspricht der e-zeitlichen Zone der Translationswellen, Tab. 2.1.) und die faunistisch dokumen- tierte marine Grenze in 2.18 m ü STL (s. Abb. 4.1., 4.6.). Pr 45 an der landwärtigen Seite des Riffes weist in 0 – 21 cm unter Oberfläche eine sehr frische, der rezent am Strand angeschwemmten sehr ähnliche Fauna auf; Pr 44 einige Meter weiter landeinwärts (zur Position s. Abb. 4.8.) von der Oberfläche bis 57 cm Tiefe an der Grenze zum Anstehenden eine hiervon abweichende Fauna, die auch flächig als Muschelreg den Nehrungshaken überzieht und bis zur marinen Grenze verfolgbar ist (Photo 4.1., 4.4.). Diese Muschel fehlt nach unseren Beobachtungen sowohl im aktuellen Litoral unseres Untersuchungsgebietes, als auch in den e-Sedimenten bei Mile 4/Vineta, als auch im i-Marin bei Mile 30 und bei Rooikop. Dieser Faunenwechsel mag unterschiedliche ökologische Bedingungen in den unterschiedlichen hydro- und morphodynamischen Zonen des Litorals zugehörigen Positionen der Profile repräsentieren (unter den zusammenbrechenden Wellen, im weniger stark bewegten flacheren Bereich der Translationswellen). Die ^{14}C-Datierung des Muschelvorkom- mens von Pr 44 II (Hv 5958) ergab ein ^{14}C-Modellalter von 25 250 ± 1150 BP, also wesentlich älter als der Hochstand der Flandrischen Transgression bei FAIRBRIDGE (vgl. cap. 2.3.).

Der von nördlich Mile 30 bis zur Swakopmündung ununterbrochen und südlich des Swakop noch weitere 12 miles verfolgbare flache Wall aus Schottern des marinen Rundungsgradtypes, aus Muschelresten und marin-litoralen Sanden (z. B. Pr 33, 40) ist vergipstem Anstehenden aufgelagert (z. B. Pr 45) bzw. flachgründigen, ehemaligen Vorstränden vorgelagert. Er setzt im gesamten Bereich seines Vorkommens nicht an Geländevorsprüngen an, sondern ist stets den flach geneigten Betten der autochthonen Namibgerinne aufgelagert (Abb. 4.1.). Daher können wir ihn nicht als Nehrung auffassen, sondern nur als Riff. Die besonders grobe Korngröße des ihn konstituierenden Sedimentes zeigt, daß dieses Riff in einer hydrodynamischen Zone großer Energie gebildet worden ist. Hierfür kommt die Zone der zusammenbrechenden Wellen in Frage (s. cap. 2.2., Tab. 2.1., vgl. INGLE jr 1966). Gestützt wird diese Interpretation des Walles als Brandungsriff des e-Hochstandes weiter durch seine Position einige hundert Meter meerwärts der marinen e-Grenze in Mile 30 bzw. des e-zeitlichen Kliffes in Mile 4. Die in Abb. 4.11. dokumentierte rezente Litoralabfolge von Vineta zeigt, daß der Wall rezent erodiert wird, also fossil ist, und außerdem älter als der b-zeitliche beach rock. Die Vertikalposition des Walles (z. B. 0 m ü STL in Mile 30) erlaubt im Vergleich mit der marinen Grenze in 2.18 m ü STL und im Zusammenhang mit der gesamten e-zeitlichen erhaltenen Litoralabfolge ebensowenig die Interpretation als e-zeitlichen Strandwall. Aus allen diesen Gründen muß der Wall als e-zeitliches Brandungsriff e r s t a n g e l e g t sein.

Während der auf den Hochstand folgenden Regression wanderte die Zone der zusammenbrechenden Wellen weiter meerwärts zurück, der Wall rückte in die Zone der Translationswellen und dann in die Schwallzone, die beide niederer energetisch sind als die Zone der zusammenbrechenden Wellen (INGLE jr 1966)[6-7]. Somit konnten die marinen Gerölle nicht abtransportiert werden und dienten als Abtragungsschutz. Mit dem sukzessiven Übergang der stationären Form des Walles in die strandnäheren dynamischen Zonen erfolgte schließlich die Ü b e r f o r m u n g   a l s   S t r a n d w a l l, bis er in den Bereich des trockenen Strandes und sogar oberhalb des Sturmflutniveaus gerückt sein muß (vgl. Höhenlage von Phase b). Damit sind die marin-litoralen Sande und die Faunenbestandteile des heutigen Walles nicht unbedingt der Erstanlage als Brandungsriff (d. h. dem e-Hochstand) zuzuschreiben, sondern vielleicht späterer Überformung. Dann sind auch die faunistischen Unterschiede von Pr 44 und 45 (Tab. 4.1.) nicht unbedingt nur auf unterschiedliche ökologische Bedingungen, sondern vielleicht auch auf verschiedenes Alter zurückzuführen, zumal der Wall im Zuge der letzten Transgression (von b auf a) sturmflutüberformt worden ist und aktuell teilweise noch wird.

Die in Mile 4 erhaltene Litoralabfolge des e-Hochstandes weist ebenfalls das Brandungsriff und einen Vorstrandbereich landwärts des Riffes auf (Pr 32, ehemalige Zone der Translationswellen). Die marine Grenze ist hier nicht oberflächlich erhalten, sie wird indirekt durch die oberen Teile eines e-zeitlichen Kliffes angezeigt (Abb. 4.10.). Dieser Steilhang ist aufgrund der Lage zu dem Brandungsriff, zum Marin von Pr 32 und wegen der g-zeitlichen Einstufung der hangenden Sedimente des ihn aufbauenden Sedimentkörpers als e-zeitliches Kliff einzustufen. Die Fauna von Pr 32 ist derjenigen von Pr 45 ähnlich, jedoch ungleich der von Pr 44. Die ^{14}C-Datierung von Pr 32 (Hv 5957) ergab jedoch ein Radiokarbonalter von 27 100 ± 1050 BP. Diese Datierung stützt die Phasengleichheit der e-Litorale von Mile 30 und Mile 4/Vineta. Der 17 m-Hochstand ist (viel) älter als 30 000 BP, der 2 m-Hochstand ist durch zwei Datierungen an unterschiedlichen Lokalitäten mit ca. 26 000 BP ins I n n e r w ü r m zu stellen.

6.2.4. Festländische Morphogenese

Wie cap. 6.1. ausgeführt, sind in der küstennahen Zentralen Namib 11 klimageomorphologische Phasen (s. Abb. 6.1.) an mehreren Lokalitäten und mit Hilfe mehrerer Indikatoren nachweisbar. Dabei ist unter einer klimageomorphologischen Phase das zeitliche Diskretum eines rekonstruierbaren geomorphologischen Milieus verstanden (s. cap. 3.3., Tab. 3.1.).

Mit der Erarbeitung des Begriffs des geomorphologischen Milieus im allgemeinen und der drei morphogenetisch relevanten geomorphologischen Milieus des Trockenraumes Zentrale Namib im besonderen ist ein

---

[6-7] Die Kollisionszone zwischen der Zone der Translationswellen und der Schwallzone ist sehr schmal (Meter-Dimension) und wird außerdem mit der Gezeitenschwankung verlagert, d. h. ihre geomorphologische Wirksamkeit ist im Gegensatz zu der der übrigen Zonen des Litorals nicht von Dauer (vgl. z. B. KING 1966)

Schritt über die bisher in der Klimageomorphologie häufig geübte Zuordnung von Klima und Relief hinaus versucht worden (s. cap. 3.5.). Z. B. zeigt sich innerhalb des klimatisch recht einheitlichen Raumes der küstennahen Zentralen Namib aktuell der Wechsel zwischen episodischer Flußaktivität in den Gerinnebetten der Hochlandflüsse, äolischer Aktivität südlich des Kuiseb, in seinem Delta und zwischen Kuisebdelta und Swakopmündung und Gipskrustenbildung auf den barchanfreien Flächen außerhalb der Gerinnebetten der Hochlandflüsse. Damit ist trotz klimatischer Einheitlichkeit („trocken", nebelreiche Küstenwüste, z. B. BESLER 1972, S. 55f; s. cap. 1.1.) eine Regionalisierung in Räume unterschiedlicher geomorphologischer Milieus zum gleichen Zeitpunkt möglich (trocken-aktiv, trocken-stabil).

Der Ansatz ROHDENBURGs (1970) des Gegensatzpaares „morphodynamische Aktivität"/„morphodynamische Stabilität" ist also auf das Untersuchungsgebiet im Prinzip anwendbar. Drei Typen unterschiedlicher Zeiten eines bestimmten geomorphologischen Milieus, sog. klimageomorphologischer Phasen, sind für die Zentrale Namib aus Gelände- und Laborbefunden ableitbar (Tab. 3.1.), ihr regional unterschiedlicher Wechsel führte zu drei verschiedenen heute vorherrschenden Relieftypen: tumasisches Relief, Gramadullarelief und Tsondabisierungsrelief.

Der Begriffsapparat geomorphologischer Milieus und ihres zeitlichen Wechsels gibt den Schlüssel für die Erklärung der fluvialen Terrassen des Swakopunterlaufes und ihre Verknüpfung mit marin-eustatischen Phasen. Es sind unterhalb des Namibregs (I) und oberhalb der aktuellen Höchstwasserterrasse des Flusses (VII) fünf Terrassen festzustellen, die auf beiden Seiten des Flusses zwischen der Mündung und etwa Birkenfels nach Höhenlage und Geomorphologie eindeutig verfolgbar und relativ zueinander einstufbar sind (Abb. 4.12., 4.13., 4.14., Tab. 6.1., Photo 4.8.).

Nach ihrer Höhenlage (Nivellement, Peilung) und ihrem Verlauf (Terrassenkanten) gehen die Swakopterrassen III und V über in die marinen Terrassen des 17 m (i)- und des 2 m (e)-Meereshochstandes, außerdem weist Pr 69 auf Terrasse III oberhalb der Lokasie Swakopmund (Tab. 4.3., Abb. 4.29., 4.36.) eine Verzahnung fluvialer und marin-litoraler Sedimente am Übergang der Flußterrasse zur 17 m-Meeresterrasse auf. Damit sind die Flußterrassen III und V in die Phasen i und e zu stellen. Beide Terrassen sind nicht lokale Erosionsbasis autochthoner Namibgerinne, daher sind die zugehörigen Phasen trocken-stabil. Die Terrasse V ist noch bis zur Eisenbahnbrücke verfolgbar, oberhalb nicht mehr erhalten.

Die Verknüpfung der Swakopterrassen mit in der Namib wurzelnden Seitentälern (Abb. 4.13., 4.14., Photo 4.8.) erlaubt die eindeutige Einstufung der Terrassen II und IV in feucht-aktive Phasen (II prä-i, IV post-i und prä-e). Die autochthone Zerschneidung der Terrasse IV durch auf Terrasse VI auslaufende Gerinne läßt Terrasse VI ebenfalls in eine feucht-aktive Phase einstufen (post-e).

Rundungsgradmessungen nach REICHELT (1961) bzw. nach RUST/WIENEKE (1973b) auf den Terrassen ergaben auf dem Namibreg (I) in 68 m ü KN SWA und in 63 m ü KN SWA fluviale Schotter des ag-Typs, auf einem Sporn des Namibregs in 47 m ü KN SWA fluviale Schotter des kg-Typs zusammen mit Schottern des g-Typs, desgleichen im Sedimentkörper der Terrasse IV (Abb. 4.36., 4.39., Tab. 4.8.). Dies ist möglicherweise ein Indiz für einen von uns nicht näher untersuchten Meeresspiegelhochstand vor Ausbildung der Swakopterrassen (und damit prä-i) mit nachfolgender Abspülung, Umlagerung, Verteilung der marinen Schotter (Feucht-Aktivität).

Die eindeutige Einstufung der Terrasse IV in die feucht-aktive Phase g, ihre konische Ausbildung im Mündungsbereich des Flusses, die an der Straße südlich Swakopmund aufgeschlossene Deltaschichtung ihrer Sedimente zeigen, daß dieses Niveau als Flußterrasse anzusprechen ist, die in ein g-zeitliches D e l t a übergeht. Damit ist diese bisher in der Literatur (z. B. JAEGER 1965, SPREITZER 1965, DAVIES 1959) als marine Terrasse angesprochene Fläche, auf der der Ort Swakopmund liegt, eindeutig fluvialen Ursprungs, d. h. Rest eines fossilen Swakopdeltas, das wegen seiner Höhenlage und Neigung noch wesentlich weiter meerwärts gereicht haben muß (Abb. 4.12.).

Die erarbeitete Einstufung der Terrassen des Swakopunterlaufes in die Abfolge klimageomorphologischer Phasen der küstennahen Zentralen Namib zeigt Tab. 6.1.

Abb. 6.1. dokumentiert u. a. den raum-zeitlichen Wechsel der geomorphologischen Milieus in unserem Untersuchungsgebiet. In l, g, c sind drei Phasen autochthoner fluvialer Aktivität (feucht-aktiv) faßbar, Phase c nurmehr vom unteren Swakop an nordwärts, da in f das Gebiet zwischen Kuiseb- und Swakopmündung tsondabisiert wurde und dieser Vorgang nicht wieder rückgängig gemacht werden konnte. Damit grenzen in c ein feucht-aktives Gebiet und ein trocken-aktives Gebiet aneinander.

Auf eine eventuell für den gesamten Raum von Mile 30 bis zum heutigen Kuisebdelta geltende Feucht-Aktivität l (nachweisbar am Swakop und in Rooikop) folgte mit k ein Umschwung, der mit einer regionalen Differenzierung verbunden war (Trocken-Stabilität am Swakop und in Rooikop, Trocken-Aktivität am Tumasvley). Diese Situation dauerte drei Phasen an (zum Problem der Einphasigkeit von k-i-h s. cap. 6.2.6.), wird mit i als trocken-stabiles Milieu auch für Mile 4 faßbar, das dort in h zu Trocken-Aktivität übergeht (partielle Tsondabisierung des Swakop), und mit h als trocken-stabiles Milieu in Mile 30. Somit ist für h die Grenze trocken-aktiven geomorphologischen Milieus im südlichen Küstenstreifen zu trocken-stabilem geomorphologischen Milieu im N und im Inneren zwischen Mile 30 und Mile 4 einerseits, Mile 4 und dem Swakop oberhalb der Eisenbahnbrücke andererseits anzunehmen.

In Phase g ist für alle Untersuchungspunkte autochthone Flußaktivität, also feucht-aktives geomorphologisches Milieu, nachweisbar. Der Swakop räumte seine Mündung wieder frei. In Phase f drangen die Namibdünen über Kuiseb und Tumas mindestens bis zu einem Punkt an der Küste 12 miles südlich Swakopmund vor, Kuiseb und Tumas wurden tsondabisiert. Dieser neuerliche Umschwung zog sich analog zu k-i-h über drei Phasen des Diagrammes (f-e-d) hin (auch hier zur Problematik s. cap. 6.2.6.), ebenfalls in Analogie k-i-h ist in d der Swakop zumindest partiell tsondabisiert worden (Trocken-Aktivität in Mile 4). In der darauffolgenden feucht-aktiven Phase c hat der Swakop allerdings die Barchansedimente wieder ausräumen können, während der in der Namib selbst wurzelnde Tumas tsondabisiert geblieben ist. Wann genau der Kuiseb das in f entstandene Dünenmassiv wieder durchbrochen hat, ist offen. Die Trocken-Aktivität von Phase d nördlich des Swakop läßt vermuten, daß er den Durchbruch in Phase c vollzogen hat, die (s. o.) vom Swakop an nördlich als feucht-aktiv nachweisbar ist. Für Phase b ist das geomorphologische Milieu nicht direkt nachweisbar. Die aktuelle Regionalisierung in einen trocken-aktiven und einen trocken-stabilen Raum ist oben schon dargelegt worden.

Als Ergebnis dieser **raum-zeitlichen Differenzierung der geomorphologischen Milieus** gliedert sich das Relief der küstennahen Zentralen Namib wie folgt: Swakop/Khan bis zur Mündung und Kuiseb bis zum Ansatz des Deltas repräsentieren den Typ des Gramadullareliefs, die Gebiete nördlich des Kuiseb den tumasischen Relieftyp. Südlich des Kuiseb befindet sich der große Erg (äolisches Relief, die Dauer der Trocken-Aktivität ist bislang ungeklärt). Das Delta des Kuiseb weist Tsondabisierungsrelief auf Gramadullarelief auf, der schmale Dünenstreifen zwischen dem Kuisebdelta und dem Swakopunterlauf Tsondabisierungsrelief über tumasischem Relief (Abb. 1.1., s. cap. 3.3.).

Ein vergleichender Hinweis auf Untersuchungen am Kuisebmittellauf sei ergänzend gegeben (RUST/WIENEKE 1974). Die für die küstennahe Zentrale Namib festgestellte Abfolge klimageomorphologischer Phasen (Abb. 6.1.) und die für den Kuisebmittellauf erschlossene Phasenabfolge (Tab. 6.2.) sind nicht direkt miteinander konnektierbar, da Relief und Sedimente des Kuisebmittellaufes nicht flußabwärts bis zum heutigen Mündungsbereich verfolgbar sind. Zweifelsfrei korrelierbar sind die aktuellen Phasen a der küstennahen Zentralen Namib und 1 vom Kuisebmittellauf. Das untere Glacis von Homeb (Phase 2) mag während der (b)/c-Feucht-Aktivität geformt sein. Die Ausbildung des oberen Glacis (Phase 4) mag mit der Post-17 m-Feucht-Aktivität (Phase g) korrelierbar sein. Dann muß die Tsondabisierung des Kuiseb bei Homeb und Ossewater (Phase 6) in die Phasenabfolge k-i-h der Trocken-Stabilität des 17 m-Meereshochstandes fallen oder sogar noch älter sein. In Relation hierzu mag die Hauptphase der Gramadullazerschneidung (Phase 8) mit der feucht-aktiven Phase l vor dem 17 m-Hochstand zusammenfallen. Dieses zeigt, daß die Dünen die Südseite des Kuisebcanyons oberhalb von Natab im Mittelpleistozän (?, prä-l) erreichten. Die 40 m-Terrasse unterhalb Homeb und die auf ihr Niveau eingeschnittenen Hängetäler sind noch älter, was auch durch die Rundungsgradverteilung der in ihrem Konglomerat enthaltenen Schotter gestützt wird. Es ist (noch) unmöglich, klimageomorphologische Phasen für verkrustete Denudationsterrassen oberhalb der Gramadullas und für auf ihnen liegende fossile rote Dünen am Innenrand der Namibwüste (z. B. Farm Rostock) anzugeben.

Die in Abb. 6.1. dokumentierte Abfolge klimageomorphologischer Phasen zeigt auch, daß die Tab. 4.1. – 4.6. und Tab. 4.8. aufgeführten $CaSO_4 \cdot 2H_2O$-Vorkommen im Sediment und im Zersatzprodukt (Gipskrusten) verschieden alt und zum großen Teil mehrphasig sind. Z. B. ist der G i p s des Pr 42 (Mile 4) als i- und f-zeitlich und jünger erklärbar, der Gips in Pr 42 I allerdings nur f-zeitlich und jünger (e, d, a). Die Vergipsung in Pr 43 ist eindeutig einphasig, da post-c (a) (zur Position der beiden Profile vgl. Abb. 4.10.). Die Horizontdifferenzierung des Gipses in den Profilen mag vergleichsweise den von ROHDENBURG/ SABELBERG (1969) für Kalkkrusten entwickelten Vorstellungen (Sickerwasser von oben nach unten und lateral) zu erklären sein, da eine Zuordnung jedes Y-Horizontes zu einer eigenen Stabilitätsphase im Vergleich zu unseren sonstigen geomorphologischen und sedimentologischen Befunden unmöglich ist. Im Vergleich zu den genannten Gipskrusten der küstennahen Zentralen Namib sind mehrere Meter mächtige Gipskrusten am mittleren Tumas (Photo 4.15.) ebenfalls mehrphasig und wohl noch weiter zeitlich zurückreichend gebildet worden. Dieses deutet darauf hin, daß das geomorphologische Milieu der Trocken-Stabilität in der Zentralen Namib über den von uns untersuchten Zeitraum hinaus weit zurückreichend (auch) geherrscht hat.

In Tab. 6.2. der klimageomorphologischen Phasen des Kuisebmittellaufes sind mehrmals t r o c k e n - s t a b i l e   P h a s e n zwischen feucht-aktive und trocken-aktive Phasen z w i s c h e n g e s c h a l t e t worden (Phasen 11, 7, 5). Es ist zu prüfen, ob ein direkter Wechsel von feucht-aktivem zu trocken-aktivem geomorphologischen Milieu und umgekehrt ohne eine zwischengeschaltete (vielleicht nur kurzzeitige) Phase trocken-stabilen Milieus möglich ist. Diese Frage ist für allochthone Flüsse anders zu beantworten als für autochthone Namibgerinne. Das Tsondabisieren eines allochthonen Flusses als Übergang von Feucht-Aktivität zu Trocken-Aktivität ist unmöglich, da er selbst in trocken-stabilen Phasen normalerweise in der Lage ist, die Barchane aus seinem Bett auszuräumen, z. B. der rezente Swakop. Erst eine deutliche Verringerung des Abflusses ermöglicht die Etablierung trocken-aktiven geomorphologischen Milieus. Das Ausräumen eines den Lauf versperrenden Dünenreliefs erfordert verstärkten Abfluß, der schon als Allochthonie des Niederschlags im Hochland in trocken-stabilem Milieu erfolgen kann, vielleicht aber erst in feucht-aktivem, wenn auch in den autochthonen Nebengerinnen oberflächlicher Abfluß erfolgt.

Der Tumas diene als Beispiel zur Erläuterung der Verhältnisse an autochthonen Gerinnen, die definitionsgemäß nur in feucht-aktivem geomorphologischen Milieu reliefwirksam abkommen. Der Tumas ist f-zeitlich tsondabisiert worden, d. h. f-zeitlich ist das Milieu seines heutigen Vleys trocken-aktiv, das Milieu des gesamten sonstigen Laufes trocken-stabil. Der Fluß hat sich c-zeitlich eingeschnitten (feucht-aktiv auf der gesamten Länge), aber die Dünen nicht ausräumen können (trocken-aktiv am Vley). Dies zeigt, daß randlich zu einem bereits existierenden Dünenvorkommen an einem autochthonen Gerinne der Wechsel von Trocken-Aktivität zu Feucht-Aktivität, falls überhaupt, dann ohne Zwischenschaltung von Trocken-Stabilität erfolgt (Trocken-Stabilität würde Festlegung der Barchane durch „bodenbildende" Prozesse, z. B. Vergipsung, bedeuten). Der Wechsel von Feucht-Aktivität zu Trocken-Aktivität kann an einem autochthonen Gerinne über eine zwischengeschaltete, evtl. sehr kurzzeitige Trocken-Stabilität oder auch direkt erfolgen – in Abhängigkeit vom geomorphologischen Standort [6-8].

6.2.5. Über die Beziehung zwischen der Erosionsbasis Meeresspiegel und der Entwicklung der Gerinnebetten am Beispiel des unteren Swakop

Über die Beeinflussung der die Namib querenden Gerinne Swakop, Kuiseb u. a. seitens des eustatisch schwankenden Meeresspiegels gibt es eine, zuletzt von SPREITZER (1965) vorgetragene, Literaturmeinung: In Zeiten eines Meeresspiegeltiefstandes schneiden sich die Flüsse in Ausrichtung auf das tiefere Basisniveau ein. In Zeiten eines Hochstandes füllen die Flüsse ihre selbstgeschaffenen Hohlformen wieder auf.

Unsere Untersuchungen am unteren Swakop liefern zu dieser Auffassung beiläufig für den Fall des Swakop abweichende Ergebnisse. Die Analyse der Swakopterrassen ergibt (Abb. 4.12., 4.13., 4.14.):

(1) Bei einem Meereshochstand hat der Swakop niemals ein älteres Talgefäß zugeschüttet
(2) In bezug auf sein Längsprofil läßt sich nur für einen Fall eine laterale (im Längsprofil) Verschiebung

---

6-8 Die geomorphologischen Milieus sind (Tab. 3.1., cap. 3.3.) über geomorphologisch-sedimentologische Indikatoren an einem festen S t a n d o r t definiert und faßbar

des Erosionsfußpunktes feststellen: Das g-zeitliche (Tiefstand) Delta (Terrasse IV) ist bei Pr 69 in das Niveau von Terrasse III eingeschnitten, bei Pr 42 aufgeschüttet auf den Körper von Terrasse III. Die für den Tiefstand postulierte Einschneidung macht sich also erst zwischen Pr 42 und 69 bemerkbar und ist dann auch an der Terrassentreppe oberhalb der Eisenbahnbrücke gegeben. Im Sinne der postulierten Auffassung macht sich in diesem Falle ein Basiseinfluß geltend

(3) Oberhalb der Eisenbahnbrücke hat der Swakop sich, egal ob mariner Hoch- oder Tiefstand, stets gegenüber einem älteren Terrassenniveau eingeschnitten. Oberhalb der Eisenbahnbrücke macht sich also der Einfluß des Basisniveaus Meeresspiegel nicht mehr bemerkbar

(4) Die Haupteinschneidung des Swakop geschah zur Zeit der Transgression zum Meereshochstand (!) der Phase e (Terrasse V) (vgl. cap. 6.1.7.). Sie betrug bei Swakopmund ca. 10 m. Sie änderte das Swakopquerprofil entscheidend. Aus einem dreieckigen Mündungstrichter wurde ein Kastental. Im Gegensatz zu den älteren Terrassen ist dieses Kastental eingeschnitten in ältere Terrassensedimente und das Präkambrium. Das die Bildung von Terrasse V kennzeichnende geomorphologische Milieu (Trocken-Stabilität im Unterlauf) sowie die Widerständigkeit des angeschnittenen Grundgebirges (Kalzitrücken ab Eisenbahnbrücke) haben zusammengenommen wohl die Querprofiländerung erzwungen

(5) Die Terrassen VI und VII sind trotz schwankenden Meeresspiegels (e, b, a) und schwankenden geomorphologischen Milieus wiederum in das Terrassenniveau V eingeschnitten, u. z. auch unterhalb der Eisenbahnbrücke

Diese Befunde führen zu folgenden Aussagen: Die Auffassung SPREITZERs (1965) ist zu mechanistisch. Abgesehen vom klimageomorphologischen Hintergrund (Milieuwandel) verkennt sie, daß Meeresspiegelschwankungen sich sowohl vertikal als auch horizontal auswirken. Außerdem berücksichtigt sie nicht, daß trotz der Spiegelschwankungen im Quartär insgesamt eine Absenkungstendenz des Meeresspiegels weltweit festzustellen ist (BÜDEL 1963). Diese Absenkungstendenz führt auch am unteren Swakop, über die Zeit gesehen, zu dem Resultat einer Terrassentreppe.

ROHDENBURG (1968) hat einmal die quartäre Taleintiefung für Mitteleuropa als solche gegenüber präpleistozänen Altreliefs erklärt als das Produkt der oben angegebenen A b s e n k u n g s t e n d e n z   des Meeresspiegels. Wir sind, wie ausführlich in dieser Arbeit vorgeführt, fern davon, den terrestrisch sich auswirkenden „Klima"-Schwankungen keine Bedeutung zumessen zu wollen (vgl. BÜDELs 1971 Kritik an ROHDENBURG 1968). Uns interessiert, daß t r o t z   W a n d l u n g e n   d e s   g e o m o r p h o l o g i s c h e n   M i l i e u s über die Zeit hin eine Einschneidungstendenz (Terrassentreppe) festzustellen ist. Das spricht für die Anwendbarkeit des ROHDENBURGschen Erklärungsversuches auch für unser Untersuchungsgebiet.

6.2.6. Verknüpfung der marin-litoralen und der festländischen Zeitreihen

In die drei durch Gelände- und Laborbefunde direkt nachweisbaren Meeresspiegelstände i, e, b ist die Abfolge klimageomorphologischer Phasen einpaßbar (Abb. 6.1.), d. h. über die Verzahnung marin-litoraler Formen- und Sedimentreste mit fluvialen oder äolischen Formen- und Sedimentresten ist die Zuordnung zu bestimmten geomorphologischen Milieus möglich (s. cap. 6.1.).

Es ergab sich, daß die beiden Meereshochstände i und e mit Phasen trocken-stabilen bzw. trocken-aktiven geomorphologischen Milieus zusammenfallen. Darüber hinaus folgt aus der Überlagerung des e-zeitlichen Litorals auf g-zeitliches fluviales Relief bei Mile 30 bzw. aus der Abrasion (Kliffbildung) g-zeitlichen fluvialen Reliefs in der zu e führenden Transgression bei Mile 4, daß g-zeitlich die Gerinnebetten weiter meerwärts gereicht haben. Das heißt aber, daß während der g-Feucht-Aktivität ein echter Meerestiefstand (tiefer als i und e) und nicht nur ein Regressionshalt geherrscht hat. Somit ist für die von uns untersuchte Zeit unter Berücksichtigung der wahrscheinlichen Feucht-Aktivität für Phase b ($\triangleq$ c?) und der aktuellen Trocken-Stabilität bzw. Trocken-Aktivität (Phase a) eine P a r a l l e l i t ä t   z w i s c h e n   M e e r e s h o c h s t a n d   u n d   t r o c k e n - s t a b i l e m   b z w .   t r o c k e n - a k t i v e m   g e o m o r p h o l o g i s c h e n   M i l i e u   u n d   z w i s c h e n   M e e r e s t i e f s t a n d   u n d   f e u c h t a k t i v e m   M i l i e u erwiesen.

Für die Küste Nordchiles scheint HERM (1969, S. 76) zu einer ähnlichen Parallelität von Meerestiefstand und fluvialer Aktivität gekommen zu sein. MAARLEVELD (1960) hat in einer Zusammenschau südafrikanischer Befunde eine Koinzidenz von trockenem Klima und Meereshochständen erarbeitet. Das aktuelle Verteilungsmuster der Klimatypen des südafrikanischen Subkontinents läßt uns vorsichtig sein in bezug auf Vergleiche über die Distanz in Südafrika. Arbeiten aus ausgewählten Lokalitäten an der Cape Coast, wie z. B. von BUTZER/HELGREN (1972), ergeben auch sehr spezielle, für das Untersuchungsgebiet gültige Milieusukzessionen und Aussagen über Meeresspiegelschwankungen.

Für das westafrikanische Trockengebiet (Senegal/Mauretanien) hat MICHEL (1967, 1968, 1969) trotz der vergleichbaren geographischen Lage (geographische Breite, Küstennähe, relative tektonische Stabilität, kalter Meeresstrom), jedoch auf der Nordhalbkugel, die gegenläufige Parallelität festgestellt (Abb. 6.2.). Dort fallen die Meereshochstände in Phasen feuchten Klimas, die Tiefstände in solche trockenen Klimas. Diese beiden Regelhaftigkeiten sowie ihre gegenläufige Tendenz lassen einen genetischen Zusammenhang zwischen Meeresspiegelschwankungen einerseits und Änderungen des geomorphologischen Milieus andererseits erkennen, der aus der Sicht einer rein regionalen geomorphologischen Arbeit nicht erklärbar ist.

Der letzte für Senegal und Mauretanien nachweisbare Meereshochstand (sog. Nouakchottien) ist mit Hilfe von ^{14}C-Datierungen auf ca. 5500 BP festgelegt worden (ELOUARD 1967, MICHEL 1967), der Beginn der koinzidierenden „Feucht"-Periode auf 11 000 – 8000 BP und die nachfolgende „Trocken"-Periode auf 4000 – 1880 BP (Abb. 6.2.). Die bereits datierten Proben der Profile 67 und 68 (s. cap. 6.2.3.) erbrachten radiometrische Maximalalter bzw. sind evtl. kontaminiert, auf jeden Fall sind sie älter als ca. 30 000 BP. Wie auch nach der topographischen Höhenlage (ca. 17 – 40 m ü STL) und aus anderen diskutierten Überlegungen heraus ist der i-Hochstand wahrscheinlich aber (viel) älter. Die ^{14}C-Datierungen der Proben aus den Profilen 44 und 32 des e-zeitlichen 2 m-Hochstandes stellen diesen, nach den vorliegenden Befunden in unserem Untersuchungsgebiet jüngsten, Meereshochstand ins Innerwürm, obwohl er wegen seiner Höhenlage und seines Erhaltungszustandes mit dem Nouakchottien Westafrikas hätte parallelisiert werden können. Der gute Erhaltungszustand sowie die geringe Post-e-Formungsintensität lassen im Analogieschluß die von uns erarbeitete Prä-e-Phasenabfolge wesentlich weiter ins Pleistozän zurückreichen, als zuerst angenommen. Der beach rock von Vineta könnte dann irgendwann im Hauptwürm oder im Holozän gebildet worden sein.

Die Phasen i, e und b sind durch marine Befunde definiert als Phasen von Meeresspiegelständen. Durch die Verzahnung mit fluvialen Terrassen des Swakop z. B. sind i und e dort eindeutig einem trocken-stabilen geomorphologischen Milieu zuordbar (Abb. 6.1.). Beiden Hochständen geht dort eine trocken-stabile Phase voraus und folgt dort eine solche trocken-stabilen bzw. trocken-aktiven Milieus (Sukzessionen k-i-h bzw. f-e-d). Die jeweilige Phasendreiheit k-i-h, f-e-d ergibt sich somit aus der Verknüpfung kategorial unterschiedlicher morphogenetischer Zeitreihen. i und e sind Phasen des Meeresspiegelhochstandes, die zugehörigen Transgressionen wären zumindest teilweise in k bzw. f erfolgt, die Regressionen in h, d. Das zugehörige geomorphologische Milieu dauerte länger an, d. h. (s. Abb. 6.1.) für Mile 30 z. B. ist die Phasenabfolge f-e-d klimageomorphologisch eine einzige Phase (s. Definition der klimageomorphologischen Phase in cap. 3.3., Tab. 3.1.), marin-eustatisch sind es drei „Phasen" (Transgression, Hochstand, Regression). Entsprechendes gilt für k-i-h am Swakop (Terrasse III) und in Rooikop, für f-e-d am Swakop (Terrasse V). Mile 4/Vineta zeigt während dieser Phasenabfolge die Weiterentwicklung des trocken-stabilen Milieus zum trocken-aktiven, d. h. partielle Tsondabisierung des Swakop während der Regression. Hier fallen also k, i und f, e zu einer (trocken-stabilen) klimageomorphologischen Phase zusammen, während der dritte Abschnitt der marinen Schwankung (Regression) zeitgleich ist mit einem Wechsel des geomorphologischen Milieus (neue klimageomorphologische Phase).

Aus der Parallelität der klimageomorphologischen Phasen i, g, e, b (und auch a) mit Meeresspiegel s t ä n d e n folgt logisch eine Einstufung der zugehörigen Meeresspiegel ä n d e r u n g e n in die übrigen klimageomorphologischen Phasen. k entspricht der Transgression, die in i den Hochstand erreicht, h der nachfolgenden Regression zum g-Tiefstand, f der Transgression auf e hin und d der Regression zu b. Für die jüngsten Phasen ist diese Parallelisierung nicht so streng durchführbar, da das e-zeitliche Brandungsriff marin-litorale und terrestrische Entwicklung trennt und die Gleichsetzung von c (feucht-aktiv) und b (Tiefstand) nur vermuten läßt. Die auf b folgende Transgression ist nicht als eigene Phase faßbar, da a einerseits die gesamte Post-b-Trocken-Stabilität, andererseits den aktuellen Hochstand (relativ zu b) bezeichnet, d. h. klimageomorphologisch k, i oder f, e entspricht, küstengeomorphologisch jedoch nur i oder e.

6.2.7. Raum-zeitliche Differenzierung des Küstenreliefs

Der Küstenformenschatz ist das Resultat des Einwirkens marin-litoraler Prozesse auf das zur Disposition gestellte Relief. Während an der Küste der Zentralen Namib zwischen etwa Mile 30 im N und Sandwich Bay im S, d. h. auf eine Distanz von ca. 60 miles, aktuell die marin-litoralen Prozesse gleichartig sind und nichts gegen die Annahme spricht, sie seien während der von uns erfaßten Zeit (1 – a) nicht gleichartig auf diese Distanz gewesen, wies und weist das zur Disposition gestellte Relief in Widerständigkeit und Topographie Unterschiede auf. Die marin-litoralen Prozesse wirkten stets auf festländisch oder marin-litoral geformtes oder überformtes Relief ein. Die heutige, auch für vergangene Phasen nachweisbare Differenzierung der Küste der Zentralen Namib hat ihre Ursache in der Differenzierung des terrestrischen Reliefs (s. cap. 3.3., 6.2.4.). Tumasisches, Gramadulla-, Tsondabisierungs- und altererbtes Dünenrelief ergaben unterschiedliche T y p e n d e s K ü s t e n r e l i e f s bei einheitlicher Dynamik.

Nicht für alle Phasen ist das Küstenrelief rekonstruierbar. Phase i ist in Mile 30 als nicht in die Litoralabfolge eindeutig einpaßbarer Ausschnitt der i-zeitlichen Schorre erhalten, in Mile 4 und am Swakop als sich trichterförmig erweiternde fluviale Terrasse, die in die zugehörige marine Terrasse übergeht. D. h. der aus dem Hochland kommende Swakop/Khan besaß eine aktive Trichtermündung. Am heutigen Tumasvley inundierte das i-Meer einen inaktiven Flußunterlauf. Bei Rooikop ist die i-Schorre bis zum ehemaligen Geröllstrand erhalten, der an die Granithöcker der basal surface einer (gering überformten?) Inselberglandschaft angelehnt ist (tumasische Küste).

Über das Küstenrelief der nachfolgenden Regression ist keine Aussage möglich. Der g-zeitliche Tiefstand wies eine Differenzierung in flachere, gering mächtigere und topographisch tieferliegende breite Mündungen der autochthonen Gerinne und in steilere, mächtigere und topographisch höher liegende Deltas der Hochlandflüsse Swakop/Khan und Kuiseb auf. Während der nachfolgenden Transgression (f) wurden das Kuisebdelta und die Tumasmündung tsondabisiert, das Swakopdelta kliffbildend abradiert, die Mündungen der autochthonen Namibgerinne nördlich Mile 4 inundiert. Der Küstenformenschatz des e-Hochstandes spiegelt den Einfluß des ererbten festländischen Reliefs: Im N Inundation flach geneigter vergipster Gerinnebetten und g-zeitlicher Talhänge vor i-Terrassenrestbergen (tumasisches Relief), im Swakopmündungsbereich Kliffbildung im g-zeitlichen Swakopdelta[6-9], südlich des Punktes 12 miles S Swakopmund Abrasion eines Dünenreliefs mit Kliffbildung und Nehrungshaken.

Von Mile 30 im N bis zum Punkt 12 miles S Swakopmund standen genügend Schotter zur Erstanlage des Brandungsriffes zur Verfügung. Weiter südlich transgredierte das e-Meer leicht erodible Dünen. In den nachfolgenden Phasen trennte das dann fossile Riff als Wallform festländische und marin-litorale Morphogenese. Über die Regression zum Hochwürm-Tiefstand und die erneute Transgression nach a wurden dem Riff stellenweise beach rock und durchgehend ein durch beach cusps gegliederter Sandstrand angelagert. Nördlich und südlich der Swakopmündung wird das Riff rezent abradiert. Die Swakopmündung ist rezent meist durch ein Schwallriff verschlossen, das bei Abkommen des Riviers episodisch zerstört wird (STENGEL 1964).

Südlich des Punktes 12 miles S Swakopmund ist eine Ausgleichsküste vor einem Erg ausgebildet, d. h. Kliffs in Dünen und Nehrungshalbinseln wechseln ab. Auch das dem Gramadullarelief zuzurechnende Delta des Kuiseb ist wegen seiner f-zeitlichen Tsondabisierung (und erneut in a) in diesen Küstenabschnitt einbezogen. Anthropogene Küstenschutzmaßnahmen (Walvis Bay) wirken punktuell modifizierend.

D i e a k t u e l l e D i f f e r e n z i e r u n g d e r K ü s t e der Zentralen Namib zwischen Mile 30 und Sandwich Bay ist i m w e s e n t l i c h e n a u f d a s f - u n d e - z e i t l i c h t r a n s g r e d i e r t e f e s t l ä n d i s c h e R e l i e f z u r ü c k f ü h r b a r, denn im tumasischen Relief wurde e-zeitlich das Brandungsriff ausgebildet, im Tsondabisierungsrelief im S eine Dünenkliff/Nehrungsküste. Jüngere Überformungen haben diese fundamentale Differenzierung nicht wieder ausgelöscht. Nur der allochthone Swakop hat seine Flußmündung bis zur aktuellen Phase a erhalten, weil er in sein enges f/e-zeitliches Kastental eingeengt ist. Der durch das e-zeitliche Brandungsriff bestimmte rezente Küstentyp kann als B r a n d u n g s r i f f k ü s t e definiert werden.

[6-9] g-zeitlicher Talhang der i-zeitlichen Terrassen bei Mile 30 und e-zeitliches Kliff des g-zeitlichen Swakopdeltas beweisen die morphogenetische Mehrdeutigkeit meerwärtiger Steilhänge

7. Literatur

ABEL, H. (1955): Beiträge zur Landeskunde des Rehobother Westens (Südwestafrika)
  Mitteilungen der Geographischen Gesellschaft in Hamburg, Bd 51, S. 55–97, Hamburg

ABEL, H. (1959): Beiträge zur Morphologie der Großen Randstufe im südwestlichen Afrika
  Deutsche Geographische Blätter, Bd 48, S. 131–268, Bremen

ANDRES, W. (1972): Beobachtungen zur jungquartären Formungsdynamik am Südrand des Anti-Atlas (Marokko)
  Zeitschrift für Geomorphologie, Suppl.-Bd 14 (= Neue Wege zur Geomorphologie), S. 66–80, Berlin

BAGNOLD, R. A. (1965): The physics of blown sands and desert dunes, 3. Auflage, 265 S., London

BARTELS, D. (1968): Zur wissenschaftstheoretischen Grundlegung einer Geographie des Menschen
  Erdkundliches Wissen, H. 19, 225 S., Wiesbaden

BESLER, H. (1972): Klimaverhältnisse und klimageomorphologische Zonierung der zentralen Namib (Südwestafrika)
  Stuttgarter Geographische Studien, Bd 83, 209 S., Stuttgart

BIROT, P./JEREMINE, E. (1950): Recherches sur le comportement de l'érosion différentielle dans les roches granitiques de Corse
  Comptes Rendus Congrès International de Géographie Lisbonne 1949, Tome II, S. 243–253, Lissabon

BLUM, W. E./GANSSEN, R. (1972): Bodenbildende Prozesse der Erde, ihre Erscheinungsformen und diagnostischen Merkmale in tabellarischer Darstellung
  Die Erde, Jg 103, S. 7–20, Berlin

BLÜTHGEN, J. (1966): Allgemeine Klimageographie
  Lehrbuch der Allgemeinen Geographie, hrsg. Obst, E., Bd II, 2. Auflage, 720 S., Berlin

BODECHTEL, J./GIERLOFF-EMDEN, H. G. (1969): Weltraumbilder der Erde, 176 S., München

BREMER, H. (1965a): Der Einfluß von Vorzeitformen auf die rezente Formung in einem Trockengebiet – Zentralaustralien
  Tagungsbericht und wissenschaftliche Abhandlungen, 34. Deutscher Geographentag Heidelberg 1963, S. 184–196, Wiesbaden

BREMER, H. (1965b): Ayers Rock, ein Beispiel für klimagenetische Morphologie
  Zeitschrift für Geomorphologie, NF Bd 9, S. 249–284, Berlin

BREMER, H. (1967): Zur Morphologie von Zentralaustralien
  Heidelberger Geographische Arbeiten, H. 17, 224 S., Heidelberg

BREMER, H. (1973): Grundsatzfragen der tropischen Morphologie insbesondere der Flächenbildung
  Geographie heute Einheit und Vielfalt (Festschrift E. Plewe), Geographische Zeitschrift Beihefte, S. 114–130, Wiesbaden

BRYAN, K. (1925): The Papago Country, Arizona
  US Geological Survey, Water-Supply-Paper 499, 436 S., Washington, D. C.

BÜDEL, J. (1957): Die Doppelten Einebnungsflächen in den feuchten Tropen
  Zeitschrift für Geomorphologie, NF Bd 1, S. 201–228, Berlin

BÜDEL, J. (1961): Morphogenese des Festlandes in Abhängigkeit von den Klimazonen
  Die Naturwissenschaften, Jg 48, S. 313–318, Berlin

BÜDEL, J. (1963): Die pliozänen und quartären Pluvialzeiten der Sahara
  Eiszeitalter und Gegenwart, Bd 14, S. 161–187, Öhringen/Württ.

BÜDEL, J. (1966): Die Bildung von Rumpfflächen und Talrelieftypen in der Flächenspülzone Süd-Indiens
Tagungsbericht und wissenschaftliche Abhandlungen, Deutscher Geographentag Bochum 1965, S. 293–322, Wiesbaden

BÜDEL, J. (1969): Das System der klima-genetischen Geomorphologie
Erdkunde, Bd XXIII, S. 165–183, Bonn

BÜDEL, J. (1971): Das natürliche System der Geomorphologie mit kritischen Gängen zum Formenschatz der Tropen
Würzburger Geographische Arbeiten, H. 34, 152 S., Würzburg

BUTZER, K. W./HELGREN, D. M. (1972): Late Cenozoic Evolution of the Cape Coast between Knysna and Cape St. Francis, South Africa
Quaternary Research, vol. 2, S. 143–169, New York/London

CHORLEY, R. J. (1969): Models in Geomorphology
In: Physical and Information Models in Geography, ed. R. J. Chorley/P. Haggett, S. 59–96, London

COOKE, R. U./WARREN, A. (1973): Geomorphology in Deserts, 374 S., London

DAVIES, O. (1959): Pleistocene raised beaches in South-West-Africa
Congreso Geológico Internacional XX, México 1956, Asociación de Servicios Geológicos Africanos, Actas y Trabajos de las Reuniones Celebradas en México en 1956, S. 347–350, Mexico

DAVIES, O. (1971): Sea-level during the past 11,000 years (Africa)
Quaternaria, XIV, S. 195–204, Rom

DAVIS, W. M. (1912): Die erklärende Beschreibung der Landformen (deutsche Bearbeitung von A. Rühl), 565 S., Leipzig/Berlin

DIETRICH, G./KALLE, K. (1965): Allgemeine Meereskunde. Eine Einführung in die Ozeanographie, 2. Auflage, 492 S., Berlin

ELOUARD, P. (1967): Eléments pour une définition des principaux niveaux du Quaternaire sénégalo-mauritanien. I. Plage a Arca senilis
Bulletin d' IFAN, tome XXIX, sér. A, no 2, S. 822–836, Dakar

FAIRBRIDGE, W. R. (1960): The Changing Level of the Sea
Scientific American, vol. 202, S. 70–79, New York

FAIRBRIDGE, W. R. (1961): Eustatic Changes in Sea Level
In: Physics and Chemistry of the Earth, vol. 4, S. 99–185, New York

FLOHN, H. (1963): Zur meteorologischen Interpretation der pleistozänen Klimaschwankungen
Eiszeitalter und Gegenwart, Bd 14, S. 153–160, Öhringen/Württ.

FLOHN, H. (1964): Grundfragen der Paläoklimatologie im Lichte einer theoretischen Klimatologie
Geologische Rundschau, Bd 54, S. 504–515, Stuttgart

FLOHN, H. (1970): Ein geophysikalisches Eiszeit-Modell
Eiszeitalter und Gegenwart, Bd 20, S. 204–231, Öhringen/Württ.

FRIEDMAN, G. M. (1961): Distinction between dune, beach, and river sands from their textural characteristics
Journal of Sedimentary Petrology, vol. 31, S. 514–529, Tulsa/Oklahoma

FRIEDMAN, G. M. (1962): On sorting, sorting coefficients, and the lognormality of the grain-size distributions of sandstones
Journal of Geology, vol. 70, S. 737–753, Chicago

GANSSEN, R. (1963): Südwestafrika. Böden und Bodenkultur. Versuch einer Klimapedologie warmer Trockengebiete, 160 S., Berlin

GANSSEN, R. (1968): Trockengebiete. Böden, Bodennutzung, Bodenkultivierung, Bodengefährdung
BI-Hochschultaschenbücher 354/354a, 186 S., Mannheim/Zürich

GEYH, M. A. (1971): Die Anwendung der ^{14}C-Methode
Clausthaler Tektonische Hefte, 11, 118 S., Clausthal

GIERLOFF-EMDEN, H. G. (1961): Nehrungen und Lagunen. Gesetzmäßigkeiten ihrer Formbildung und Verbreitung
Petermanns Geographische Mitteilungen, Jg 105, S. 81–92 und 161–176, Gotha

GIERLOFF-EMDEN, H. G./SCHROEDER-LANZ, H./WIENEKE, F. (1970): Beiträge zur Morphologie des Schelfes und der Küste bei Kap Sines (Portugal)
„Meteor"-Forschungsergebnisse, Reihe C, 3, S. 65–84, Berlin

GOSSMANN, H. (1970): Theorien zur Hangentwicklung in verschiedenen Klimazonen. Mathematische Hangmodelle und ihre Beziehungen zu den Abtragungsvorgängen
Würzburger Geographische Arbeiten, H. 31, 146 S., Würzburg

GOUDIE, A. (1972): Climate, weathering, crust formation, dunes, and fluvial features of the Central Namib Desert, near Gobabeb, South West Africa
Madoqua, ser. II, vol. I, S. 15–32, Windhoek

GREENWOOD, B. (1972): Modern analogues and the evaluation of a Pleistocene sedimentary sequence
Institute of British Geographers. Transactions. No 56, S. 145–169, London

GRUNERT, J. (1972): Die jungpleistozänen und holozänen Flußterrassen des oberen Enneri Yebbigué im zentralen Tibesti-Gebirge (Rép. du Tchad) und ihre klimatische Deutung
Berliner Geographische Abhandlungen, H. 16, (Arbeitsberichte aus der Forschungsstation Bardai/Tibesti III, Feldarbeiten 1966/67), S. 105–116, Berlin

HAGEDORN, H. (1971): Untersuchungen über Relieftypen arider Räume an Beispielen aus dem Tibesti-Gebirge und seiner Umgebung
Zeitschrift für Geomorphologie, Suppl.-Bd 11, 220 S., Berlin

HAILS, J. R./HOYT, J. H. (1969): An appraisal of the evolution of the Lower Atlantic Coastal Plain of Georgia, U.S.A.
Institute of British Geographers. Transactions. No 46, S. 53–68, London

Handbuch der Westküste Afrikas, II. Teil (1964), hrsg. DHI-Hamburg, 491 S., Hamburg

HARD, G. (1973): Die Geographie. Eine wissenschaftstheoretische Einführung
Sammlung Göschen Bd 9001, 318 S., Berlin/New York

HARRISON, W./KRUMBEIN, W. C./WILSON, W. S. (1964): Sedimentation at an Inlet Entrance
Coastal Engineering Research Center, Technical Memoires, 8, 42 S., Washington, D.C.

HARTNACK, W. (1926): Die Küste Hinterpommerns
II. Beiheft zum 43./44. Jahrbuch der Geographischen Gesellschaft in Greifswald, 324 S., Greifswald

HERM, D. (1969): Marines Pliozän und Pleistozän in Nord- und Mittel-Chile unter besonderer Berücksichtigung der Entwicklung der Mollusken-Faunen
Zitteliana, 2, 159 S., München

HORMANN, K. (1964): Torrenten in Friaul und die Längsprofilentwicklung auf Schottern
Münchner Geographische Hefte, H. 26, 81 S., München

HUNT, L. M./GROVES, D. G. (hrsg) (1965): A Glossary of Ocean Science and Undersea Technology Terms, 173 S., Arlington, Va.

INGLE jr. J. C. (1966): The movement of beach sand
Developments in Sedimentology, vol. 5, 221 S., Amsterdam

JAEGER, F. (1965): Geographische Landschaften Südwestafrikas
Wissenschaftliche Forschung in Südwestafrika, 2. Folge, 251 S., Windhoek

JENNY, H. (1941): Factors of soil formation, 281 S., New York

JOHNSON, D. W. (1932): Rock fans of arid regions
American Journal of Science, 5th series, vol. 23, S. 389–416 (= Columbia University, Dept. Geology, Contributions, vol. 44, no 25), New York

KAISER, E. (1926): Die Diamantenwüste Südwestafrikas, 2 Bde, Berlin

KAUFMANN, W. (1963): Technische Hydro- und Aeromechanik, 3. Auflage, 417 S., Berlin

KAYSER, K. (1949): Ein Vergleich mit der Entwicklung der Großen Randstufe auf der Westseite Südafrikas
In: Obst, E./Kayser, K.: Die Große Randstufe auf der Ostseite Südafrikas und ihr Vorland, Geographische Gesellschaft zu Hannover, Sonderveröffentlichung III, S. 250–275, Hannover

KAYSER, K. (1970): Namib-Studien
Deutsche Geographische Forschung in der Welt von heute, Festschrift für E. Gentz, S. 181–192, Kiel

KAYSER, K. (1973): Beiträge zur Geomorphologie der Namib-Küstenwüste. Begleitworte zu einer Skizze ihrer geomorphologischen Landschaftseinheiten
Zeitschrift für Geomorphologie, Suppl.-Bd 17 (= Beiträge zur Klimageomorphologie), S. 156–167, Berlin

KING, C. A. M. (1959): Beaches and coasts, 403 S., London

KING, C. A. M. (1966): Techniques in geomorphology, 342 S., London

KORN, H./MARTIN, H. (1937): Die jüngere geologische und klimatische Geschichte Südwestafrikas
Zentralblatt für Mineralogie, Geologie, Paläontologie, Abt. B: Geologie, Paläontologie, Bd 11, S. 456–473, Stuttgart

KRUMBEIN, W. C. (1938): Korngrößeneinteilungen und statistische Analyse
Neues Jahrbuch für Mineralogie, Geologie, Paläontologie, Abhandlungen B. B., 73 A, S. 137–150, Stuttgart

KUBIENA, W. L. (1948): Entwicklungslehre des Bodens, 215 S., Wien

LAWSON, A. C. (1915): The epigene profiles of the desert
University of California Publications, Bulletin of the Department of Geology, vol. 9, no 3, S. 23–38, Berkeley

LESER, H. (1971): Landschaftsökologische Studien im Kalaharisandgebiet um Auob und Nossob (Östliches Südwestafrika)
Erdwissenschaftliche Forschung, Bd III, 243 S., Wiesbaden

LOGAN, R. F. (1960): The Central Namib Desert South West Africa
National Academy of Science – National Research Council, Washington, D. C., Publication no 758, 162 S., Washington, D. C.

LOUIS, H. (1957a): Rumpfflächenproblem, Erosionszyklus und Klimageomorphologie
Machatschek-Festschrift, Petermanns Geographische Mitteilungen, Erg.-H. 262, S. 9–26, Gotha

LOUIS, H. (1957b): Der Reliefsockel als Gestaltungsmerkmal des Abtragungsreliefs
Stuttgarter Geographische Studien, Bd 69 (Hermann-Lautensach-Festschrift), S. 65–70, Stuttgart

LOUIS, H. (1964): Über Rumpfflächen- und Talbildung in den wechselfeuchten Tropen besonders nach Studien in Tanganyika
Zeitschrift für Geomorphologie, NF Bd 8, Sonderheft zum 70. Geburtstag H. Mortensen, S. 43*–70*, Berlin

LOUIS, H. (1967): Reliefumkehr durch Rumpfflächenbildung in Tanganyika
Geografiska Annaler, ser. A., Physical Geography, vol. 49 A, S. 256–267, Stockholm

LOUIS, H. (1968): Allgemeine Geomorphologie
Lehrbuch der Allgemeinen Geographie, hrsg. Obst, E., Bd I, 3. Auflage, 522 S., Berlin

LOUIS, H. (1973): Fortschritte und Fragwürdigkeiten in neueren Arbeiten zur Analyse fluvialer Landformung besonders in den Tropen
Zeitschrift für Geomorphologie, NF Bd 17, S. 1–42, Berlin

LÜDERS, K. (1967): Kleines Küstenlexikon
Schriften der Wirtschaftswissenschaftlichen Gesellschaft zum Studium Niedersachsens, Reihe A, Forschungen zur Landes- und Volkskunde, I, Bd 82, 2. Auflage, 238 S., Göttingen/Hannover

MAARLEVELD, G. C. (1960): Über die pleistozänen Ablagerungen im Südlichen Afrika
Erdkunde, Bd XIV, S. 35–46, Bonn

MAINGUET, M. (1972): Le modelé des grès. Problèmes généraux
Etudes de Photo-Interprétation, IGN Paris, Tome I, S. 1–227, Tome II, S. 228–657, Paris

MARSAL, D. (1967): Statistische Methoden für Erdwissenschaftler, 152 S., Stuttgart

MARTIN, H. (1963): A suggested theory for the origin and a brief description of some gypsum deposits of South West Africa
Transactions and Proceedings of the Geological Society of South Africa, vol. LXVI, S. 345–351, Johannesburg

MASON, C. C./FOLK, R. L. (1958): Differentiation of beach, dune, and aeolian flat environments by size analysis, Mustang Island, Texas
Journal of Sedimentary Petrology, vol. 28, S. 211–226, Tulsa/Oklahoma

MAULL, O. (1958): Handbuch der Geomorphologie, 2. Auflage, 600 S., Wien

MEIGS, P. (1966): Geography of Coastal Deserts
Arid Zone Research, XXVIII, UNESCO Paris, 140 S., Paris

MENSCHING, H. (1968): Bergflußflächen und das System der Flächenbildung in den ariden Subtropen und Tropen
Geologische Rundschau, Bd 52, S. 62–82, Stuttgart

MENSCHING, H./GIESSNER, K./STUCKMANN, G. (1970): Sudan-Sahel-Sahara
Jahrbuch der Geographischen Gesellschaft zu Hannover 1969, 219 S., Hannover

MICHEL, P. (1967): Les dépôts du Quaternaire récent dans la basse vallée du Sénégal
Bulletin d' IFAN, Tome XXIX, sér. A., no 2, S. 853–860, Dakar

MICHEL, P. (1968): Genèse et évolution de la vallée du Sénégal, de Bakel à l'embouchure, Afrique Occidentale
Zeitschrift für Geomorphologie, NF Bd 12, S. 318–349, Berlin

MICHEL, P. (1969): Les grandes étapes de la morphogenèse dans les bassins des fleuves Sénégal et Gambie pendant le Quaternaire
Bulletin d' IFAN, Tome XXXI, sér. A., no 2, S. 293–324, Dakar

MILLER, R. L./ZEIGLER, J. M. (1958): A model relating dynamics and sediment pattern in equilibrium in the region of shoaling waves, breaker zone, and foreshore
Journal of Geology, vol. 66, S. 417–441, Chicago

MILNE, G. (1935): Some suggested units of classification and mapping particularly for East African soils
Bodenkundliche Forschungen, IV, Nr. 3, S. 183–198, Berlin/Rom

NONN, H. (1972): Géographie des littoraux
Collection SUP, Le Géographe, no 9, 238 S., Paris

PASSARGE, S. (1912): Physiologische Morphologie
205 S. (= Sonderabdruck aus Mitteilungen der Geographischen Gesellschaft in Hamburg, Bd XXVI, H. 2), Hamburg

PASSARGE, S. (1926): Morphologie der Klimazonen oder Morphologie der Landschaftsgürtel?
Petermanns Geographische Mitteilungen, Jg 72, S. 173–175, Gotha

PENCK, A. (1894): Morphologie der Erdoberfläche. 2. Teil. Die Landoberfläche, 696 S., Stuttgart

POSER, H. (1950): Zur Rekonstruktion der spätglazialen Luftdruckverhältnisse in Mittel- und Westeuropa auf Grund der vorzeitlichen Binnendünen
Erdkunde, Bd IV, S. 81–88, Bonn

REICHELT, G. (1961): Über Schotterformen und Rundungsgradanalyse als Feldmethode
Petermanns Geographische Mitteilungen, Jg 105, S. 15–24, Gotha

REINECK, H.-E. (1963): Sedimentgefüge im Bereich der südlichen Nordsee
Abhandlungen der Senckenbergischen Naturforschenden Gesellschaft, 505, 138 S., Frankfurt/Main

RICHTHOFEN, F. von (1901): Führer für Forschungsreisende. Anleitung zu Beobachtungen über Gegenstände der physischen Geographie und Geologie
Neudruck der Auflage von 1886, 734 S., Hannover

ROGNON, P. (1967): Le Massif de l'Atakor et ses Bordures (Sahara Central). Etude géomorphologique
Centre de Recherches sur les Zones Arides, sér. Géologie, no 9, Paris (CNRS), 559 S., Paris

ROHDENBURG, H. (1968): Zur Deutung der quartären Taleintiefung in Mitteleuropa
Die Erde, Jg 99, S. 297–304, Berlin

ROHDENBURG, H. (1970): Morphodynamische Aktivitäts- und Stabilitätszeiten statt Pluvial- und Interpluvialzeiten
Eiszeitalter und Gegenwart, Bd 21, S. 81–96, Öhringen/Württ.

ROHDENBURG, H. (1971): Einführung in die klimagenetische Geomorphologie anhand eines Systems von Modellvorstellungen am Beispiel des fluvialen Abtragungsreliefs
2. Auflage, 350 S., Gießen

ROHDENBURG, H./SABELBERG, U. (1969): „Kalkkrusten" und ihr klimatischer Aussagewert – Neue Beobachtungen aus Spanien und Nordafrika
Göttinger Bodenkundliche Berichte, 7, S. 3–26, Göttingen

RUSSELL, R. J. (1962): Origin of beach rock
Zeitschrift für Geomorphologie, NF Bd 6, S. 1–17, Berlin

RUST, U. (1970): Beiträge zum Problem der Inselberglandschaften aus dem Mittleren Südwestafrika
Hamburger Geographische Studien, H. 23, 278 S., Hamburg

RUST, U. (1971): Canyontypus des fluvialen Abtragungsreliefs (unveröff. Manuskript), 11 S., München

RUST, U./WIENEKE, F. (1973a): Grundzüge der quartären Reliefentwicklung der Zentralen Namib, Südwestafrika (Erste ausgewählte Ergebnisse einer Forschungsreise 1972)
Journal der SWA Wissenschaftlichen Gesellschaft, vol. XXVII, S. 5–30, Windhoek

RUST, U./WIENEKE, F. (1973b): Die Rundungsgradanalyse nach Reichelt als Feldmethode in Trockengebieten
Petermanns Geographische Mitteilungen, Jg 117, S. 118–123, Gotha

RUST, U./WIENEKE, F. (1974): Studies on the gramadulla formation in the middle part of the Kuiseb river, South West Africa
Madoqua II, vol. 3, nos. 69–73, S. 5–15, Windhoek

SCHEIDEGGER, A. E. (1970): Theoretical Geomorphology, 2. Auflage, 435 S., Berlin

SCHLICHTING, E./BLUME, H. P. (1966): Bodenkundliches Praktikum, 209 S., Hamburg/Berlin

SCHOLZ, H. (1963): Studien über die Bodenbildung zwischen Rehoboth und Walvis Bay
Diss. Landwirtschaftliche Fakultät, Bonn 1963, 184 S., Bonn

SCHOLZ, H. (1968a): Die Böden der Namib/Südwestafrika
Zeitschrift für Pflanzenernährung und Bodenkunde, Bd 119, S. 91–107, Weinheim/Bergstr.

SCHOLZ, H. (1968b): Die Böden der Halbwüste Südwestafrikas
Zeitschrift für Pflanzenernährung und Bodenkunde, Bd 120, S. 105–117, Weinheim/Bergstr.

SCHOLZ, H. (1968c): Die Böden der trockenen Savanne Südwestafrikas
   Zeitschrift für Pflanzenernährung und Bodenkunde, Bd 120, S. 118–130, Weinheim/Bergstr.

SEGOTA, T. (1973): Radiocarbon Measurements and the Holocene and Late Würm Sealevel Rise
   Eiszeitalter und Gegenwart, Bd 23/24, S. 107–115, Öhringen/Württ.

SHEPARD, F. P. (1961): Sea level rise during the past 20,000 years
   Zeitschrift für Geomorphologie, Suppl.-Bd 3, S. 30–35, Berlin

SHEPARD, F. P. (1963): Submarine Geology, 2. Auflage, 557 S., New York

SHEPARD, F. P./CURRAY, J. R. (1967): Carbon-14 determination of sea level changes in stable areas
   Progress in Oceanography (ed. M. Sears), vol. 4, S. 238–291, Oxford

SHEPARD, F. P./YOUNG, R. (1961): Distinguishing between beach and dune sand
   Journal of Sedimentary Petrology, vol. 31, S. 196–214, Tulsa/Oklahoma

SINDOWSKI, K.-H. (1957/58): Die synoptische Methode des Kornkurven-Vergleiches zur Ausdeutung fossiler Sedimentationsräume
   Geologisches Jahrbuch, 73, S. 235–275, Hannover

SPREITZER, H. (1965): Beobachtungen zur Geomorphologie der Zentralen Namib und ihrer Randgebiete
   Sonderveröffentlichung der SWA Wissenschaftlichen Gesellschaft, Nr. 4, 34 S., Windhoek

STEARNS, Ch. E./THURBER, D. L. (1967): Th^{230}/U^{234} dates of Late Pleistocene marine fossils from the Mediterranean and Moroccan Litorals
   Progress in Oceanography (ed. M. Sears), vol. 4, S. 293–305, Oxford

STENGEL, H. W. (1964): Die Riviere der Namib und ihr Zulauf zum Atlantik. Teil I. Kuiseb und Swakop
   Scientific Papers of the Namib Desert Research Station, no 22, 50 S., Pretoria

STENGEL, H. W. (1966): The Rivers of the Namib and their Discharge into the Atlantic. Part II. Omaruru and Ugab
   Scientific Papers of the Namib Desert Research Station, no 30, 35 S., Pretoria

STENGEL, H. W. (1970): Tsondab, Tsams en Tsauchab. Die Riviere van die Namib met hulle toelope na die Atlantiese Oseaan, (unveröff. Manuskript), 120 S., Windhoek

STRAHLER, A. N. (1965): Introduction to physical geography, 455 S., New York

TRICART, J. (1961): Notice explicative de la Carte Géomorphologique du delta du Sénégal
   Mémoires du BRGM, no 8, 137 S., Paris

TROLL, C./PAFFEN, K. H. (1964): Karte der Jahreszeitenklimate der Erde
   Erdkunde, Bd XVIII, S. 5–28, Bonn

WALTER, H./LIETH, H. (1960): Klimadiagramm-Weltatlas, Gotha

WEISCHET, W. (1970): Diskussionsbemerkung zum Vortrag Mensching
   Tagungsbericht und wissenschaftliche Abhandlungen, Deutscher Geographentag Kiel 1969, S. 570, Wiesbaden

WIENEKE, F. (1971): Kurzfristige Umgestaltungen an der Alentejoküste nördlich Sines am Beispiel der Lagoa de Melides, Portugal (Schwallbedingter Transport an der Küste)
   Münchener Geographische Abhandlungen, Bd 3, 151 S., München

WIENEKE, F./RUST, U. (1972): Das Satellitenbild als Hilfsmittel zur Formulierung geomorphologischer Arbeitshypothesen (Beispiel: Zentrale Namib, Südwestafrika)
   Wissenschaftliche Forschung in Südwestafrika, 11. Folge, 16 S., Windhoek

WIENEKE, F./RUST, U. (1973a): Klimageomorphologische Phasen in der Zentralen Namib (Südwestafrika)
   Mitteilungen der Geographischen Gesellschaft in München, Bd 58, S. 79–96, München

WIENEKE, F./RUST, U. (1973b): Variations du niveau marin et phases morphoclimatiques dans le désert du Namib Central, Afrique du Sud-Ouest
   Finisterra, vol. VIII, no 15, S. 48–65, Lissabon

WISSMANN, H. von (1951): Über seitliche Erosion
  Colloquium Geographicum, Bd 1, 71 S., Bonn

ZIEGERT, H. (1967): Zur Pleistozän-Gliederung in Nordafrika
  Afrika Spectrum, 3/67, „Die Sahara", S. 5–24, Hamburg

ZIMMERMANN, K. (1964): Über die Stellung der Mikromorphologie im Rahmen der Bodenkunde
  In: Soil Micromorphology, ed. Jongerius, A., S. 505–524, Amsterdam/London/New York

8. Zusammenfassungen

8.1. Zusammenfassung

Auf der Grundlage der cap. 2. und 3. entwickelten küstengeomorphologischen und klimageomorphologischen Grundvorstellungen sind aus den cap. 4. präsentierten Gelände- und Laborbefunden die cap. 5. und 6. explizierten Ergebnisse gefolgert worden.

Wir haben die Genese des Reliefs der küstennahen Zentralen Namib von der rezenten Phase a ausgehend in zwei kategorial verschiedene und (vordergründig) unabhängige Zeitreihen auflösen können, in eine Reihe der Änderungen der Positionen ($\lambda/\varphi/h$) des Litorals (Meeresspiegeländerungen) und in eine Reihe klimageomorphologischer Phasen. Beide Zeitreihen konnten miteinander verknüpft werden (Phasen 1 – a).

An mehreren Lokalitäten der Küste der Zentralen Namib konnten zwei Meereshochstände (17 m-Hochstand, Phase i; 2 m-Hochstand, Phase e) sowie ein jüngerer Tiefstand (Tiefstand von Vineta, Phase b) direkt und ein weiterer Tiefstand (Phase g) indirekt nachgewiesen werden. Das Litoral des i-zeitlichen Hochstandes ist zumeist nur in Resten, bei Rooikop jedoch auf drei Kilometer Horizontaldistanz von ca. 17 m ü STL auf 40 m ü STL ansteigend erhalten. ^{14}C-Datierungen von Muschelproben dieser Lokalität ergaben Maximalalter > 30 000 BP. Das Litoral des e-zeitlichen Hochstandes ist an mehreren Lokalitäten als Brandungsriff vor älterem fluvialen Relief bzw. vor einem gleichalten Kliff erhalten. ^{14}C-Datierungen ergaben 25 250 ± 1150 BP bzw. 27 100 ± 1050 BP. Der jüngere Tiefstand von Vineta ist durch fossilen beach rock dokumentiert.

In der küstennahen Zentralen Namib sind 11 klimageomorphologische Phasen als Zeitabschnitte der Dauer eines geomorphologischen Milieus faßbar (1 – a). Mindestens der Zeitraum dieser Phasenabfolge ist durch den mehrfachen Wechsel dreier geomorphologischer Milieus gekennzeichnet: Feucht-Aktivität, Trocken-Stabilität und Trocken-Aktivität. Innerhalb einzelner Phasen ist eine Regionalisierung des Untersuchungsgebietes in Teilräume unterschiedlichen geomorphologischen Milieus möglich. Aus dem Wechsel der geomorphologischen Milieus sind drei das Relief der küstennahen Zentralen Namib konstituierende Relieftypen ableitbar: tumasisches Relief, Gramadullarelief, Tsondabisierungsrelief. Über die festgestellte Phasenabfolge weiter zurückreichend sind Formen, Sedimentkörper und Krusten am Kuisebmittellauf und mehrere Meter mächtige mehrphasige Gipskrusten am mittleren Tumas ausgebildet worden. Die Treppe fluvialer Terrassen am Swakopunterlauf konnte mit den marinen Hochständen an der Swakopmündung verknüpft und in die Abfolge klimageomorphologischer Phasen eingepaßt werden.

Die bisher als marin-eustatische Terrasse interpretierte Fläche, auf der der Ort Swakopmund angelegt ist, konnte somit als g-zeitliches Delta des Flusses eindeutig erklärt werden.

Aufgrund des Nachweises der Abfolge klimageomorphologischer Phasen an mehreren Lokalitäten war es möglich, den zeitlichen und räumlichen Wechsel der geomorphologischen Milieus zu erfassen, der zur heutigen räumlichen Verteilung der Relieftypen des Untersuchungsgebietes führte.

Die Verknüpfung der beiden Zeitreihen der Meeresspiegeländerungen und der klimageomorphologischen Phasen zeigte eine für die Küste der Zentralen Namib geltende Parallelität zwischen Meereshochständen und trocken-stabilem/trocken-aktivem Milieu einerseits und Meerestiefständen und feucht-aktivem Milieu andererseits, die der für die westliche Sahara bekannten Regelhaftigkeit genau entgegen verläuft. Die Verknüpfung der Zeitreihen ergab weiterhin, daß für einige Lokalitäten eine küstengeomorphologische Dreiphasigkeit (Transgression, Hochstand, Regression) einer einzigen klimageomorphologischen Phase korrelierbar ist und daß der Swakop im Unterlauf zweimal mit einsetzender Regression partiell tsondabisiert wurde.

Die raum-zeitliche (und damit auch die aktuelle) Differenzierung der Küstenformentypen wird gefaßt. Sie resultiert aus dem Einwirken in Art und Intensität stets vergleichbarer marin-litoraler Prozesse in zeitabhängig unterschiedlicher Höhenlage auf ein raum-zeitlich differenziertes terrestrisches Relief. Den drei das

Relief der Zentralen Namib konstituierenden Relieftypen entsprechen unterschiedliche Typen der Küstenformen: die Brandungsriffküste dem tumasischen Relief, die Flußmündungsküste dem Gramadullarelief und die Dünenkliff/Nehrungs-Küste dem Tsondabisierungsrelief.

8.2. Summary: Geomorphology of Coastal Namib Desert and its hinterlands (South West Africa)

Chapters 2. and 3. we present the theoretical framework concerning our coastal geomorphological and climatic geomorphological investigations. Based hereon we give the results of our field and laboratory work in chapter 4., and deduce chapters 5. and 6. the following conclusions.

We succeeded to describe the land form evolution of the coastal parts of Central Namib Desert starting with the recent stage a in terms of two categorially different and (apparently not) independent sequences: one sequence of sea level changes and another sequence of climatic geomorphic stages. Both sequences can be linked together (stages 1 – a, s. fig. 6.1.).

Two high stands of the sea level (17 m-high stand, stage i; 2 m-high stand, stage e) could be proved directly at several sites. Furthermore we found a younger low stand of the sea level (low stand of Vineta, stage b) and could deduce a second low stand (stage g). At most sites only remnants of the litoral of the high stand of stage i are conserved, on the contrary at Rooikop this litoral is represented by a slope ascending continually from about 17 m above STL to 40 m above STL, covering a distance of 2 miles. Mollusc shells from this site gave radiocarbon ages of more than 30,000 BP. The litoral of stage e is conserved at several sites by a breaker zone bar opposite to an older fluvial relief respectively connected with a cliff from the same period. Radiocarbon ages are 25250 ± 1150 BP and 27100 ± 1050 BP. At Vineta a deposit of fossil beach rock represents the younger low stand of stage b.

The chronology of the terrestrial land form evolution of our research area can be described by a sequence of 11 climatic geomorphic stages (1 – a), i. e. periods of one geomorphic environment. At least the period of this sequence is characterized by constant changes of three geomorphic environments: humid activity, arid stability, and arid activity. During several of these stages our research area can be subregionalized due to different geomorphic environments. Certain successions of geomorphic environments produced certain relief types: tumasic relief, gramadulla relief, relief of tsondabization. Land forms, sediment deposits, and crusts at the middle part of the Kuiseb river and multistadial gypsum crusts at the middle part of the Tumas river result from even earlier stages. At lower Swakop river we were able to connect the sequence of fluvial terraces with the two marine high stands and to correlate them with the sequence of climatic geomorphic stages.

The town of Swakopmund is situated on a delta of the Swakop river from stage g, which has been explained until now as a marine eustatic terrace.

The elaboration of the sequence of climatic geomorphic stages at several sites enabled us to explain the actual pattern of relief types as the result of spatial and temporal changes of the geomorphic environments.

Connecting the sequences of sea level changes and of climatic geomorphic stages we discovered the coincidence between high stands of the sea level and arid stable or arid active geomorphic environment and between low stands of the sea level and humid active geomorphic environment. This coincidence is contradictory e. g. to the well-known relations between sea level changes and changes of „climate" in the western Sahara. Connecting these two sequences we found furthermore that at several sites the marine eustatic stages of transgression, high stand, and regression correspond to only one climatic geomorphic stage, and that lower Swakop river was tsondabized partially two times with the beginning of the regressions.

Finally we were able to interpret the spatial and temporal differentiation of coastal relief types as the result of in mode and intensity always comparable marine litoral processes acting at different altitudes on a different terrestrial relief. Such the different types of coastal relief correspond to the different types of terrestrial relief: the breaker zone bar coast to the tumasic relief, the river mouth coast to the gramadulla relief, and the dune cliff and spit coast to the relief of tsondabization.

8.3. Résumé: Géomorphologie de la région côtière du désert du Namib Central (Afrique du Sud-Ouest)

Dans les chapitres 2. et 3. nous présentons les bases théoriques de nos recherches en géomorphologie littorale et en géomorphologie climatique. Le chapitre 4. donne les résultats de nos travaux sur le terrain et de nos analyses au laboratoire. Les résultats régionaux et généraux ont été déduits et expliqués dans les chapitres 5. et 6.

Nous avons réussi de décrire la morphogenèse de la région côtière du désert du Namib Central en commençant par le stade actuel a par deux successions de stades catégorialement differentes et (à première vue) indépendantes, voire une succession de variations du niveau marin et une succession de stades morphoclimatiques.

Nous avons pu prouver directement deux niveaux marins élevés (niveau de 17 m, stade i; niveau de 2 m, stade e) en plusieurs localités. De plus nous avons trouvé un bas niveau marin à Vineta (stade b) et nous avons pu déduire l'existence d'un second bas niveau (stade g). En général le littoral du haut niveau marin du stade i n'a été conservé qu'en restes, mais au contraire il est représenté à Rooikop par une pente qui continue à ascendre d'environs 17 m STL à 40 m STL sur 3 km de distance. Des coquilles trouvées à cette localité ont été datées au carbone 14 donnant un âge de plus de 30 000 ans BP. Le littoral du haut niveau marin du stade e est conservé en plusieurs endroits par un récif de déferlement surimposé sur un relief fluvial plus ancien ou situé devant une falaise du même stade. Des échantillons datées au carbone 14 donnaient des âges de 25 250 ± 1150 ans BP et de 27 100 ± 1050 ans BP. Le bas niveau marin de Vineta est documenté par un grès de plage fossil.

La géochronologie de la morphogenèse terrestre de la région côtière du désert du Namib Central peut être décrit par la succession de 11 stades morphoclimatiques (1 – a) qui sont des périodes d'un milieu géomorphologique. Il y avait trois milieus géomorphologiques (activité humide, stabilité aride, activité aride) qui ont alterné au moins pendant ces 11 stades. Il y avait des stades pendant lesquels la région de nos recherches a été régionalisée selon des milieus géomorphologiques différents. Des successions différentes des milieus géomorphologiques ont produit des types du relief différent (relief tumasique, relief à gramadullas, relief de tsondabisation). Des formes du relief, des sédiments et des croûtes étudiés dans la région du Kuiseb central et des croûtes gypseuses polystadiales du Tumas central représentent des stades morphogénétiques encore plus anciens. Il nous était possible de connecter les terrasses fluviales du Swakop inférieur avec les hauts niveaux marins et de corréler leur évolution avec la succession des stades morphoclimatiques.

La ville de Swakopmund est située sur un delta ancien (stade g) du fleuve qui a été expliqué toujours comme terrasse marin-eustatique.

L'élaboration de la succession des stades morphoclimatiques en plusieurs localités nous a donné la possibilité de décrire la répartition actuelle des types du relief par des changements régionaux et temporels des milieus géomorphologiques.

La connection des stades marin-eustatiques et des stades morphoclimatiques démontre pour le Namib Central une corrélation des hauts niveaux marins avec les milieus géomorphologiques de stabilité aride et d'activité aride d'une côté et des bas niveaux marins avec le milieu d'activité humide d'autre côté. Ce parallélisme est au contraire des relations entre niveaux marins et évolution «climatique» qu'on connait du Sahara Occidental. De plus on a pu démontrer que les trois stades marin-eustatiques conséquents de transgression, haut niveau et régression ne peuvent être corrélés qu'avec un seul stade morphoclimatique et que le Swakop inférieur a été tsondabisé partiellement deux fois pendant les régressions.

La différentiation régionale et temporelle (l'actuelle aussi) des types du relief côtier résulte de l'action des processus marin-littoraux toujours comparables en qualité et intensité, mais situés en positions altimétriques différentes, sur des reliefs terrestres différents. Ainsi les types du relief terrestre correspondent à des types du relief côtier différents. Le relief tumasique à la côte au récif de déferlement, le relief à gramadullas à la côte d'embouchures et le relief de tsondabisation à la côte de falaises dunaires et cordons littoraux correspondants.

8.4. Резюме: Геоморфология прибрежной части пустыни Центральная Намиб /Югозападная Африка/

На основе развитых в главах 2 и 3 основных прибрежно-геоморфологических и климатично-геоморфологических представлений мы из предложенных в главе 4 данных осмотра местности и результатов лабораторного испытания заключили изложенные в главах 5 и 6 выводы.

Нам удалось разделить генезис рельефа прибрежной части пустыни Центральная Намиб, начиная с теперешней фазы "a", в два категориально различные и – казалось бы – независимые временные ряда: в ряд изменений позиций ($\lambda/\varphi/h$) литорали /изменения уровня моря/ и в ряд климатично-геоморфологических фаз. Эти два ряда можно связать друг с другом /фазы i-a/.

На многих местах побережья пустыни удалось прямо доказать два высоких уровня моря /уровень 17 м, фаза "i"; уровень 2 м, фаза "e"/ как и низкое стояние младшего времени /низкое стояние в местности Винета, фаза "b"/ и непрямо доказать дальнейшее низкое стояние /фаза g/. Литораль высокого стояния фазы "i" почаще сохранена лишь в остатках, однако у местности Ройкоп она сохранена на трех км в горизонтальном направлении, начиная от приблизительно 17 м границы штормового нагона /ГШН/ и поднимаясь до 40 м ГШН. Датированием ^{14}C проб раковин из этой местности установили, что они здесь находятся максимально >30 000 лет BP / BP = before present, т.е. перед 1950 г./. Литораль высокого стояния фазы "e" сохранена на многих местах в форме прибойного рифа перед старшим речным рельефом или перед крутым берегом одинаковой длительности существования. Датированием проб методом ^{14}C установлено, что они существуют 25 250 ± 1 150 лет BP и 27 100 ± 1 050 лет BP.

Низкое стояние младшего времени доказывается окаменелым "бич роком" /бич рок – beach rock = упрочненные известковой коркой прибрежные осадки/.

В прибрежной части пустыни можно установить II климатично-геоморфологических фаз как отрезки времени продолжительности отдельной геоморфологической среды /i – a/. По крайней мере период этого порядка фаз характеризуется многократным чередованием трех геоморфологических сред: влажная активность, сухая стабильность и сухая активность. Внутри отдельных фаз область исследования можно регионализировать в подобласти с различной геоморфологической средой. Из чередования геоморфологических сред выводимы три рельефные типа, создающие рельеф прибережной пустыни: рельеф по типу реки Тумас, рельеф по типу грамадул, рельеф по типу реки Цондаб. Раньше. т.е. перед установленным порядком фаз, образовались формы, осадочные тела и корки на среднем участке реки Квизеб и несколько метров мощные, многослойные гипсовые корки на среднем участке реки Тумас. Удалось связать лестницу речных террас на нижнем участке реки Свакоп с высокими стояниями моря при устье реки Свакоп и включить ее в порядок климатично-геоморфологических фаз.

Площадь, на которой располагается городок Свакопмунд и которую до сих пор определяли как морско-эвстатическую террасу, удалось таким образом определить однозначно как g-фазную дельту реки Свакоп.

На основе доказательства порядка климатично-геоморфологических фаз на многих местах показалось возможным охватить временное и местное чередования геоморфологических сред, ведущие к теперешнему местному распределению рельефных типов в области исследования.

Соединение временных рядов изменений стояния моря и климатичногеоморфологических фаз показало действующую в пустыне Центральная Намиб параллельность между высокими стояниями моря и сухо-стабильной/сухо-активной средой с одной стороны и между низкими стояниями моря и влажно-активной средой с другой стороны. Эта параллельность проходит совсем наоборот по сравнению с известной регулярностью в западной части пустыни Сахара. Связание временных рядов показало дальше, что для некоторых мест возможна корреляция прибрежно-геоморфологической трехфазности/трансгрессия, высокое стояние, регрессия/ одной единственной климатично-геоморфологической фазы и что на нижнем участке реки Свакоп проходила два раза частичная "цондабизация" в связи с проходящей регрессией.

Местная и временная /и таким образом и актуальная/ дифференциация типов формы побережья стала понятной. Она получается из влияния всегда сравнительных в виде и интенсивности морско-литоральных процессов в различной высоте, зависимой от времени, на местно и временно дифференцированный рельеф. Трем рельефным типам, создающим рельеф пустыни Центральная Намиб соответствуют различные типы форм побережья: прибойный риф соответствует тумазному рельефу, побережье устья реки - рельефу грамадул и крутой берег дюн /берег, образованный косами/ - рельефу "цондабизации.

MÜNCHENER GEOGRAPHISCHE ABHANDLUNGEN
Institut für Geographie der Universität München
Fachbereich Geowissenschaften
8 München 2, Luisenstraße 37
Herausgeber: Prof. Dr. H. G. Gierloff-Emden   Prof. Dr. F. Wilhelm

Band 1	Das Geographische Institut der Universität München, Fakultät für Geowissenschaften, in Forschung, Lehre und Organisation. 1972, 101 S., 3 Abb., 13 Fotos, 1 Luftb., DM 10,–	ISBN 3 920397 60 6
Band 2	KREMLING, Helmut: Die Beziehungsgrundlage in thematischen Karten in ihrem Verhältnis zum Kartengegenstand. 1970, 128 S., 7 Abb., 32 Tab., DM 18,–	ISBN 3 920397 61 4
Band 3	WIENEKE, Friedrich: Kurzfristige Umgestaltungen an der Alentejoküste nördlich Sines am Beispiel der Lagoa de Melides, Portugal (Schwallbedingter Transport an der Küste). 1971, 151 S., 34 Abb., 15 Fotos, 3 Luftb., 10 Tab., DM 18,–	ISBN 3 920397 62 2
Band 4	PONGRATZ, Erica: Historische Bauwerke als Indikatoren für küstenmorphologische Veränderungen (Abrasion und Meeresspiegelschwankungen in Latium). 1972, 144 S., 56 Abb., 59 Fotos, 8 Luftb., 4 Tab., 16 Karten, DM 24,–	ISBN 3 920397 63 0
Band 5	GIERLOFF-EMDEN, Hans Günter und RUST, Uwe: Verwertbarkeit von Satellitenbildern für geomorphologische Kartierungen in Trockenräumen (Chihuahua, New Mexico, Baja California) – Bildinformation und Geländetest. 1971, 97 S., 9 Abb., 17 Fotos, 2 Satellitenb., 5 Tab., 6 Karten, DM 10,–	ISBN 3 920397 64 9
Band 6	VORNDRAN, Gerhard: Kryopedologische Untersuchungen mit Hilfe von Bodentemperaturmessungen (an einem zonalen Strukturbodenvorkommen in der Silvrettagruppe). 1972, 70 S., 15 Abb., 5 Fotos, 12 Tab., DM 10,–	ISBN 3 920397 65 7
Band 7	WIECZOREK, Ulrich: Der Einsatz von Äquidensiten in der Luftbildinterpretation und bei der quantitativen Analyse von Texturen. 1972, 195 S., 20 Abb., 27 Tafeln, 10 Tab., 2 Karten, 50 Diagr., DM 42,–	ISBN 3 920397 66 5
Band 8	MAHNCKE, Karl-Joachim: Methodische Untersuchungen zur Kartierung von Brandrodungsflächen im Regenwaldgebiet von Liberia mit Hilfe von Luftbildern. 1973, 73 S., 13 Abb., 7 Fotos, 1 Luftb., 1 Karte, DM 15,–	ISBN 3 920397 67 3
Band 9	Arbeiten zur Geographie der Meere. Hans Günter Gierloff-Emden zum 50. Geburtstag. 1973, 84 S., 27 Abb., 20 Fotos, 3 Luftb., 7 Tab., 3 Karten, DM 25,–	ISBN 3 920397 68 1
Band 10	HERRMANN, Andreas: Entwicklung der winterlichen Schneedecke in einem nordalpinen Niederschlagsgebiet. Schneedeckenparameter in Abhängigkeit von Höhe üNN, Exposition und Vegetation im Hirschbachtal bei Lenggries im Winter 1970/71. 1973, 84 S., 23 Abb., 18 Tab., DM 18,–	ISBN 3 920397 69 X

UWE RUST und FRIEDRICH WIENEKE

Geomorphologie der küstennahen Zentralen Namib (Südwestafrika)

II. Appendices

Band 19

Münchener Geographische Abhandlungen

1976

Gesamthochschulbibliothek
- Siegen -

Standort: S 41
Signatur: MSBN 1007
Akz.-Nr.: 77/18694
Id.-Nr.: A772407828

Appendix zu cap. 1.

Abb. 1.1.
Tab. 1.1. − 1.3.

Abb. 1.1. Das Untersuchungsgebiet im Satellitenbild
NASA-Photo: 65-2652, SCI-1195, Gemini V
Aufgenommen von: G. Cooper und C. P. Conrad
Datum: 27. 8. 1965   Kamera: Hasselblad 500 C
Objektiv: Zeiss-Planar 80 mm
Film: Kodak SO 217 (Ektachrome MS)
Aufnahmehöhe: etwa 330 km   Aufnahmeachse: annähernd senkrecht
Erfaßtes Gebiet: etwa 40 000 qkm
(nach BODECHTEL/GIERLOFF-EMDEN 1969, S. 101)

Fig. 1.1. Satellite photograph of the research area

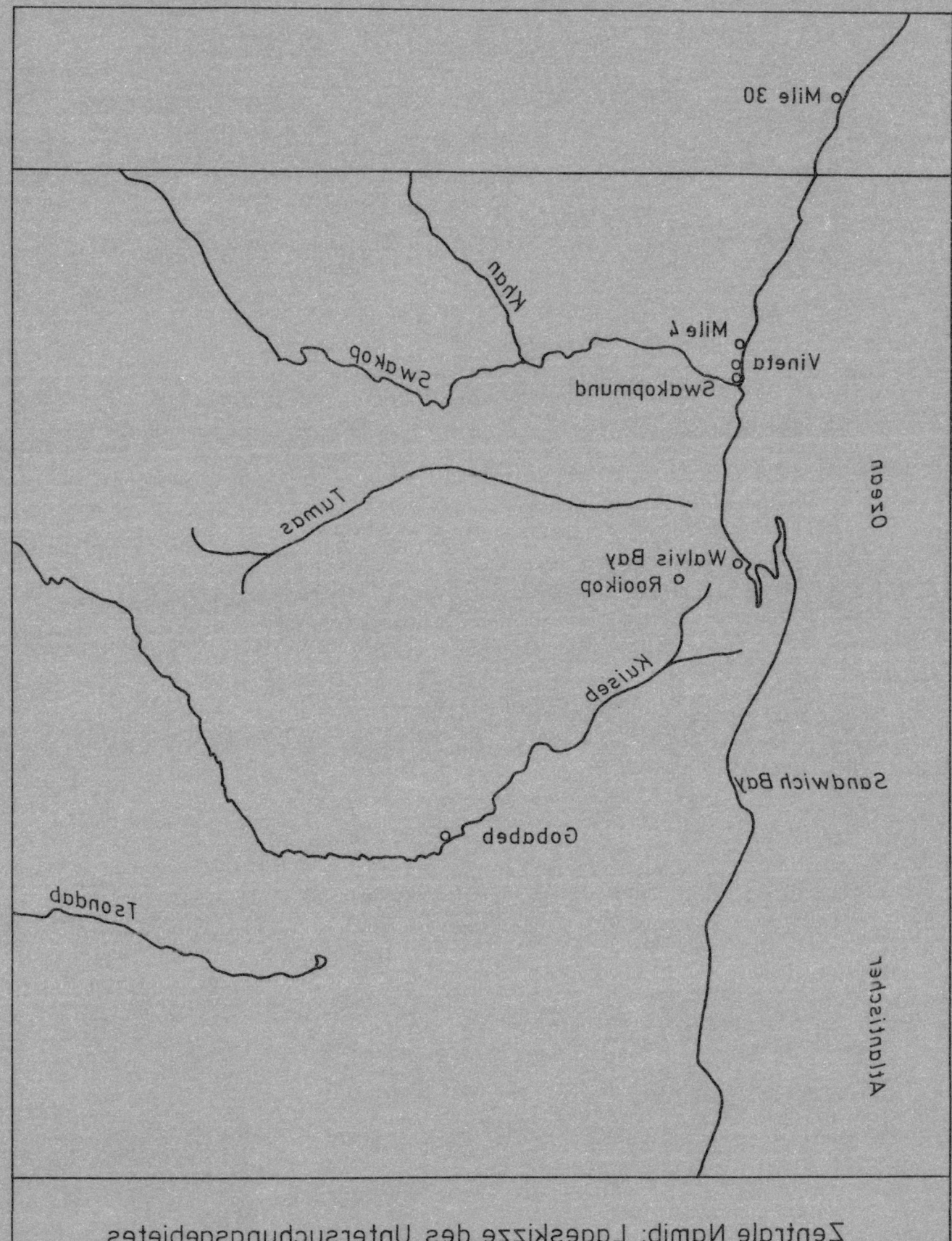

Zentrale Namib: Lageskizze des Untersuchungsgebietes

Zentrale Namib: Lageskizze des Untersuchungsgebietes

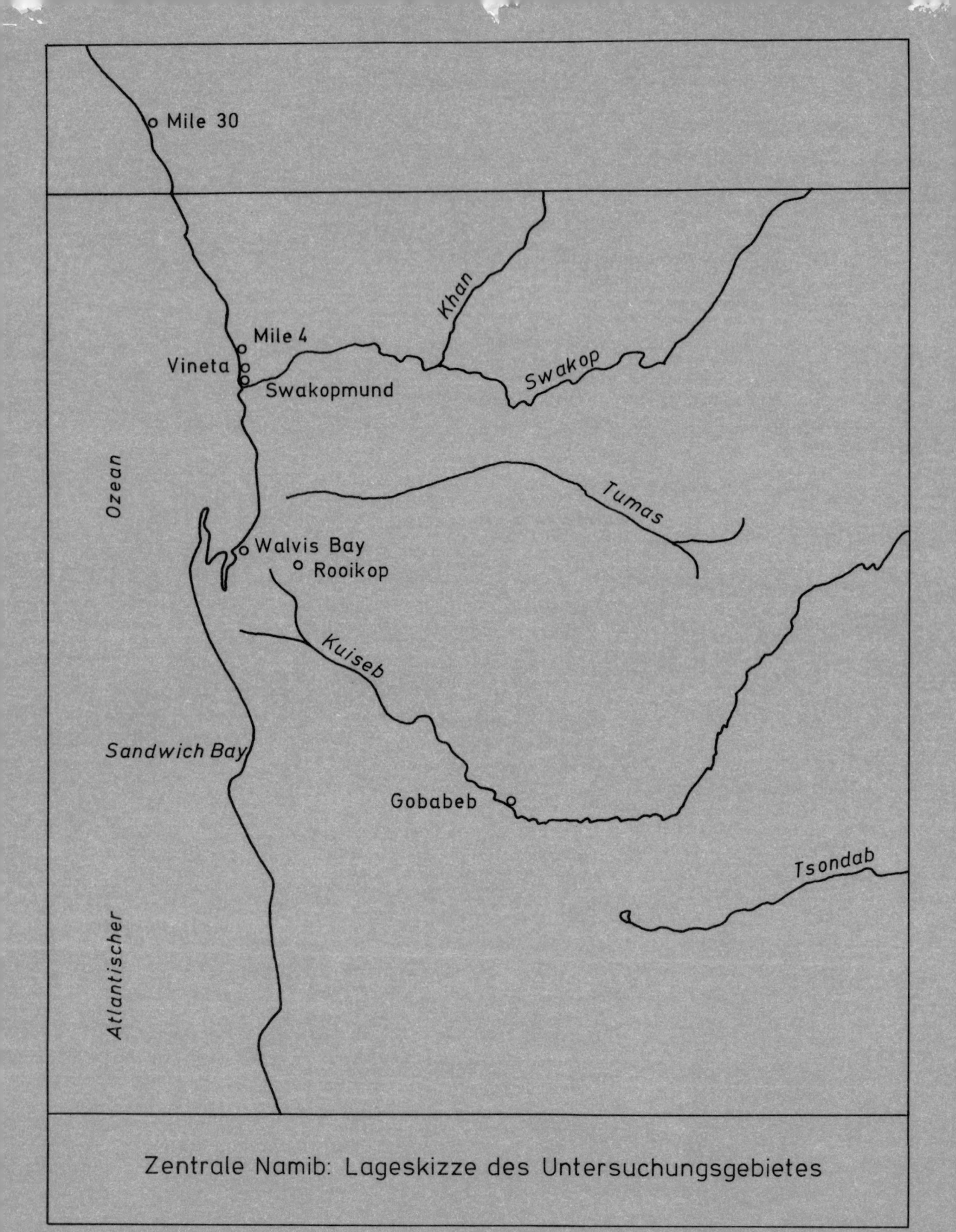

Tab. 1.1. Zusammenstellung der Abbildungen, Tabellen und Photos zum Beleg der geomorphologischen Milieus und Meeresspiegelstände der Küste der Zentralen Namib

Table 1.1. Figures, tables, and photographs documenting the geomorphic environments and sea levels of coastal Central Namib Desert

	Prä-l-Phasen
Mile 30	
Mile 4/Vineta	
Swakop	Abb. 4.12., 4.13., 4.14., 4.36., Tab. 4.8., Photo 4.8.
Tumasvley	
Rooikop	
Kuisebdelta	
	Phase l
Mile 30	
Mile 4/Vineta	
Swakop	Abb. 4.13., 4.14., Photo 4.8.
Tumasvley	
Rooikop	Abb. 4.16., 4.17., 4.34., Tab. 4.6.
Kuisebdelta	
	Phase k
Mile 30	
Mile 4/Vineta	
Swakop	Abb. 4.12., 4.13., 4.14., Photo 4.8.
Tumasvley	Abb. 4.33., Tab. 4.4.
Rooikop	Abb. 4.16., 4.17., 4.34., Tab. 4.6., 4.7.
Kuisebdelta	
	Phase i
Mile 30	Abb. 4.1., 4.2., 4.3., 4.4., 4.5., 4.21., 4.35., Tab. 4.1., 4.8., Photo 4.2., 4.3.
Mile 4/Vineta	Abb. 4.9., 4.10., 4.27., Tab. 4.2.
Swakop	Abb. 4.12., 4.13., 4.14., 4.29., 4.36., Tab. 4.3., 4.8., Photo 4.8.
Tumasvley	Abb. 4.15., 4.32., 4.37., Tab. 4.4., 4.8., Photo 3.3.
Rooikop	Abb. 4.16., 4.17., 4.34., 4.37., Tab. 4.6., 4.8., Photo 4.11., 4.12.
Kuisebdelta	
	Phase h
Mile 30	Abb. 4.1., 4.2., 4.3., 4.5., 4.21., Tab. 4.1., 4.7., Photo 4.2.
Mile 4/Vineta	Abb. 4.10., 4.27., Tab. 4.2.
Swakop	Abb. 4.12., 4.13., 4.14., Photo 4.8.
Tumasvley	
Rooikop	Abb. 4.16., 4.17., 4.34., Tab. 4.6., 4.7.
Kuisebdelta	
	Phase g
Mile 30	Abb. 4.1., 4.2., 4.3., 4.5., 4.21., 4.22., 4.24., Tab. 4.1., Photo 4.2.
Mile 4/Vineta	Abb. 4.10., 4.27., 4.35., Tab. 4.2., 4.8.
Swakop	Abb. 4.12., 4.13., 4.14., 4.29., 4.30., 4.31., 4.36., Tab. 4.3., 4.8., Photo 4.8.
Tumasvley	Abb. 4.15., 4.32., Tab. 4.4.
Rooikop	Abb. 4.17.
Kuisebdelta	
	Phase f
Mile 30	Abb. 4.8., 4.22., 4.23., Tab. 4.1., 4.7.
Mile 4/Vineta	Abb. 4.10., 4.27., Tab. 4.2., 4.7.
Swakop	Abb. 4.12.
Tumasvley	Abb. 4.15., Photo 3.3.
Rooikop	
Kuisebdelta	
	Phase e
Mile 30	Abb. 4.1., 4.2., 4.4., 4.6., 4.7., 4.8., 4.22., 4.23., Tab. 4.1., Photo 4.1., 4.2., 4.4.
Mile 4/Vineta	Abb. 4.9., 4.10., 4.11., 4.26., 4.28., 4.35., 4.40., Tab. 4.2., 4.8., Photo 4.5., 4.6., 4.7.
Swakop	Abb. 4.12., 4.31., Tab. 4.3.
Tumasvley	
Rooikop	
Kuisebdelta	

Fortsetzung Tab. 1.1.

	Phase d
Mile 30	Abb. 4.8., 4.22., 4.23., Tab. 4.1., 4.7.
Mile 4/Vineta	Abb. 4.10., 4.25., 4.40., Tab. 4.2.
Swakop	Abb. 4.12.
Tumasvley	
Rooikop	
Kuisebdelta	

	Phase c
Mile 30	Abb. 4.2., 4.6., 4.24., Tab. 4.1.
Mile 4/Vineta	Abb. 4.10., 4.25., 4.26., 4.35., 4.40., Tab. 4.2., 4.8., Photo 4.5.
Swakop	Abb. 4.12., 4.13., 4.14., Tab. 4.3.
Tumasvley	
Rooikop	
Kuisebdelta	

	Phase b
Mile 30	
Mile 4/Vineta	Abb. 4.9., 4.11., 4.28., Tab. 4.2., 4.7., Photo 4.7.
Swakop	
Tumasvley	
Rooikop	
Kuisebdelta	

	Phase a
Mile 30	Abb. 4.1., 4.2., 4.3., 4.4., 4.5., 4.6., 4.7., 4.8., 4.21., 4.23., Tab. 4.1., Photo 4.1., 4.2.
Mile 4/Vineta	Abb. 4.9., 4.10., 4.11., 4.25., 4.26., 4.28., Tab. 4.2., 4.7., Photo 4.7.
Swakop	Abb. 4.12., 4.13., 4.14., 4.30., 4.36., Tab. 4.3., 4.8., Photo 4.9., 4.10.
Tumasvley	Abb. 4.15., Photo 3.3.
Rooikop	
Kuisebdelta	Photo 6.4.

Tab. 1.2. Zusammenfassung der Belege für die geomorphologischen Milieus und Meeresspiegelstände der Küste der Zentralen Namib in zeitlicher (Phasen) und räumlicher (Lokalitäten) Aufgliederung

Pr Profil, Probennummer
Niv Nivellement
Hv 14 C-Probennummer
R Rundungsgradanalyse
TR Terrasse
K Karte

Table 1.2. Temporal (stages) and regional (sites) classification of the documents of the geomorphic environments and sea levels of coastal Central Namib Desert

	Prä-1	l	k	i	h	g
Mile 30				Pr 49, 50 R 7, 8, 15 Niv Photo Muscheln u. Geröll	Pr 49, 50 Niv	Pr 44e, 47, 48, 51 Niv A – J K
Mile 4/Vineta				Pr 42 VI, VII Pr 42 V, IV, III Niv	Pr 42 II	Pr 42 I R 12 Niv
Swakop	R 24, 25, 26 TR I	TR II	TR III	Pr 69 R 29 TR III	TR III Lokasie-Zwi- schenfläche	Pr 55, 56, 58, 60 R 27, 28, 30 TR IV
Tumasvley			Pr 71 II, III Pr 72 II	Pr 71 I R 41 Niv		Pr 72 I Niv
Rooikop		Pr 68 III Pr 67 IV	Pr 68 III Pr 67 IV	Pr 67 I, II, III Pr 68 I R 23 Niv Hv 5229, 5230, 5231	Pr 67, 68	Niv II
Kuisebdelta						

	f	e	d	c	b	a
Mile 30	Pr 44, 45	Pr 33, 44, 45 Niv ABC, BE, GH, HJ Photo Fauna Photo Muschel- reg, K Hv 5959	Pr 44, 45	Pr 46 Niv		Pr 33 0, 52 I K
Mile 4/Vineta	Pr 42 Niv	Pr 32 VIII, IX Pr 40, 53 II R 16, 17 Hv 5957 Niv Vineta K	Pr 31 II–VI	Pr 31 I, 43 I Pr 43 II R 13, 14 K	Pr 53 III Niv Vineta Photo beach rock	Pr 31, 32 K, 32 S Pr 41, 43, 53 I Niv Vineta K
Swakop		Pr 57 TR V	TR V	Pr 59 TR VI		Pr 30, 55 B R 31, TR VII Photos
Tumasvley	Niv Photo					Niv Photo
Rooikop						
Kuisebdelta						Photo Barchane

Tab. 1.3. Kategorien der Beweisführung für die geomorphologischen Milieus und Meeresspiegelstände der Küste der Zentralen Namib in zeitlicher (Phasen) und räumlicher (Lokalitäten) Ordnung

Table 1.3. Categorial classification of the arguments for the geomorphic environments and sea levels of coastal Central Namib Desert in a temporal (stages) and regional (sites) order

	r	t	m	g	b	f*)	r	t	m	g	b	f*)	r	t	m	g	b	f*)
			Prä-l						l						k			
Mile 30																		
Mile 4/Vineta																		
Swakop	x	x	x				x	x					x	x				
Tumasvley																x		
Rooikop										x							x	
Kuisebdelta																		
			i						h						g			
Mile 30	x	x	x	x		x				x			x	x		x		
Mile 4/Vineta		x		x						x			x	x	x	x		
Swakop	x	x	x	x			x	x					x	x	x	x		
Tumasvley	x	x	x	x									x	x	x	x		
Rooikop	x	x	x	x		x				x			x	x				
Kuisebdelta																		
			f						e						d			
Mile 30				x			x	x		x	x						x	
Mile 4/Vineta			x				x	x	x	x	x						x	
Swakop							x	x		x			x	x				
Tumasvley	x	x																
Rooikop																		
Kuisebdelta																		
			c						b						a			
Mile 30	x	x		x									x	x		x	x	
Mile 4/Vineta	x	x	x	x			x	x		x	x		x	x		x	x	x
Swakop	x	x											x	x	x	x		
Tumasvley													x	x				
Rooikop																	x	
Kuisebdelta							x	x										

*) r Relief   t Topographie
    m Geröllmorphoskopie   g Granulometrie
    b Bodenkunde   f Fauna

Appendix zu cap. 2.

Abb. 2.1. − 2.2.
Tabelle 2.1.

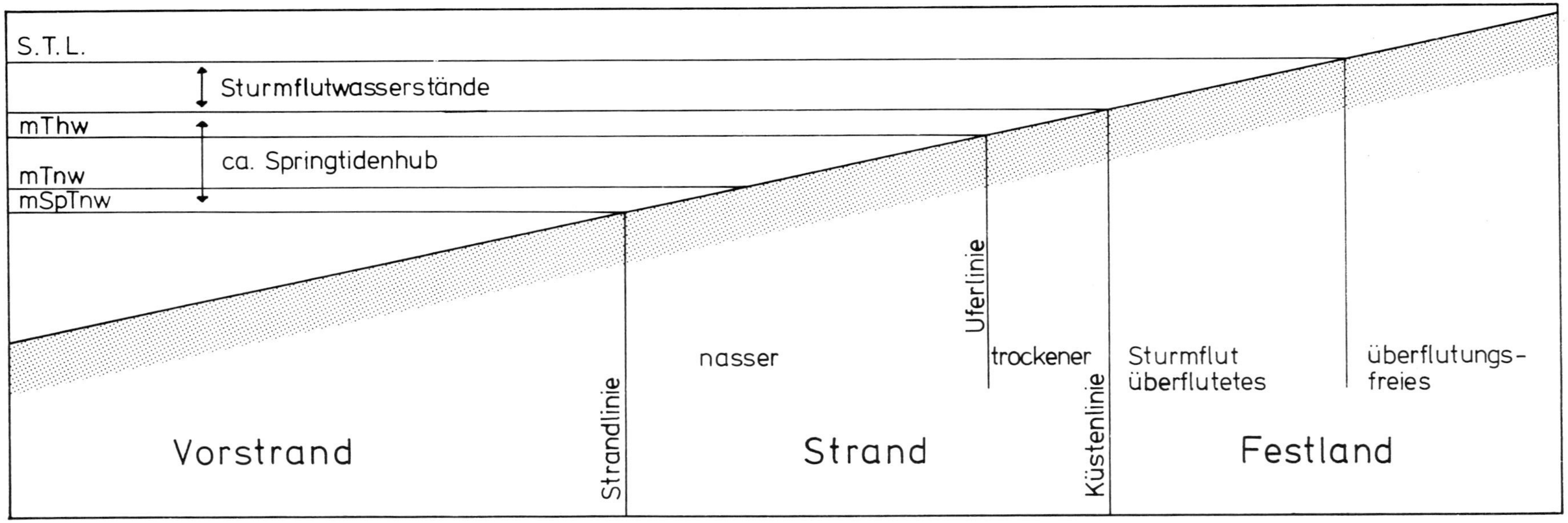

Abb. 2.1. Gliederung des Litorals mit Hilfe von Wasserstandsmittel- und Wasserstandsextremwerten (unter Benutzung von LÜDERS 1967, WIENEKE 1971)

Fig. 2.1. Litoral zonation by means and extrema of tidal water stands (ref. LÜDERS 1967, WIENEKE 1971)

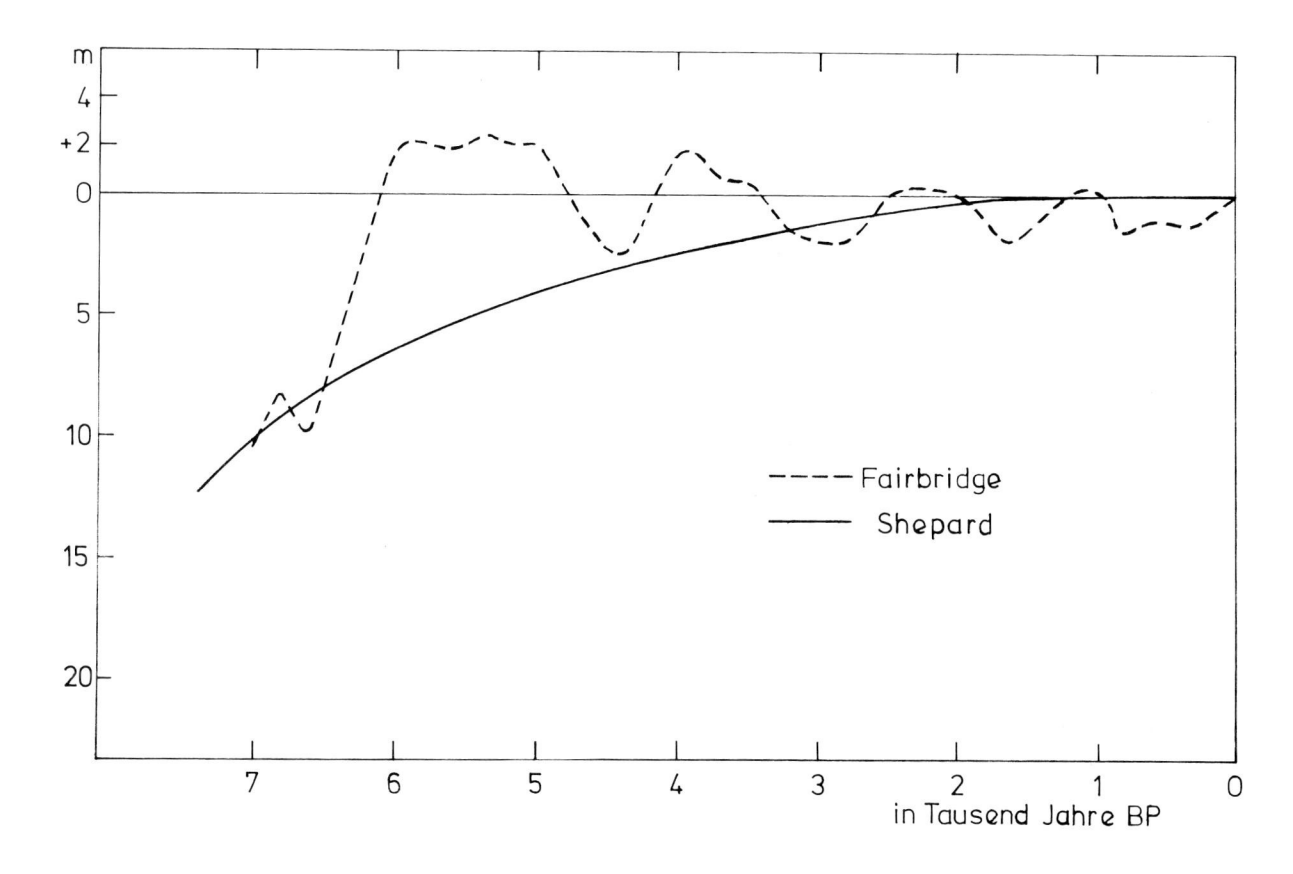

Abb. 2.2. Kurven der Meeresspiegeländerungen der letzten 7000 Jahre nach SHEPARD und nach FAIRBRIDGE (nach SHEPARD/CURRAY 1967)

Fig. 2.2. Sea level changes during the last 7000 years according to SHEPARD and FAIRBRIDGE (after SHEPARD/CURRAY 1967)

Tab. 2.1. Litoralabfolge im Lockersediment*)
Table 2.1. Litoral zonation of a sedimentary coast

bewegtes Medium	Wasser					Wind
Bewegungsart	Oszillations-wellen	Wellen-zusammen-bruch	Translations-wellen, Strömungen	Kollision	Schwall, Sog	
dynamische Zone	Zone der aufsteilenden Wellen	Zone der zusammen-brechenden Wellen	Zone der Translations-wellen	Kollisionszone	Schwallzone	
Relief		Strandriffe und Strandpriele bes. Brandungs-riff			dito, bes. Schwall-riff, Strandwall, Strandkliff, beach cusps	Windrippel, Sandfahnen, Primärdünen
Korngrößen-trend	→ grober	gröbstes Korn	grober ← grober →	bimodales Restsediment	relativ grob	bimodal, Deflationsrest, Einwehungen
Sortierungs-trend	besser ←	relativ schlecht	gemischt	relativ schlecht	→ besser	relativ schlecht

*) nach INGLE jr (1966), SHEPARD (1963), WIENEKE (1971)

Appendix zu cap. 3.

Abb. 3.1. − 3.4.
Tabelle 3.1.
Photos 3.1. − 3.4.

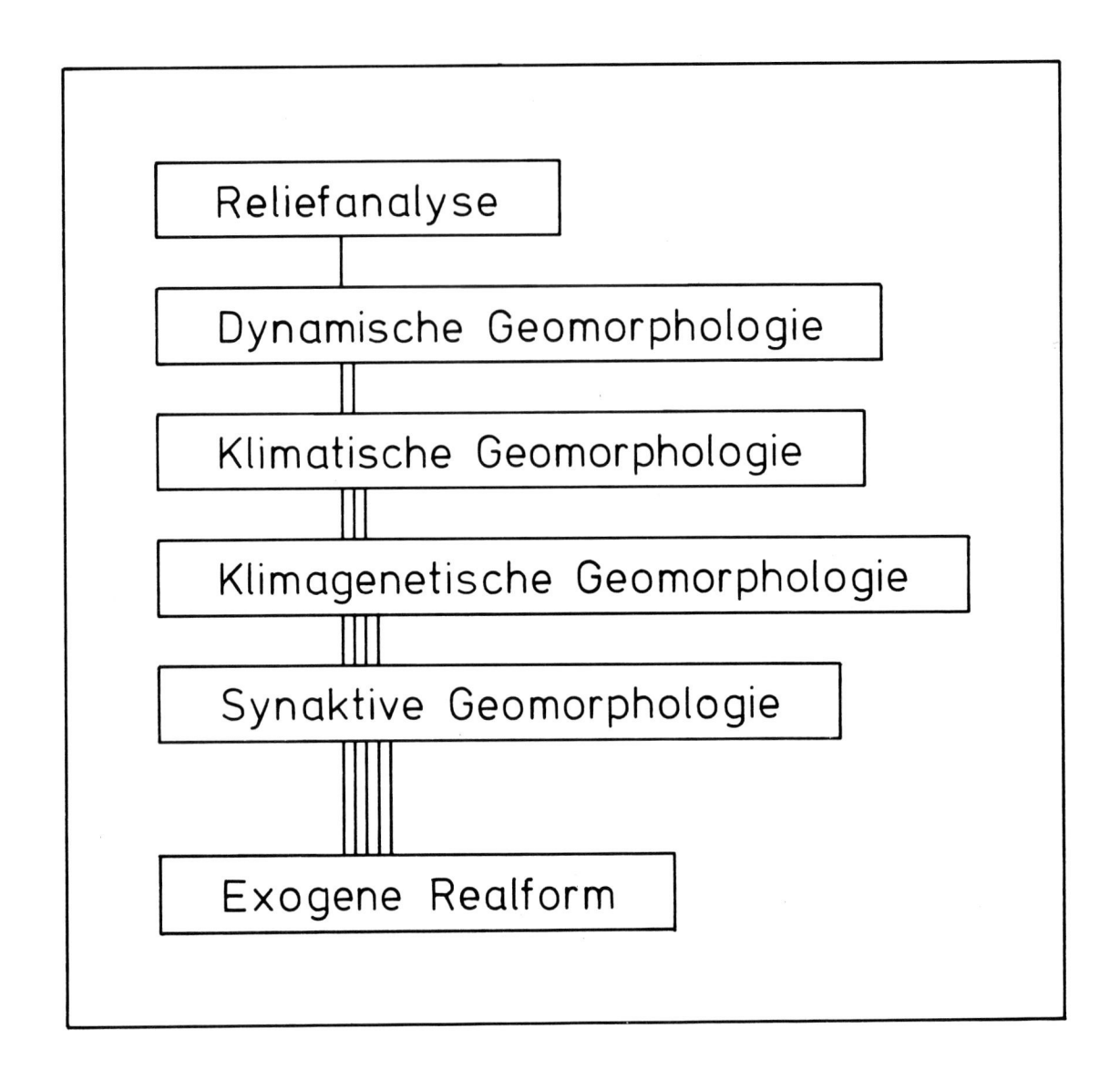

```
┌─────────────────────────────────────────────────────────┐
│                                                         │
│            ┌──────────────────────┐                     │
│            │   Reliefanalyse      │                     │
│            └──────────┬───────────┘                     │
│                       │                                 │
│          ┌────────────┴────────────────┐                │
│          │  Dynamische Geomorphologie  │                │
│          └────────────┬────────────────┘                │
│                       ║                                 │
│          ┌────────────┴────────────────┐                │
│          │  Klimatische Geomorphologie │                │
│          └────────────┬────────────────┘                │
│                       ║                                 │
│       ┌───────────────┴──────────────────┐              │
│       │  Klimagenetische Geomorphologie  │              │
│       └───────────────┬──────────────────┘              │
│                       ║                                 │
│          ┌────────────┴────────────────┐                │
│          │  Synaktive Geomorphologie   │                │
│          └────────────┬────────────────┘                │
│                       ║                                 │
│            ┌──────────┴───────────┐                     │
│            │   Exogene Realform   │                     │
│            └──────────────────────┘                     │
│                                                         │
└─────────────────────────────────────────────────────────┘
```

Abb. 3.1. Das „Natürliche System der Geomorphologie" i. S. von BÜDEL (1971) in graphischer Darstellung

Fig. 3.1. The "Natural System of Geomorphology" according to BÜDEL (1971) in a graphical representation

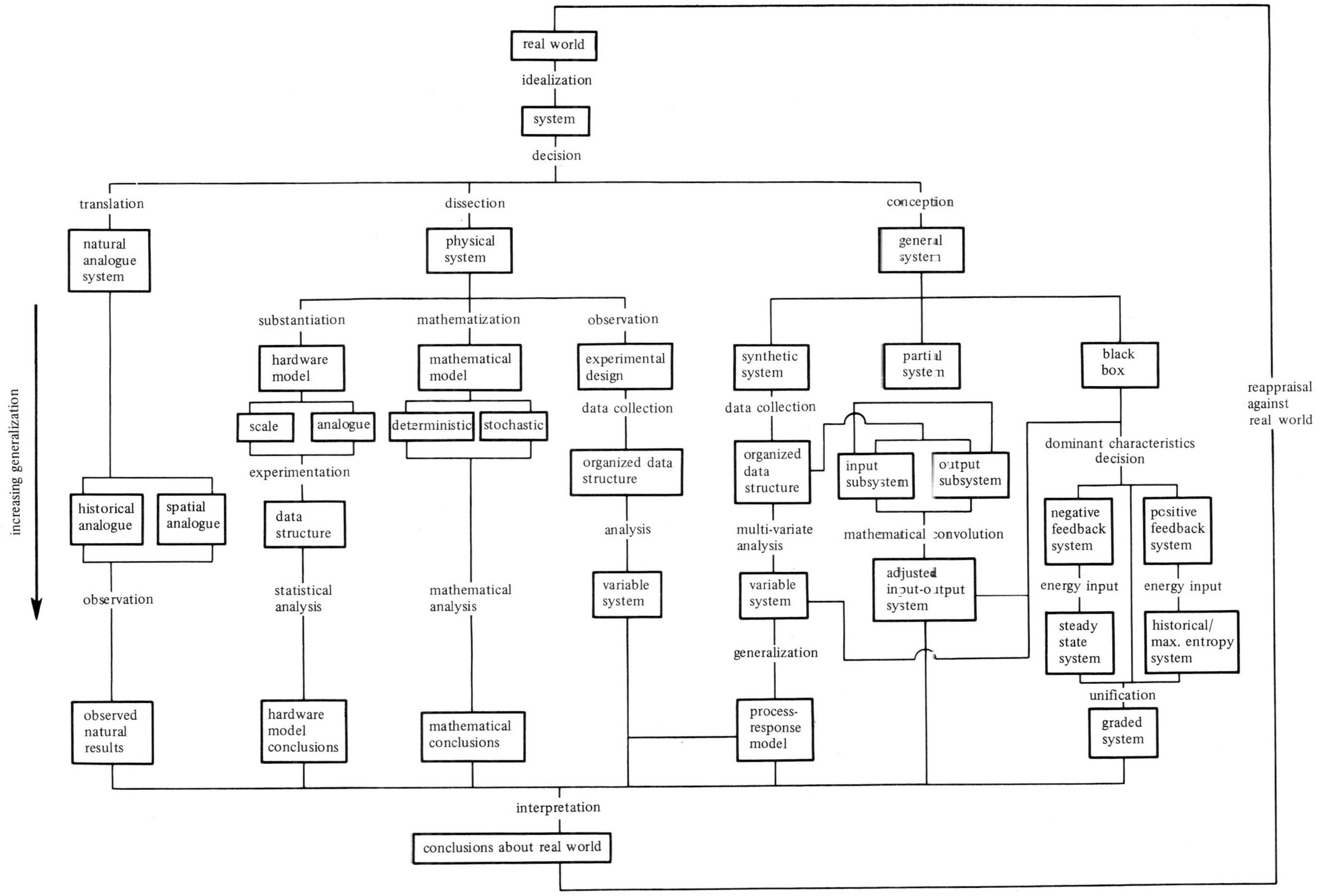

Abb. 3.2. A map of geomorphic activity (nach CHORLEY 1969)

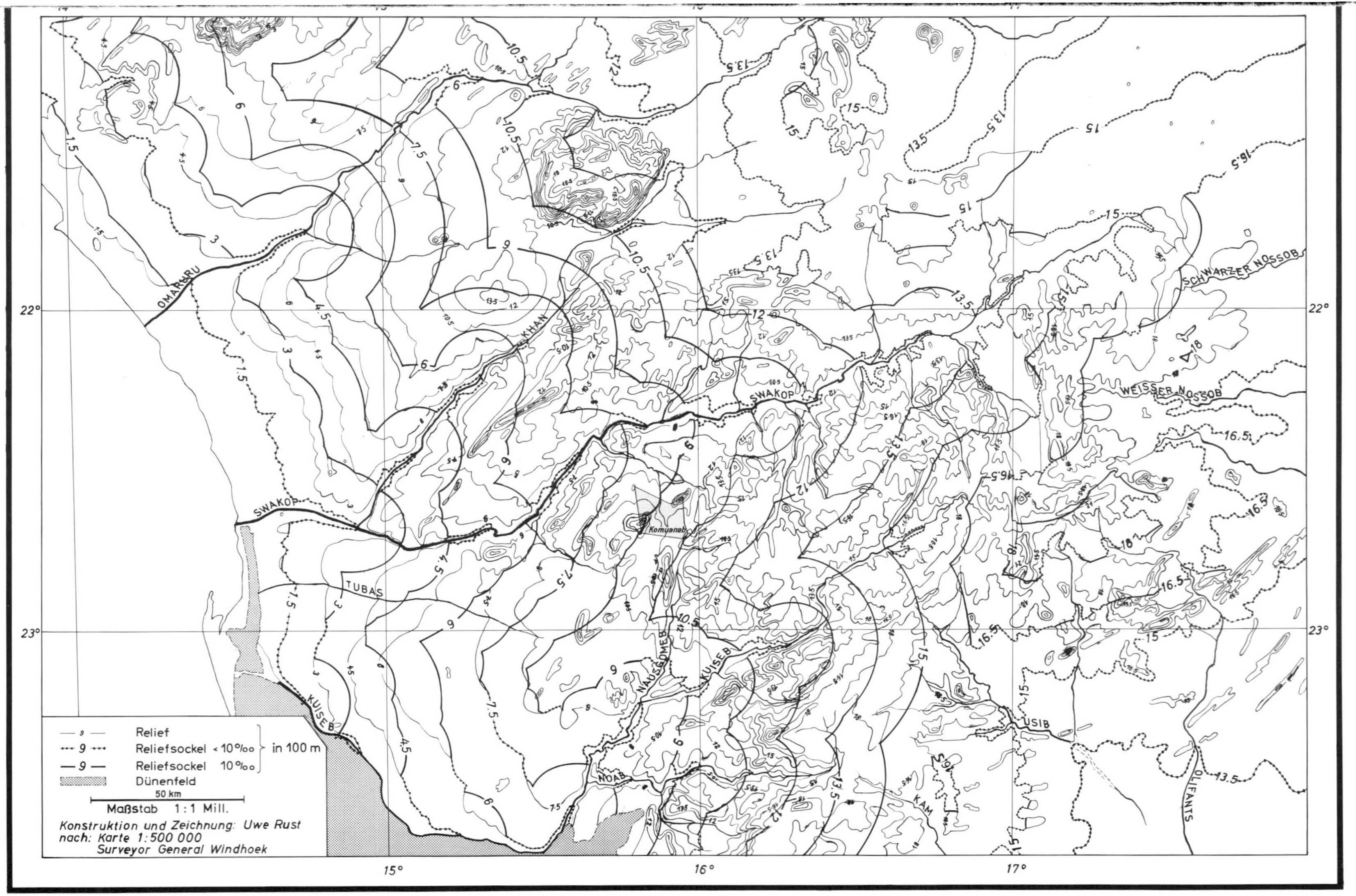

Abb. 3.3. Typen des fluvialen Abtragungsreliefs
Fig. 3.3. Relief types of fluvial erosion

Canyontypus der Talbildung (aus RUST 1970)
Canyon type of fluvial morphogenesis (from RUST 1970)

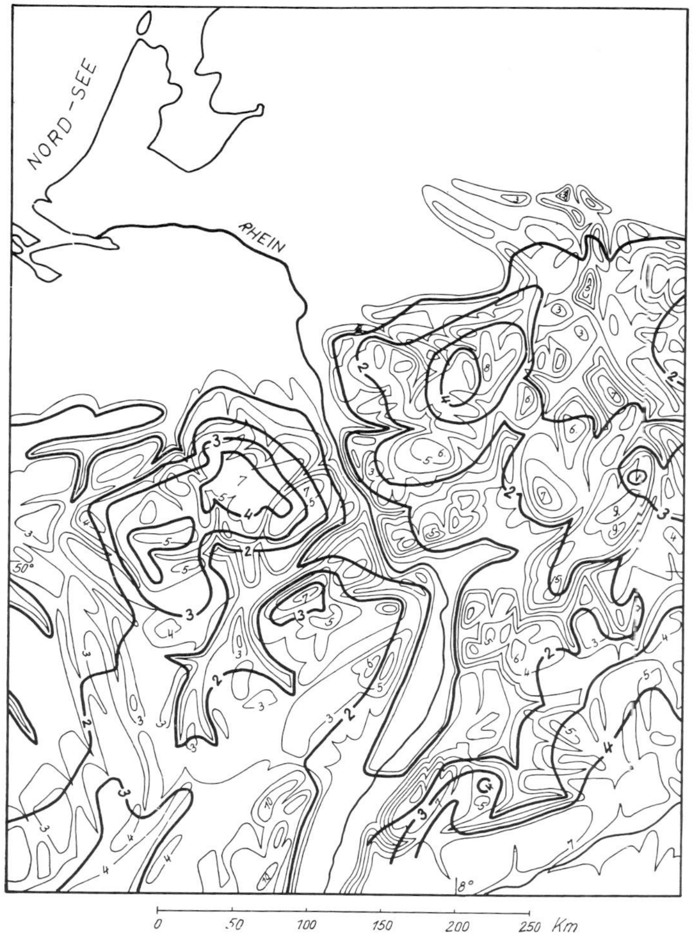

Der Reliefsockel des mittleren Südwestafrika

Kerbtaltypus der Talbildung (aus LOUIS 1968)
V-shaped valley type of fluvial morphogenesis
(from LOUIS 1968)

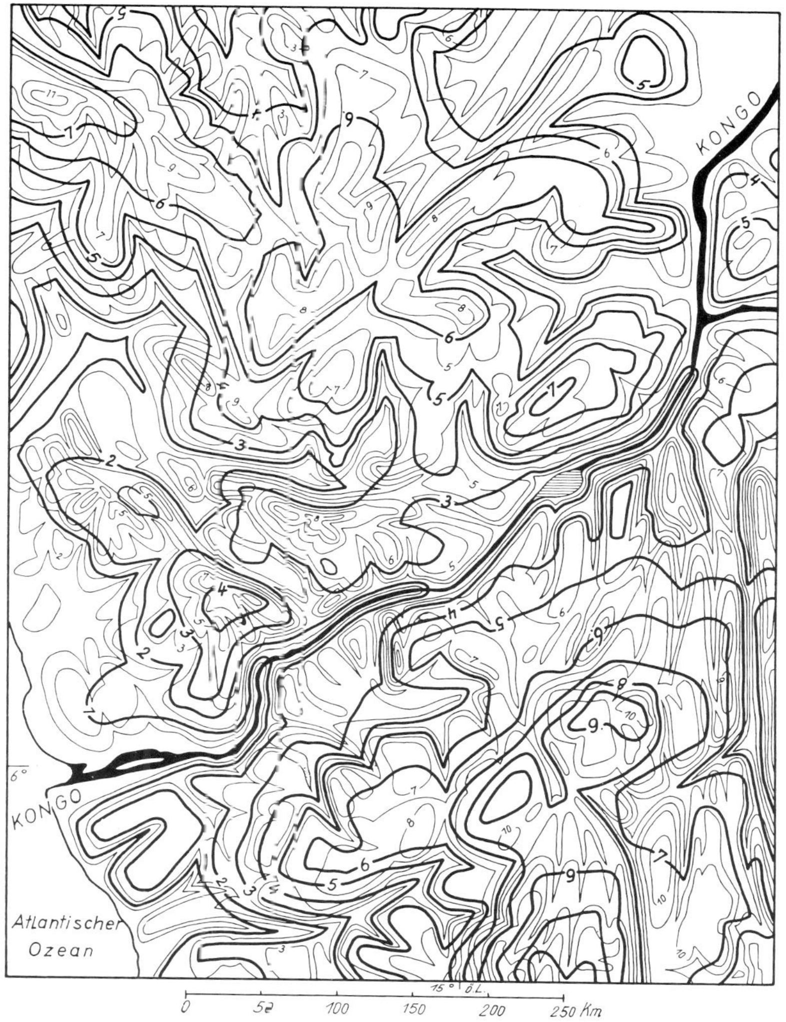

Flachmuldentaltypus der Talbildung (aus LOUIS 1968)
Saucer-shaped valley type of fluvial morphogenesis
(from LOUIS 1968)

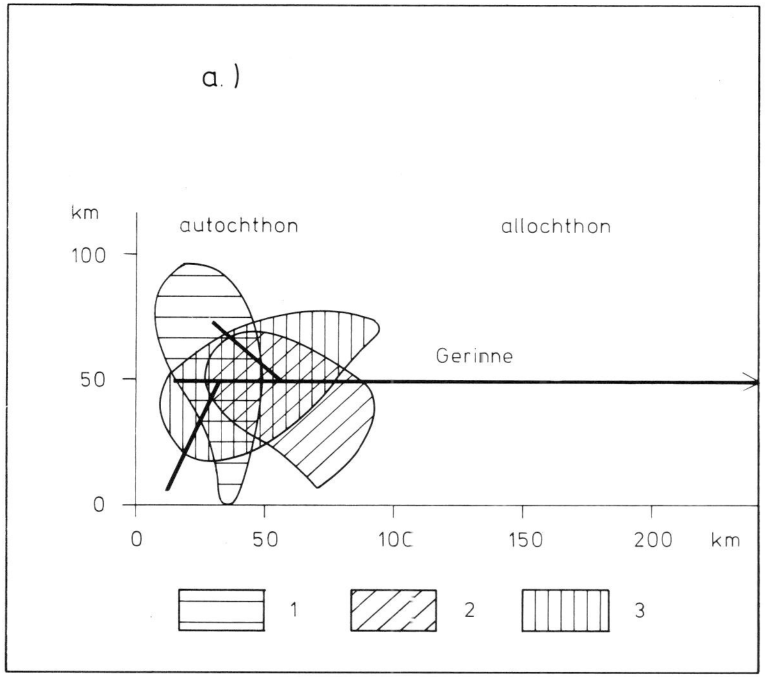

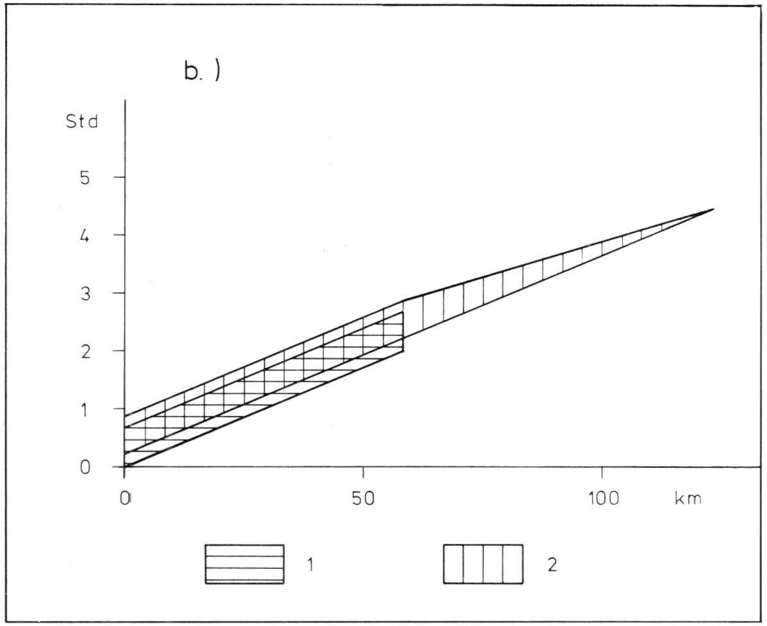

Abb. 3.4. Veranschaulichung von Regenflächen-Spülung
(Dimensionen größenordnungsmäßig zu verstehen)
a) Lage von autochthonem und allochthonem Bereich eines fluvialen Systems
1, 2, 3 beliebige reliefwirksame Regenflächen
b) Regenflächen-Spülung als Ablauf in der Zeit bezogen auf einen Abschnitt eines Gerinnebettes
1 Regenfläche   2 abkommendes Rivier

Fig. 3.4. Diagrams describing the geomorphic effects of rain fall distribution and discharge in an arid region (fictitious dimensions)
a) Two subareas of fluvial activity are to be distinguished. In the autochthonous subarea, i. e. the rain fall area, the water running down the slopes is collected within the talwegs, whereas water discharge is restricted to the talwegs in the allochthonous subarea
1, 2, 3 arbitrary rain fall areas
b) Fluvial process in a rain fall area (1) and in a corresponding talweg (2) leading from the rain fall subarea to an allochthonous subarea

Tab. 3.1. Klimageomorphologische Phasen in der Zentralen Namib
Table 3.1. Morphoclimatic stages in Central Namib Desert

Geomorphologisches Milieu		Indizien			
Reliefbildung	Bodenbildung alternativ	„Prozesse"	Relief	Sediment	Böden
Feucht-Aktivität	– – –	autochthone Regenflächen-Spülung	Haupttal mit Nebentälern Schwemm-fächer	fluviale Sedimente	– – –
– – –	Trocken-Stabilität	Allochthonie der Regenflächen-Spülung	Canyon im allochthonen Vorfluter Schwemm-fächer im Vorfluter	fluviale Sedimente	Gips-Horizonte Kalk-Horizonte Regosole Lithosole Takyre
Trocken-Aktivität	– – –	Dünen-bildung	Barchane	Barchan-sedimente	– – –

Photo 3.1. Tumasisches Relief am mittleren Tumas. Schwemmflächen und Denudationsterrassen

Photo 3.1. Tumasic relief at middle Tumas river. Alluvial fans and denudational terraces

Photo 3.2. Gramadullarelief am mittleren Kuiseb bei Ossewater. Den Hauptvorfluter Kuiseb (unten) begleitet ein einige km breiter Saum von Nebentälern (= Gramadullas). Diese sind in die Namibfläche (Hintergrund) eingeschnitten. Im Gramadullarelief sind echte Flußterrassen entwickelt (Bildmitte); hier unteres Glacis von Homeb, ausgerichtet auf Kuisebterrasse (Büsche) = Nebentalboden und oberes Glacis von Homeb. Der in bezug auf das obere Glacis nächst höhere, zerschnittene Sedimentkörper besteht aus Tsondabisierungssedimenten (vgl. Photo 6.1.). In den Gramadullas herrscht aktuell Formungsruhe (Trocken-Stabilität)

Photo 3.2. Gramadulla relief at middle Kuiseb river near Ossewater. A marginal zone of valleys (gramadullas) incised into the Namib flats (background) and oriented to the Kuiseb river accompanies the main stream (foreground). Real fluvial terraces are developed in the gramadullas (centre): the lower glacis of Homeb, connected with a Kuiseb river terrace (scrub), and the upper glacis of Homeb. The lower glacis forms the bottom of the tributary valley. Sediments of tsondabization form the third level, equally dissected (see photo 6.1.). Actually there is no geomorphic activity in the gramadullas (arid stability)

Photo 3.3. Tsondabisierungsrelief. Der Tumas endet in Vleys (helle Flächen) vor komplexen, aus Barchanen entwickelten Dünen und erreicht nicht mehr das Meer (Hintergrund, Walfischbucht mit Walvis Bay)

Photo 3.3. Relief of tsondabization. Vleys (light-toned areas) of the Tumas river which is barred by dune massivs built up by barkhans and therefore does not reach the sea (background, Walvis Bay)

Photo 3.4. Tumasisches Relief am mittleren Tumas. Denudationsterrassen aus vergipsten fluvialen Sedimenten begleiten den Tumas (Büsche im Bildhintergrund) in nicht korrelierbarer Höhenlage. Gipskrusten stehen oberflächennah an, sowohl bei den Restbergen (Mitte, Vordergrund) als auch in den Gerinnebetten (vordere Bildmitte, dunkle Flächen). Durchgehend verregte Oberfläche zeigt aktuelle Trocken-Stabilität an

Photo 3.4. Tumasic relief at middle Tumas river. Gypsum crusts are formed in upper parts of fluvial sediments. These sediments form river beds (foreground, dark areas) and denudational terraces (foreground, centre, bushes in the background). The surfaces of these denudational terraces can not be connected altitudinally. Ubiquitous regs indicate actual arid stability

Appendix zu cap. 4.

Abb. 4.1. − 4.40.
Tab. 4.1. − 4.8.
Photos 4.1. − 4.15.

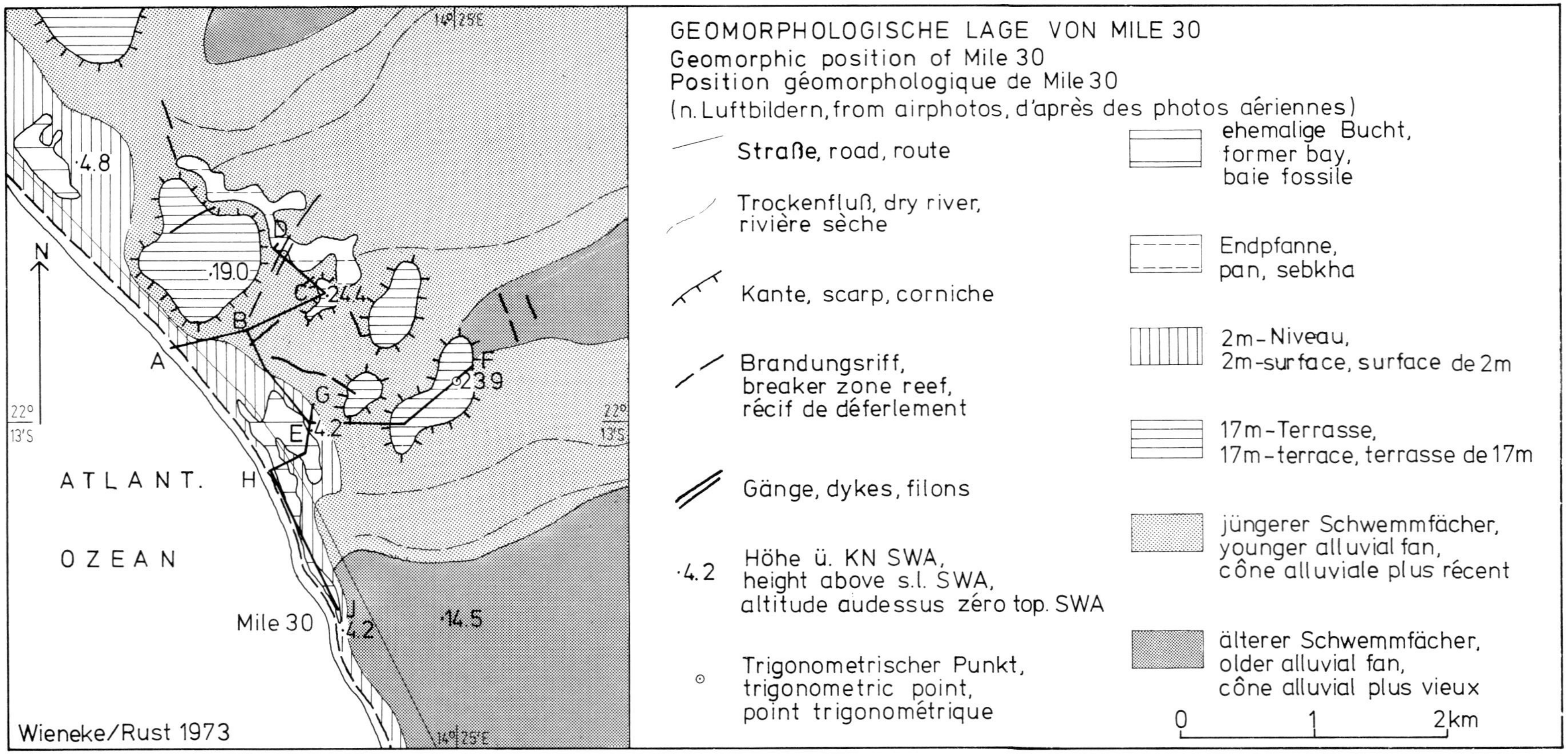

GEOMORPHOLOGISCHE LAGE VON MILE 30
Geomorphic position of Mile 30
Position géomorphologique de Mile 30
(n. Luftbildern, from airphotos, d'après des photos aériennes)

Straße, road, route	ehemalige Bucht, former bay, baie fossile
Trockenfluß, dry river, rivière sèche	Endpfanne, pan, sebkha
Kante, scarp, corniche	2m-Niveau, 2m-surface, surface de 2m
Brandungsriff, breaker zone reef, récif de déferlement	17m-Terrasse, 17m-terrace, terrasse de 17m
Gänge, dykes, filons	jüngerer Schwemmfächer, younger alluvial fan, cône alluviale plus récent
.4.2 Höhe ü. KN SWA, height above s.l. SWA, altitude audessus zéro top. SWA	älterer Schwemmfächer, older alluvial fan, cône alluvial plus vieux
⊙ Trigonometrischer Punkt, trigonometric point, point trigonométrique	

Wieneke/Rust 1973

Abb. 4.1.

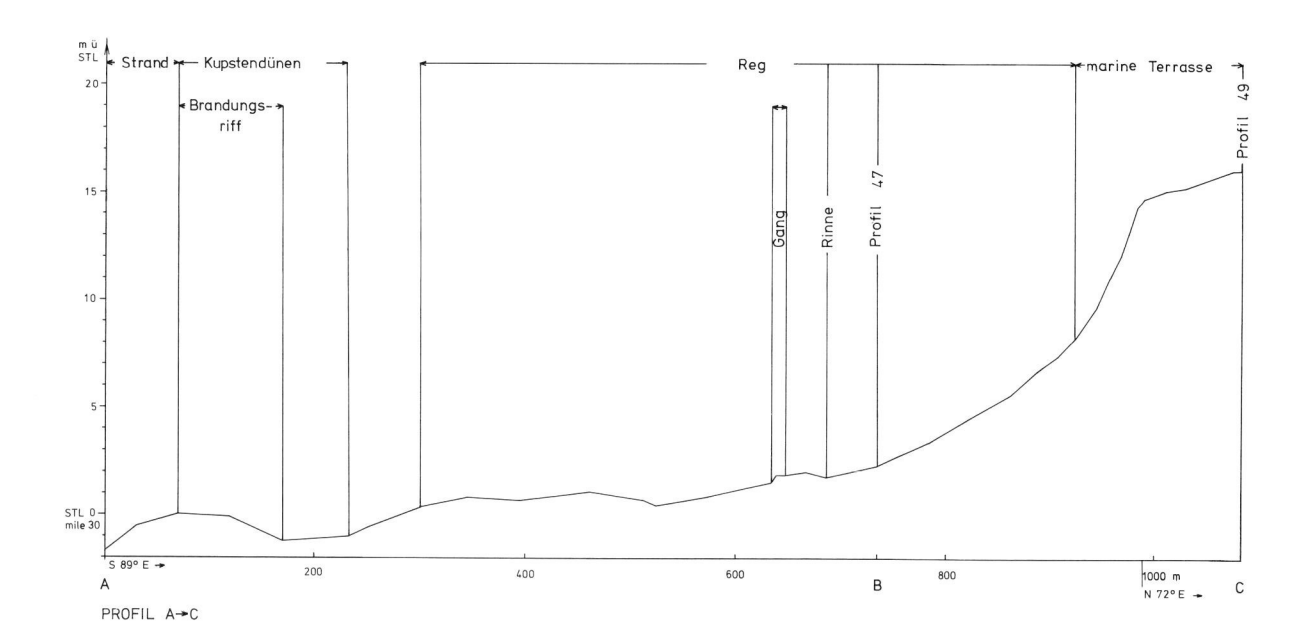

Abb. 4.2. Mile 30: Nivellementsprofil ABC (nach eigenen Vermessungen)

Fig. 4.2. Mile 30: levelled cross-section ABC (by the authors)

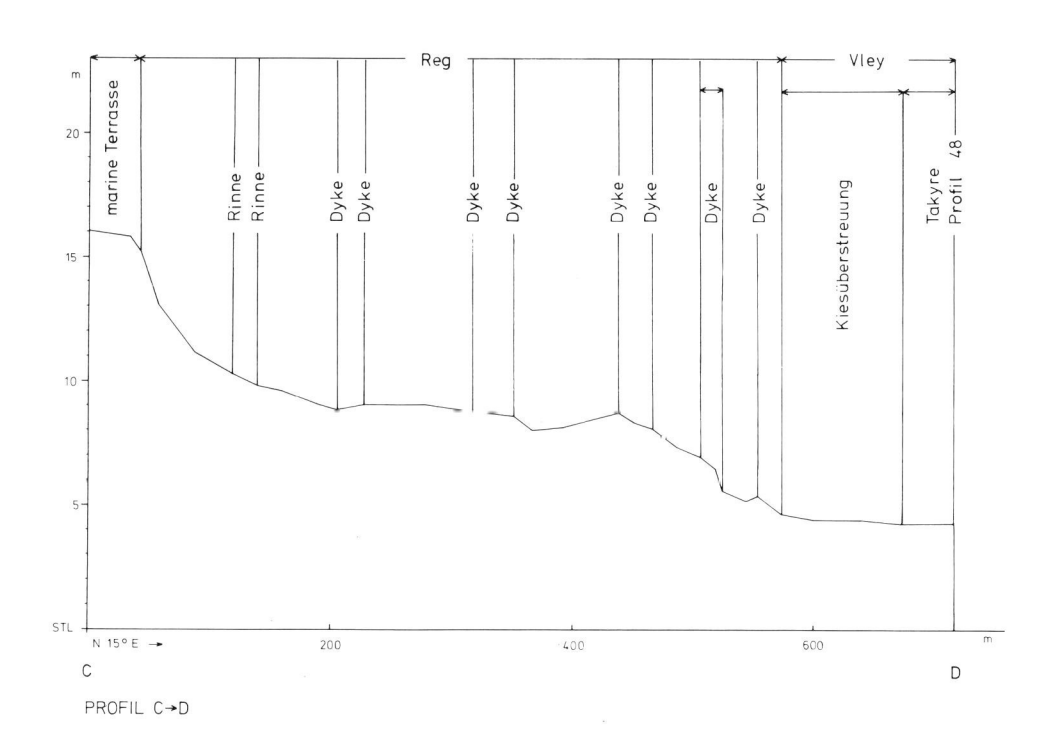

Abb. 4.3. Mile 30: Nivellementsprofil CD (nach eigenen Vermessungen)

Fig. 4.3. Mile 30: levelled cross-section CD (by the authors)

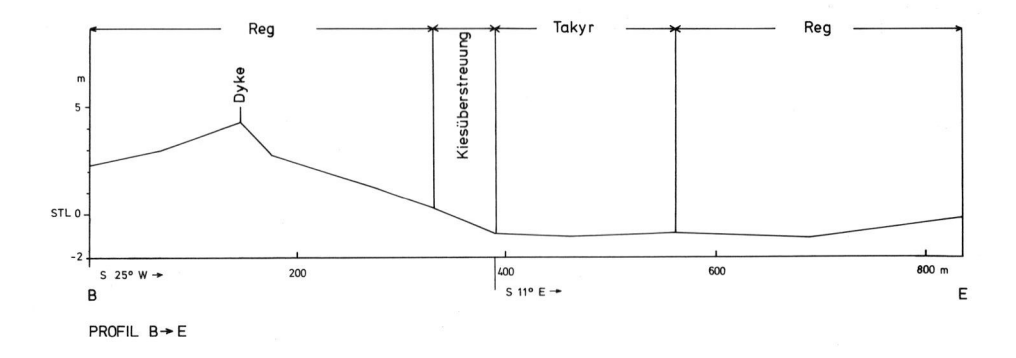

Abb. 4.4.   Mile 30: Nivellementsprofil BE (nach eigenen Vermessungen)

Fig. 4.4.   Mile 30: levelled cross-section BE (by the authors)

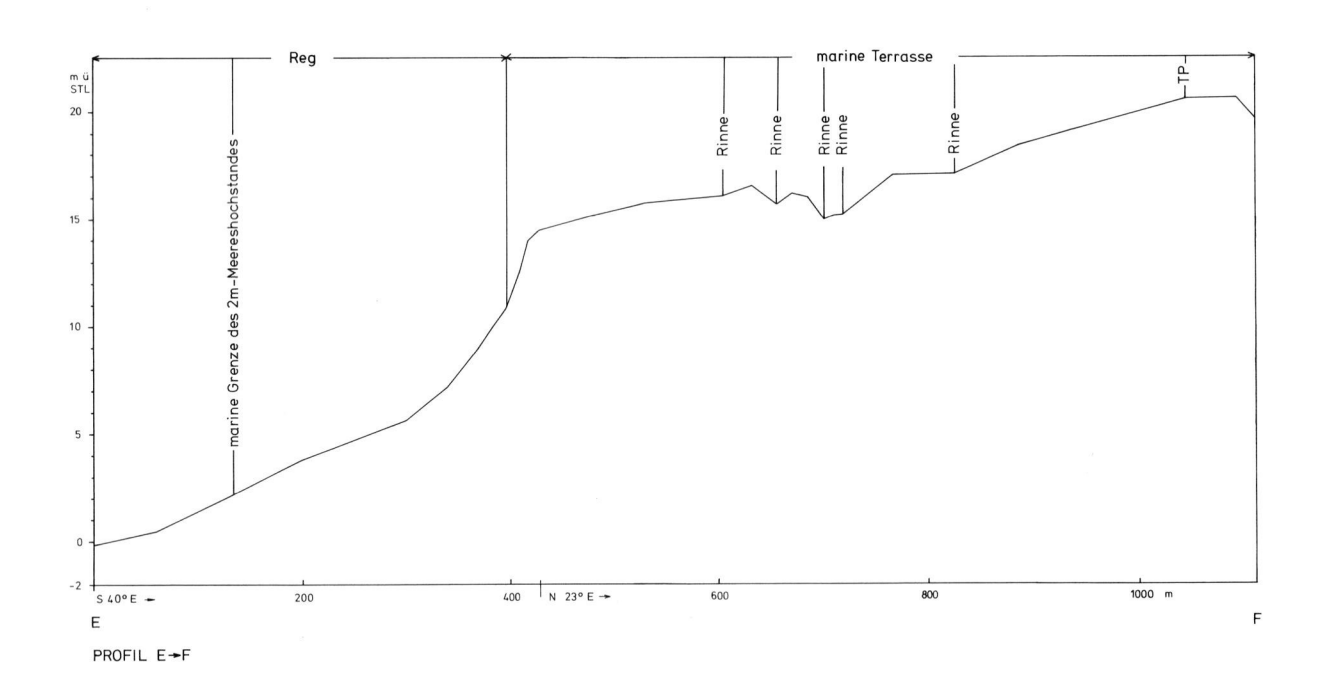

Abb. 4.5.   Mile 30: Nivellementsprofil EF (nach eigenen Vermessungen)

Fig. 4.5.   Mile 30: levelled cross-section EF (by the authors)

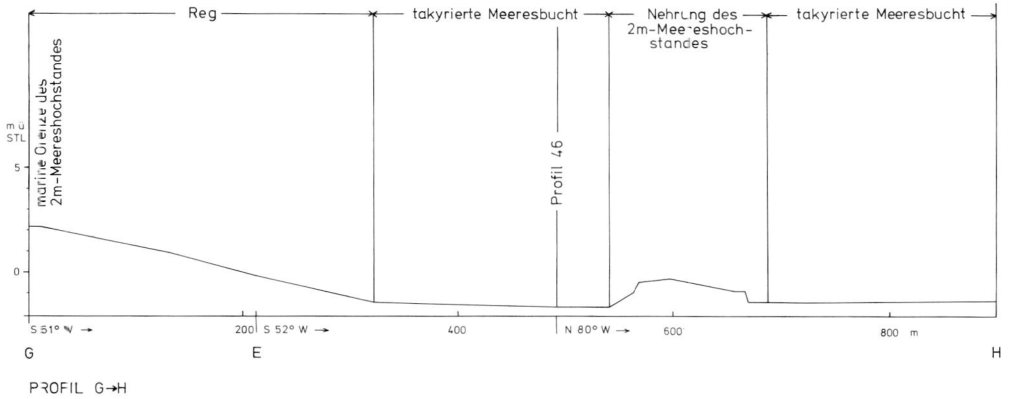

Abb. 4.6. Mile 30: Nivellementsprofil GH (nach eigenen Vermessungen)
Fig. 4.6. Mile 30: levelled cross-section GH (by the authors)

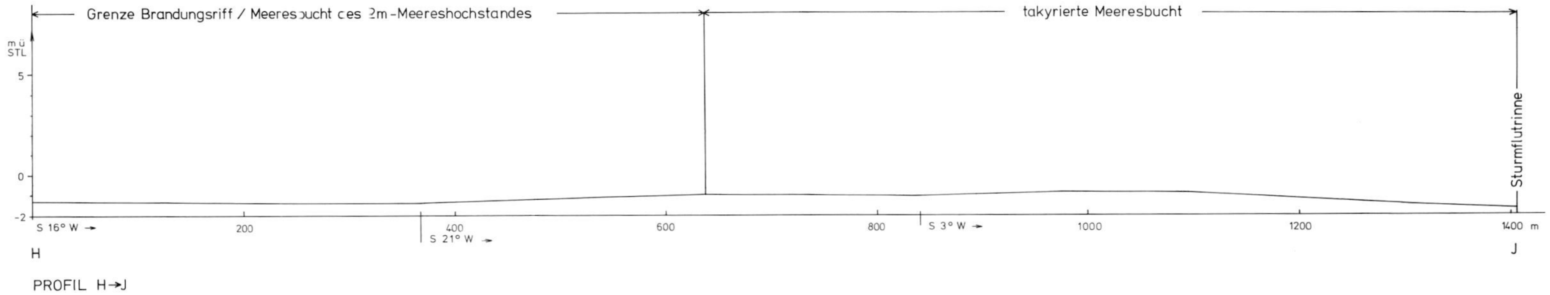

Abb. 4.7. Mile 30: Nivellementsprofil HJ (nach eigenen Vermessungen)
Fig. 4.7. Mile 30: levelled cross-section HJ (by the authors)

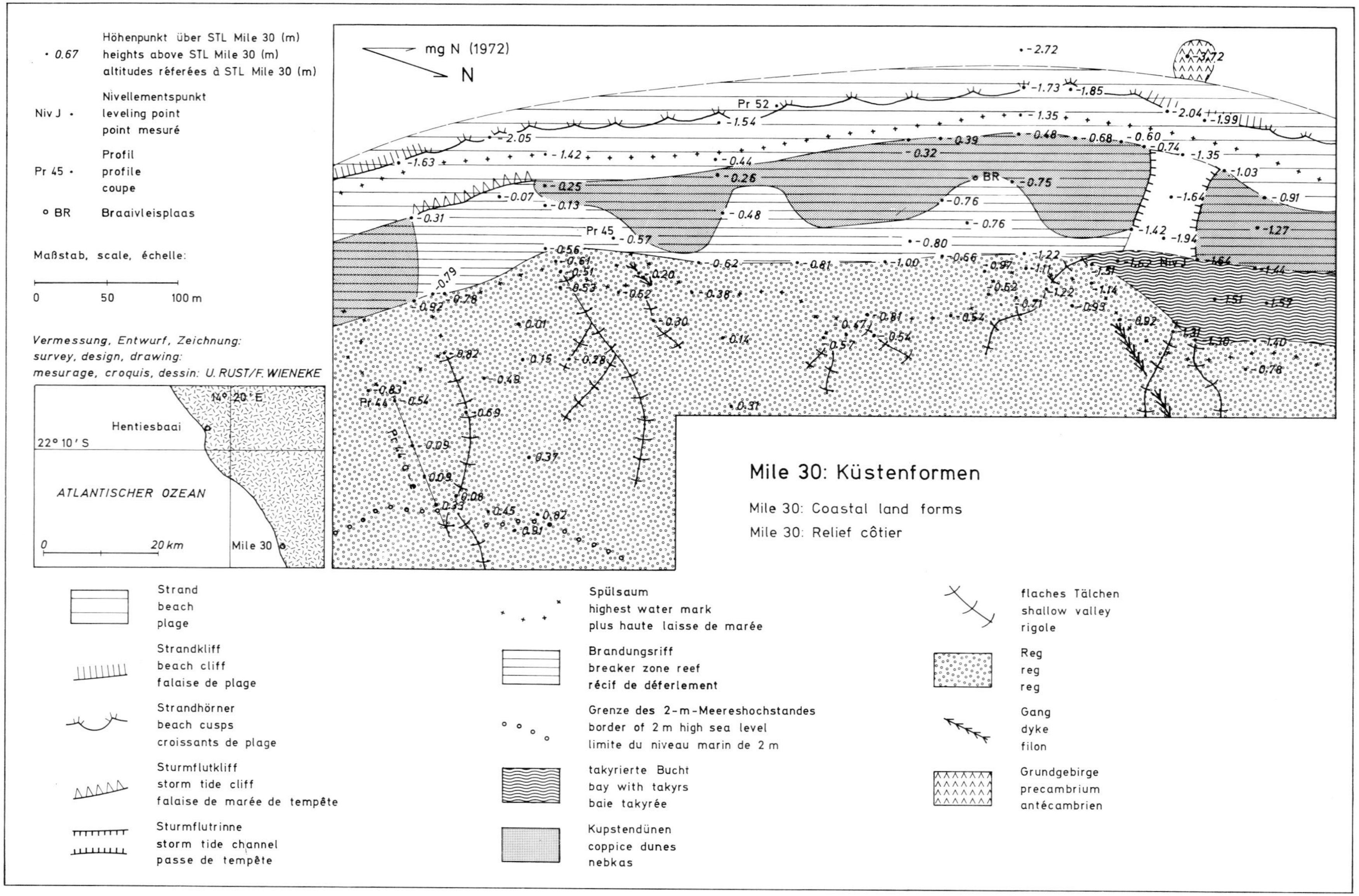
Mile 30: Küstenformen
Mile 30: Coastal land forms
Mile 30: Relief côtier
mg N (1972)
N
Pr 52
Pr 45
Pr 44
BR
Niv J
• 0.67 Höhenpunkt über STL Mile 30 (m)
heights above STL Mile 30 (m)
altitudes réferées à STL Mile 30 (m)
Niv J • Nivellementspunkt
leveling point
point mesuré
Pr 45 • Profil
profile
coupe
o BR Braaivleisplaas
Maßstab, scale, échelle:
0 50 100 m
Vermessung, Entwurf, Zeichnung:
survey, design, drawing:
mesurage, croquis, dessin: U. RUST/F. WIENEKE
14° 20' E
Hentiesbaai
22° 10' S
ATLANTISCHER OZEAN
0 20 km
Mile 30
Strand
beach
plage
Strandkliff
beach cliff
falaise de plage
Strandhörner
beach cusps
croissants de plage
Sturmflutkliff
storm tide cliff
falaise de marée de tempête
Sturmflutrinne
storm tide channel
passe de tempête
Spülsaum
highest water mark
plus haute laisse de marée
Brandungsriff
breaker zone reef
récif de déferlement
Grenze des 2-m-Meereshochstandes
border of 2 m high sea level
limite du niveau marin de 2 m
takyrierte Bucht
bay with takyrs
baie takyrée
Kupstendünen
coppice dunes
nebkas
flaches Tälchen
shallow valley
rigole
Reg
reg
reg
Gang
dyke
filon
Grundgebirge
precambrium
antécambrien

Abb. 4.8.

Abb. 4.9.

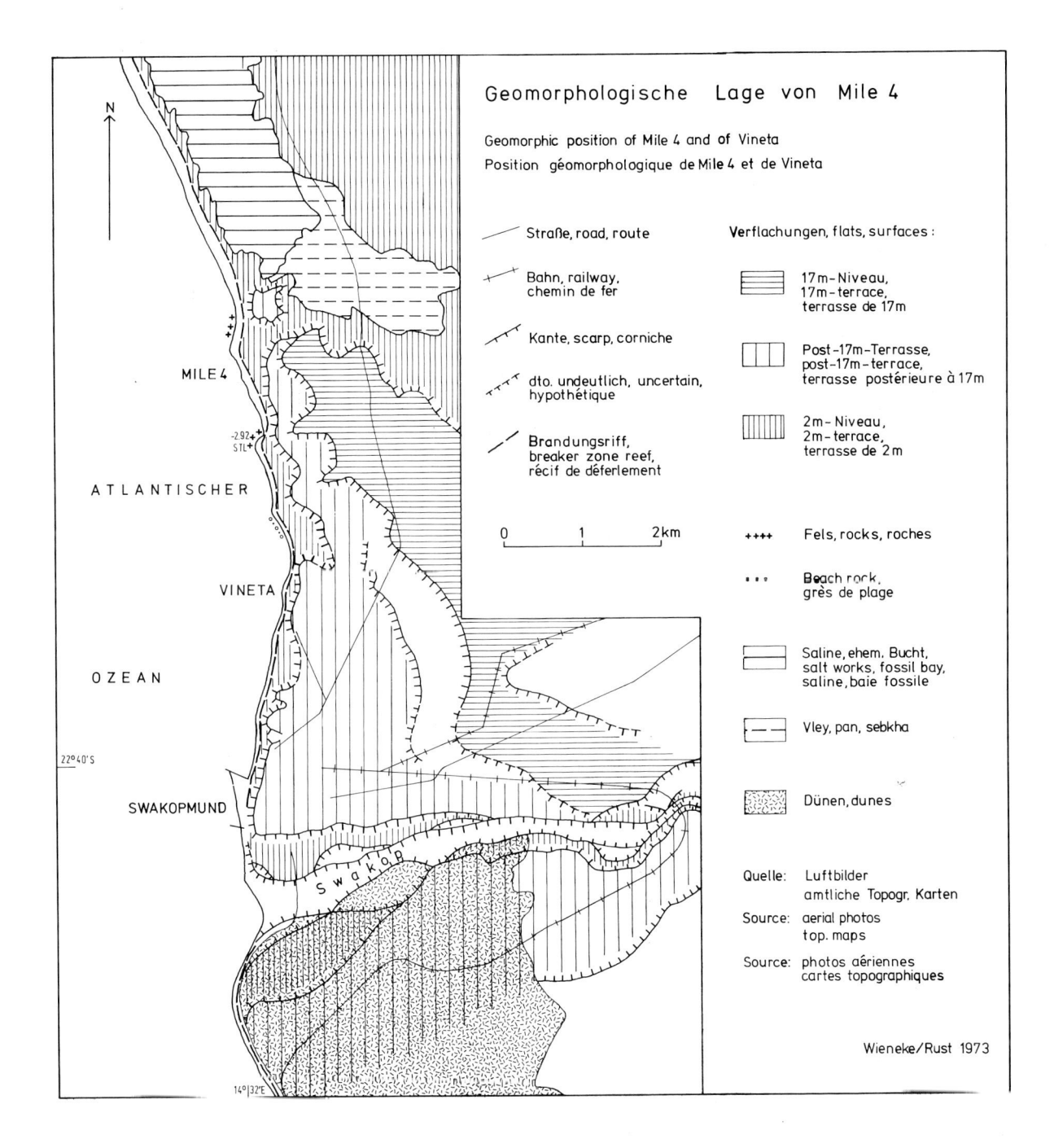

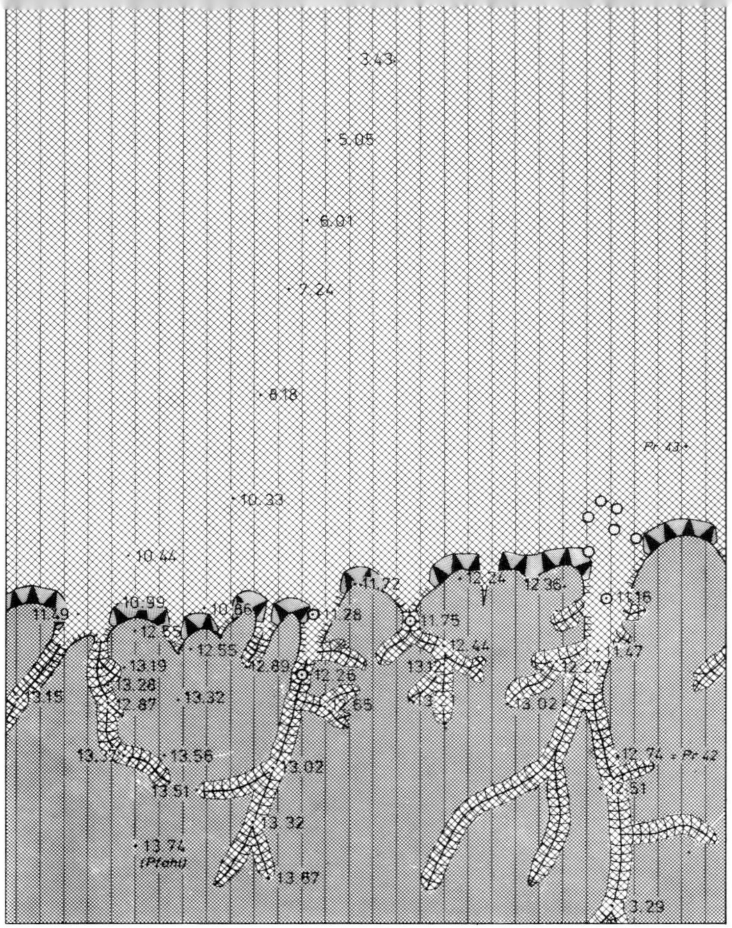

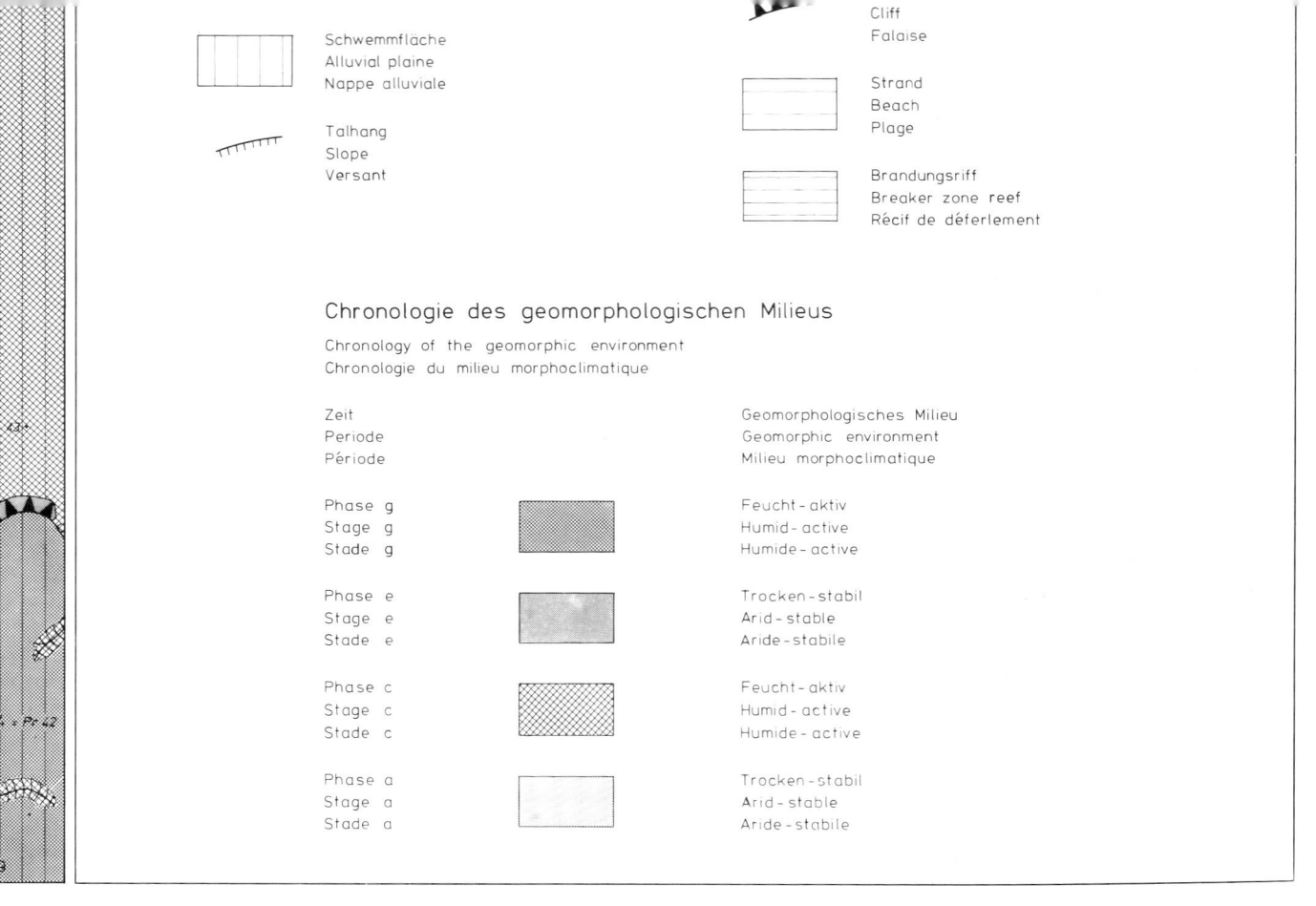

Schwemmfläche
Alluvial plane
Nappe alluviale

Talhang
Slope
Versant

Cliff
Falaise

Strand
Beach
Plage

Brandungsriff
Breaker zone reef
Récif de déferlement

Chronologie des geomorphologischen Milieus

Chronology of the geomorphic environment
Chronologie du milieu morphoclimatique

Zeit / Geomorphologisches Milieu
Periode / Geomorphic environment
Période / Milieu morphoclimatique

Phase g / Feucht-aktiv
Stage g / Humid-active
Stade g / Humide-active

Phase e / Trocken-stabil
Stage e / Arid-stable
Stade e / Aride-stabile

Phase c / Feucht-aktiv
Stage c / Humid-active
Stade c / Humide-active

Phase a / Trocken-stabil
Stage a / Arid-stable
Stade a / Aride-stabile

Abb. 4.10.

Mile 4 (Campingplatz von Swakopmund): Morphochronologie

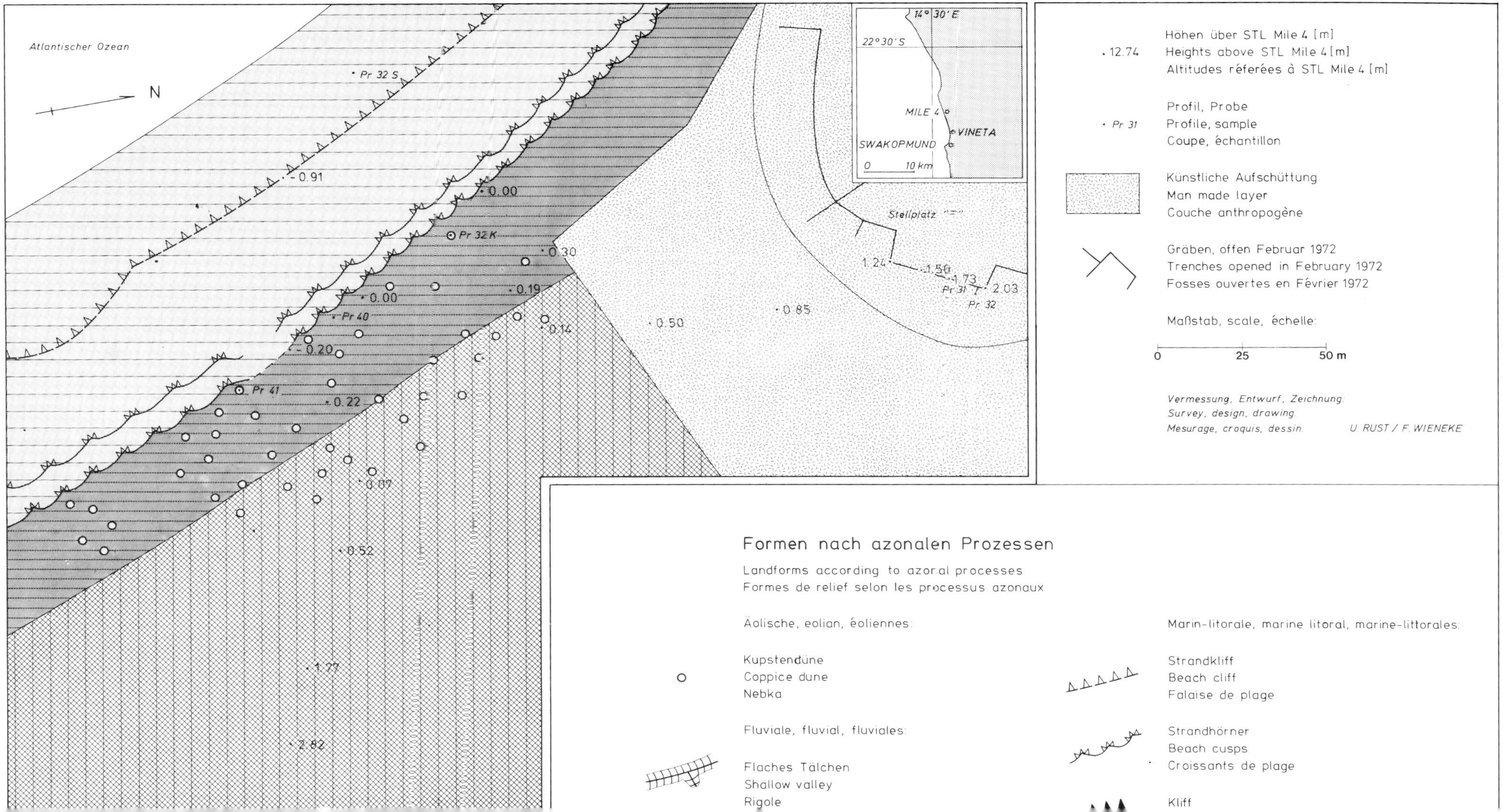

Mile 4 (Camping place near Swakopmund): Morphochronology

Mile 4 (Plage camping de Swakopmund): Morphochrorologie

Atlantischer Ozean

.12.74	Höhen über STL Mile 4 [m] / Heights above STL Mile 4 [m] / Altitudes référées à STL Mile 4 [m]
. Pr 31	Profil, Probe / Profile, sample / Coupe, échantillon
▨	Künstliche Aufschüttung / Man made layer / Couche anthropogène
⌐⌐	Gräben, offen Februar 1972 / Trenches opened in February 1972 / Fosses ouvertes en Février 1972

Maßstab, scale, échelle
0 — 25 — 50 m

Vermessung, Entwurf, Zeichnung
Survey, design, drawing
Mesurage, croquis, dessin
U. RUST / F. WIENEKE

Formen nach azonalen Prozessen
Landforms according to azoral processes
Formes de relief selon les processus azonaux

△△△△	Marin-littorale, marine littoral, marine-littorales.
△△△△	Strandkliff / Beach cliff / Falaise de plage
⌒⌒⌒	Strandhörner / Beach cusps / Croissants de plage
▼	Kliff

Äolische, eolian, éoliennes

○ Kupstendüne / Coppice dune / Nebka

Fluviale, fluvial, fluviales:

▦ Flaches Tälchen / Shallow valley / Rigole

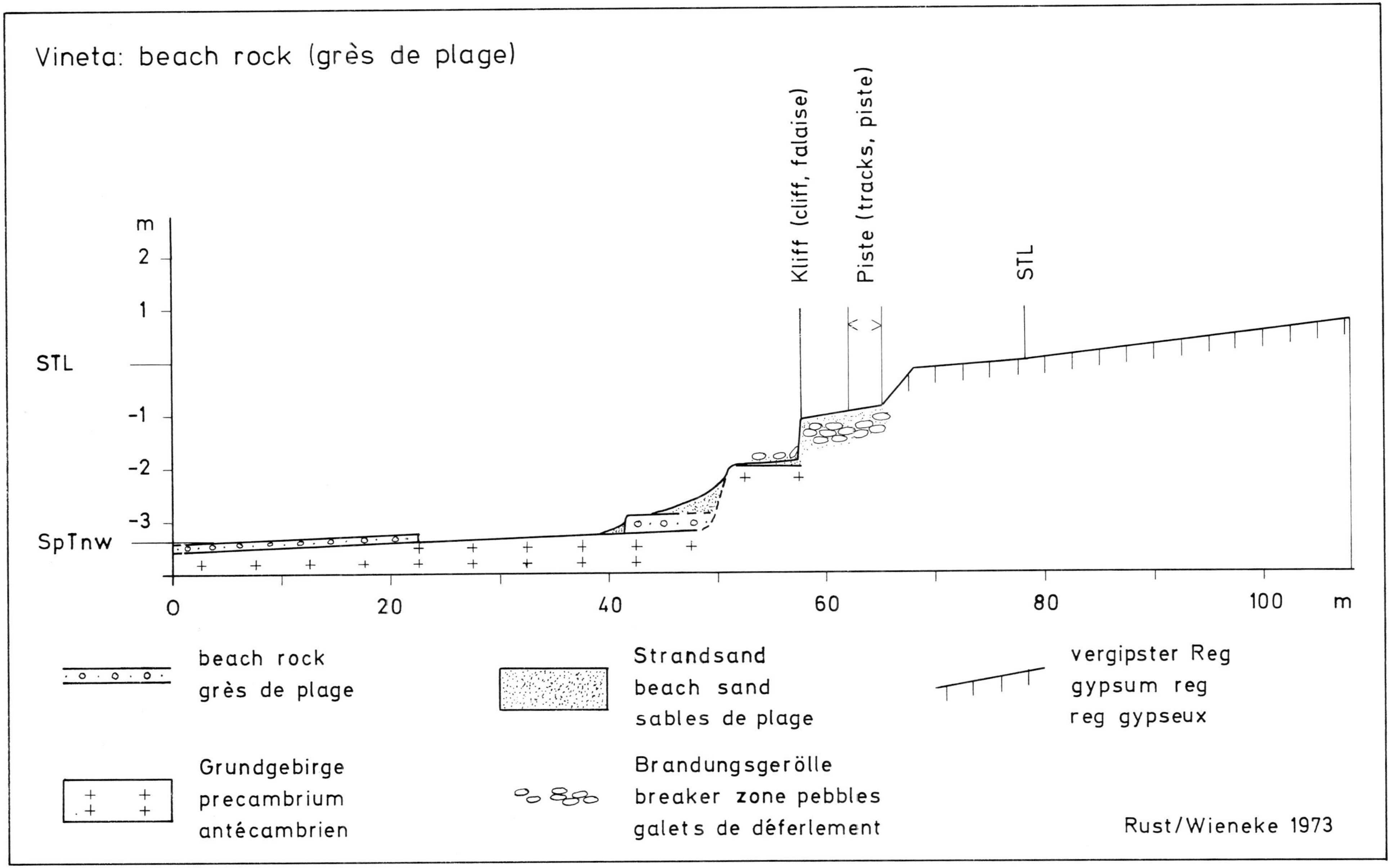

Abb. 4.11. Nivellementsprofil bei Vineta (nach eigenen Vermessungen)
Fig. 4.11. Levelled cross-section at Vineta (by the authors)

Rust/Wieneke 1973

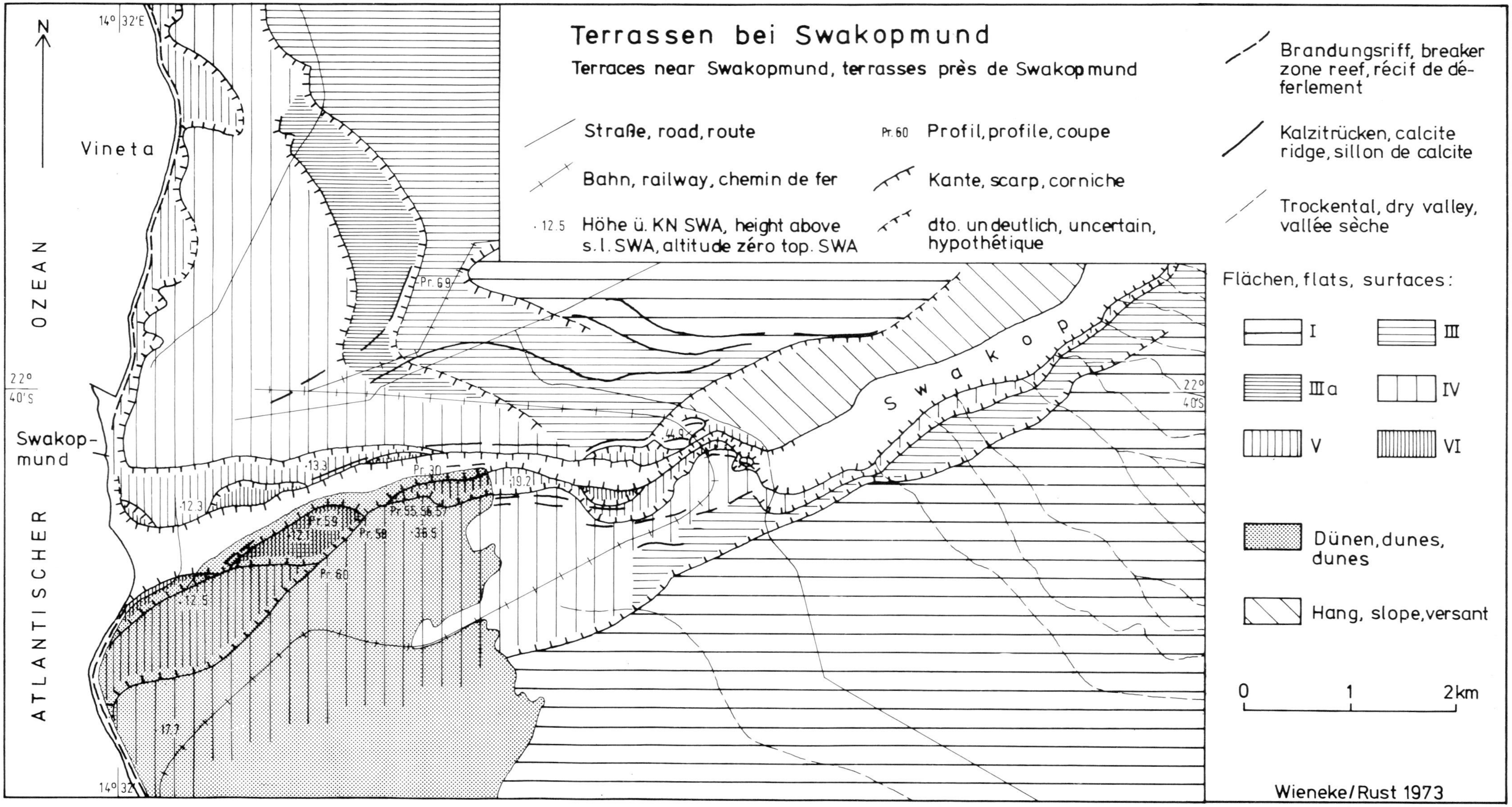

Abb. 4.12.

Terrassensequenz am unteren Swakop

Terrace sequence of lower Swakop River

La série des terrasses du Swakop inférieur

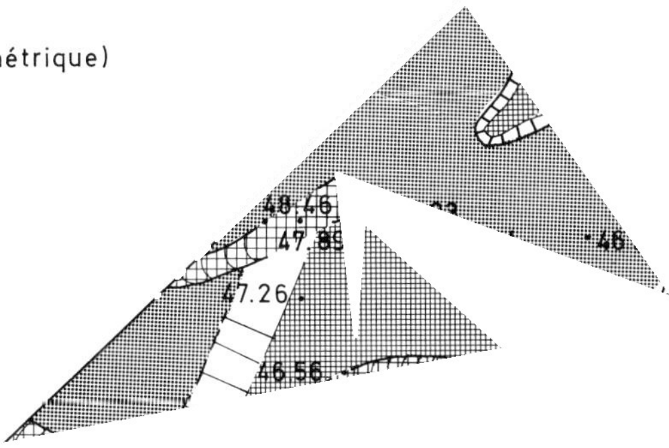

• 34.67   Höhenpunkt über KN SWA (barometrische Basis)
heights above s.l. SWA (barometric base)
altitudes réferées à z.t. de l' A.S.O. (base barométrique)

Maßstab, scale, échelle:

0 — 50 m

Vermessung, Entwurf, Zeichnung:
survey, design, drawing:
mesurage, croquis, dessin: U. RUST / F. WIENEKE

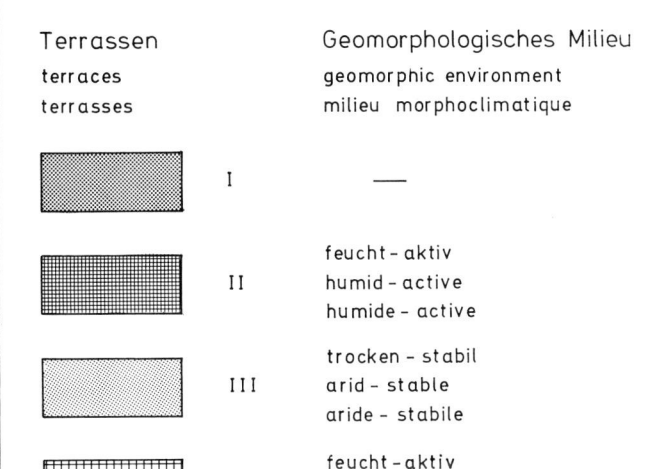

Terrassen / terraces / terrasses		Geomorphologisches Milieu / geomorphic environment / milieu morphoclimatique
▨	I	—
▦	II	feucht - aktiv / humid - active / humide - active
░	III	trocken - stabil / arid - stable / aride - stabile
▦	IV	feucht - aktiv / humid - active / humide - active
○○○	VI	feucht - activ / humid - active / humide - active
∿∿	VII	trocken - stabil / arid - stable / aride - stabile

⊥⊥⊥⊥⊥⊥   Stufe / step / gradin

ІІІІІ   undeutliche Stufe / indistinct step / gradin diffus

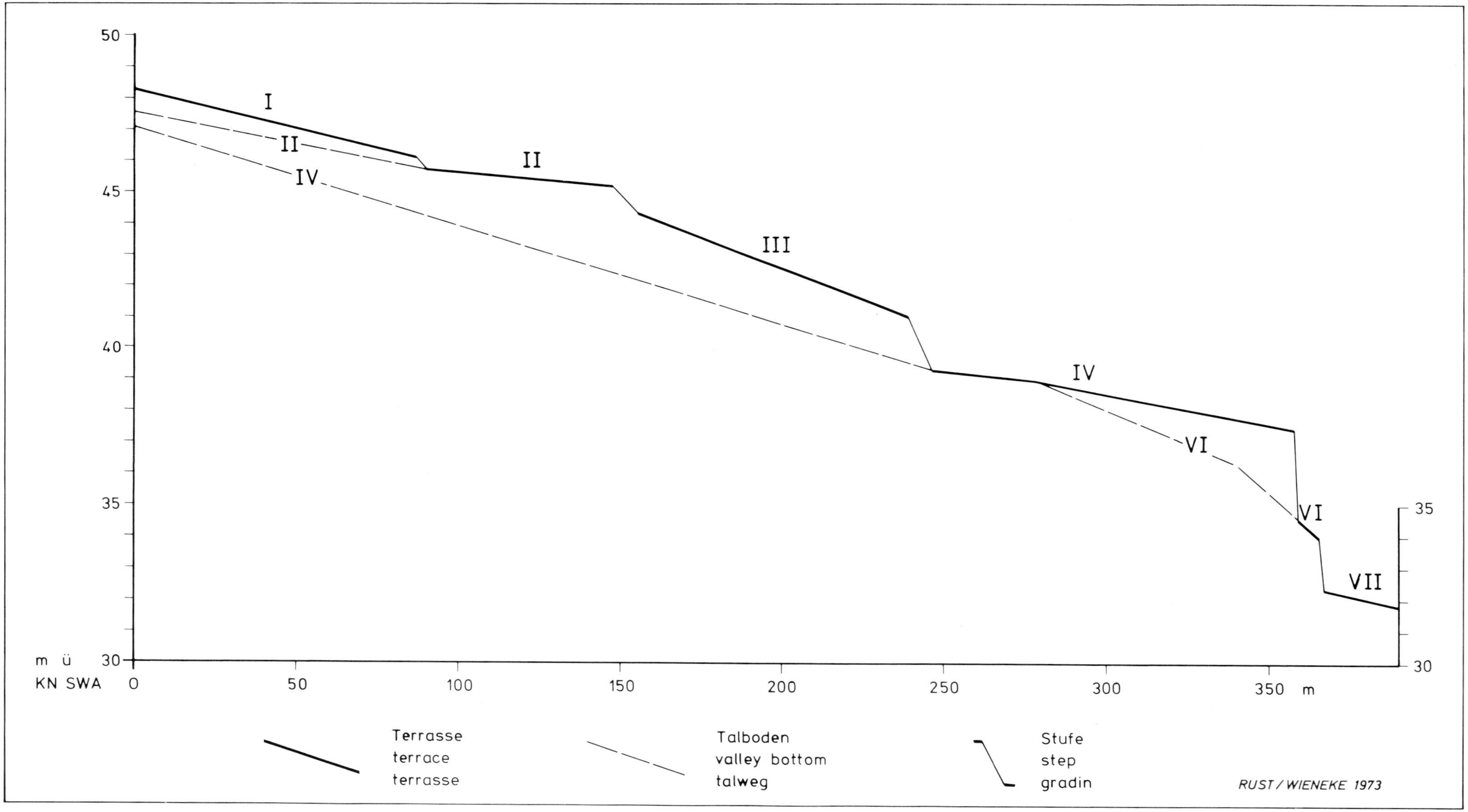

Abb. 4.14. Terrassensequenz am unteren Swakop: Nivellementsprofil (nach eigenen Vermessungen, Bezugshöhe barometrisch)

Fig. 4.14. Levelled cross-section of lower Swakop terraces (by the authors, reference level barometrically transferred)

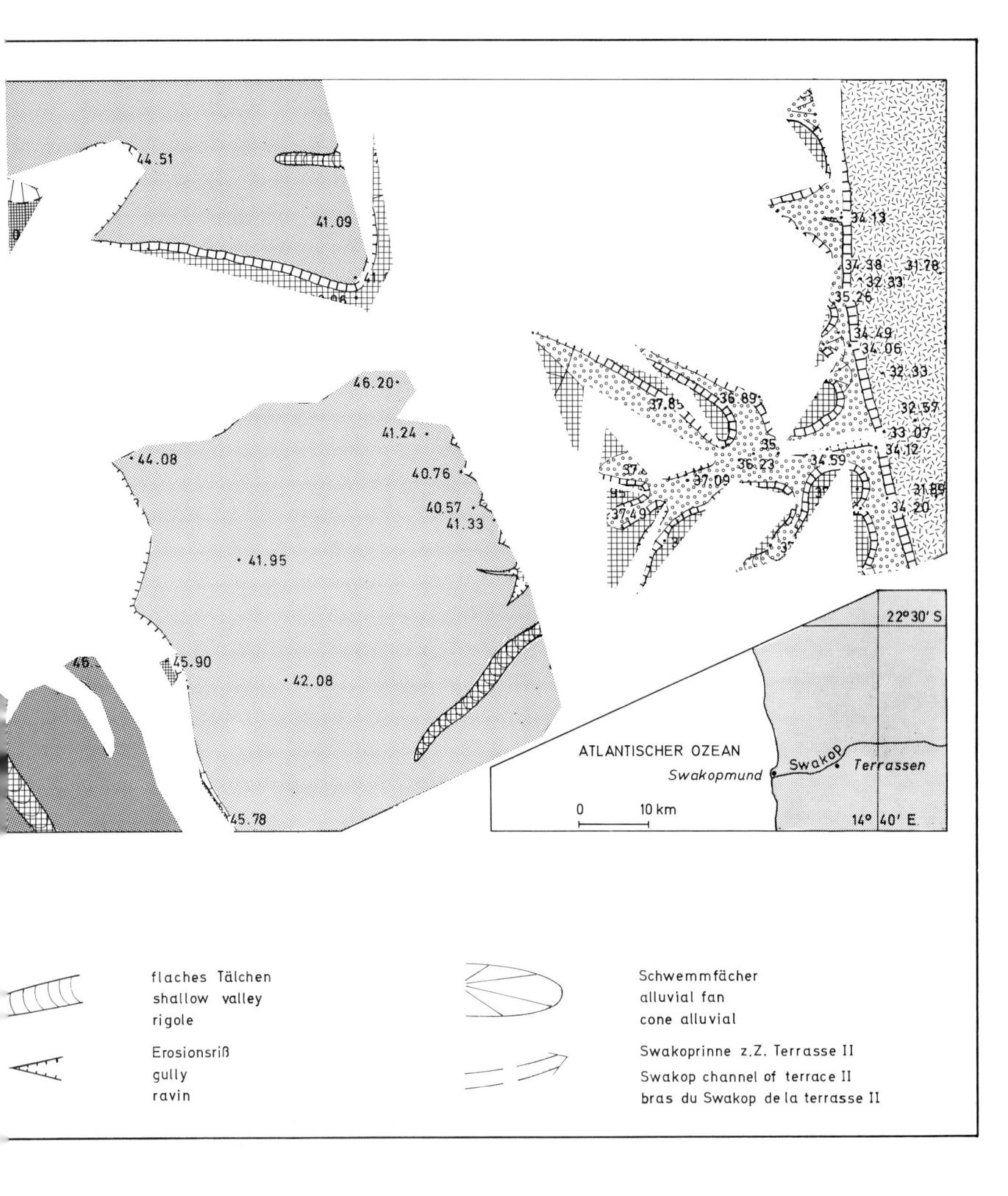

	flaches Tälchen		Schwemmfächer
	shallow valley		alluvial fan
	rigole		cone alluvial
	Erosionsriß		Swakoprinne z.Z. Terrasse II
	gully		Swakop channel of terrace II
	ravin		bras du Swakop de la terrasse II

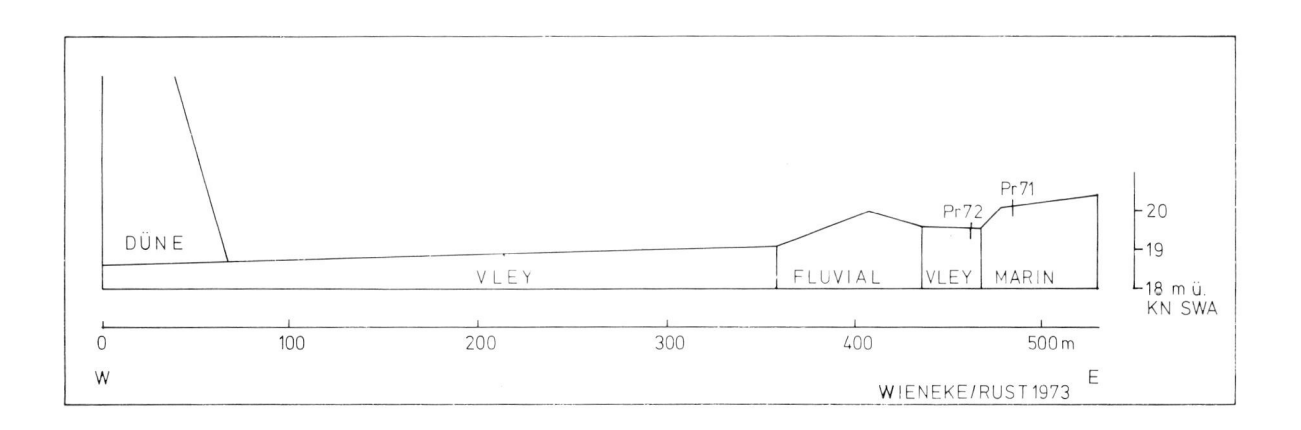

Abb. 4.15. West-Ost-Profil durch das Tumasvley
(nach eigenen Vermessungen, aus WIENEKE/RUST 1972)

Fig. 4.15. Levelled cross-section at Tumas vley
(by the authors, from WIENEKE/RUST 1972)

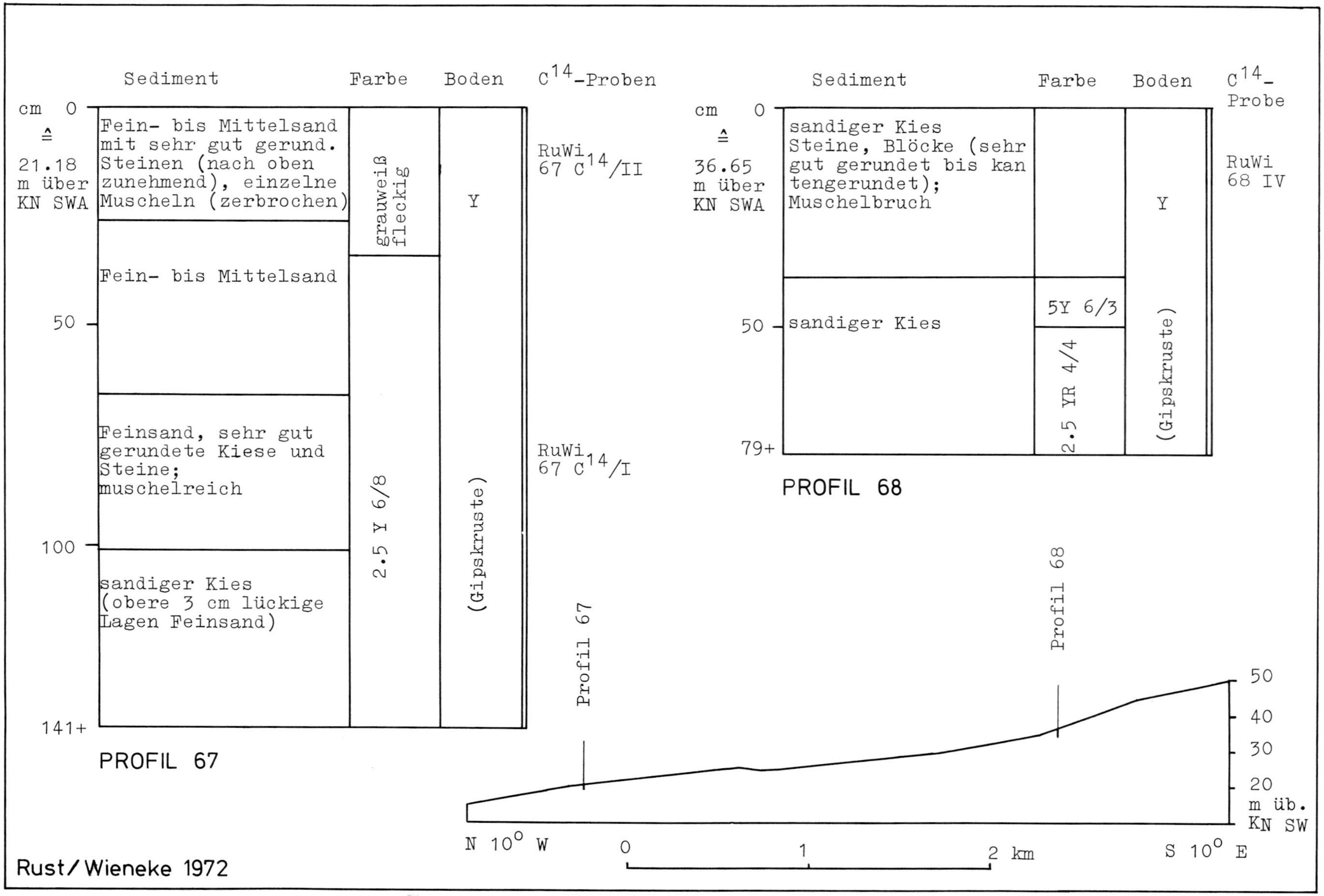

Abb. 4.16. Profile 67 und 68 bei Rooikop und ihre Lage zueinander (nach eigenen Aufnahmen und Vermessungen, aus RUST/WIENEKE 1973a)

Fig. 4.16. Sediment profiles nos. 67 and 68 at Rooikop and levelled cross-section showing their positions (by the authors, from RUST/WIENEKE 1973a)

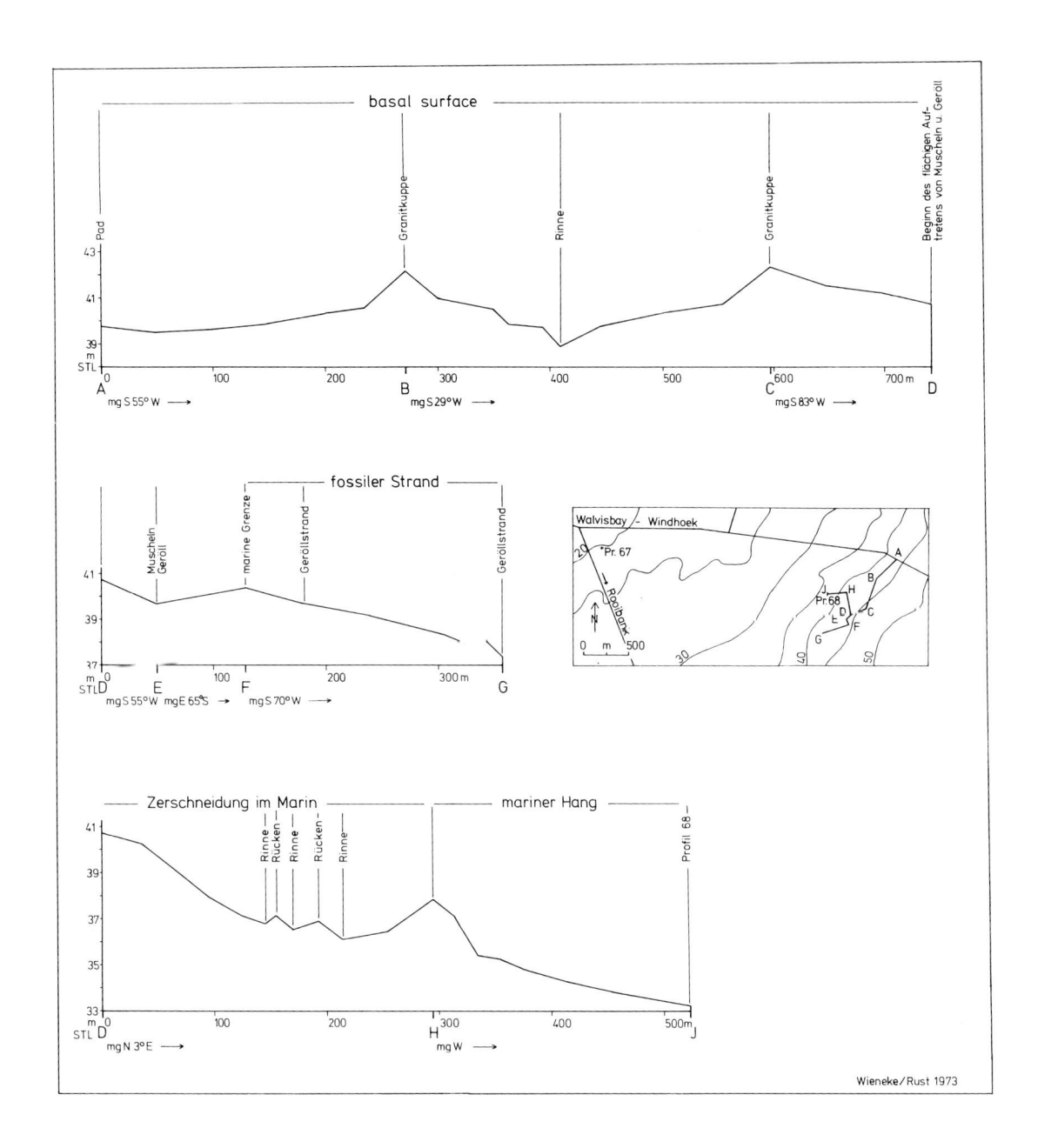

Abb. 4.17. Nivellementsprofile bei Rooikop (Lage vergl. Kartenausschnitt, nach eigenen Vermessungen)
(Höhenlinien bezogen auf KN SWA, Nivellementsprofile auf STL Mile 30; 0 m STL = + 3.43 m KN SWA)

Fig. 4.17. Levelled cross-section at Rooikop (positions see inserted map; levelled by the authors)
(isolines referred to KN SWA, cross-sections to STL Mile 30; 0 m STL = + 3.43 m KN SWA)

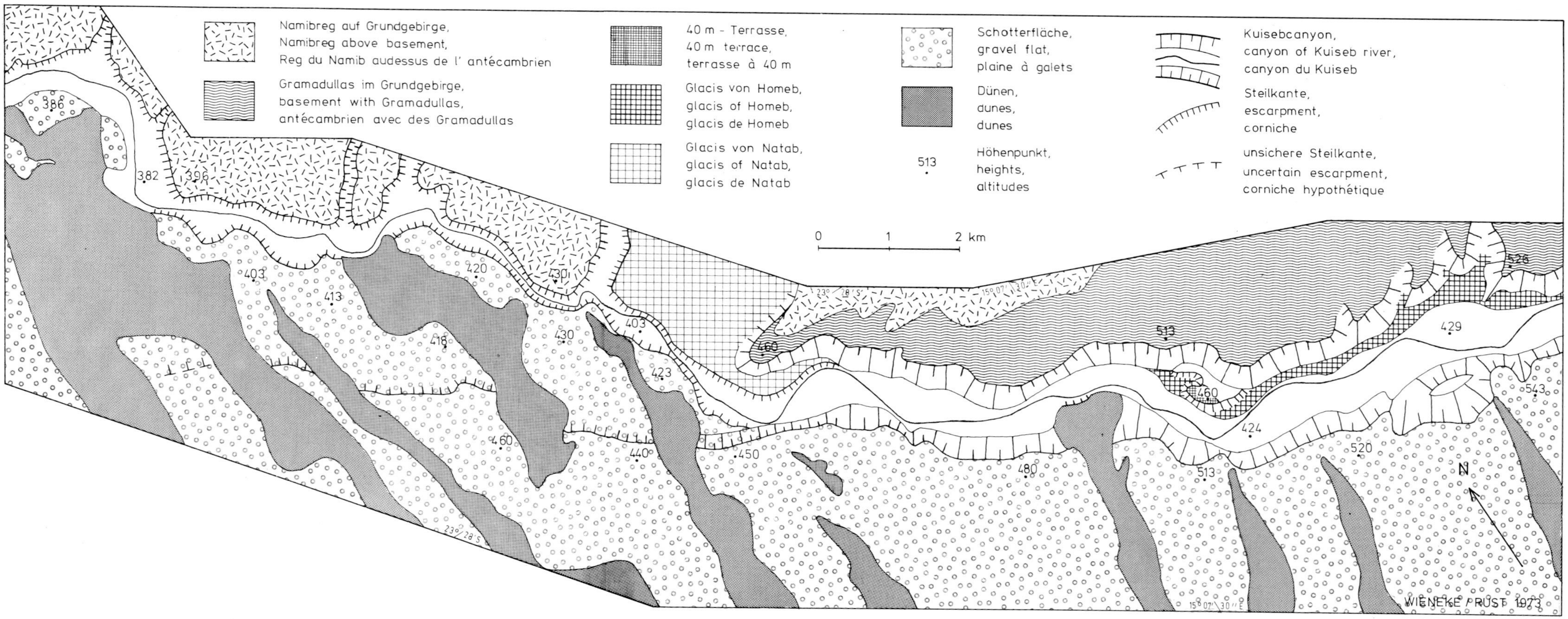

Abb. 4.18. Geomorphologische Karte der Region Ossewater/Gobabeb am mittleren Kuiseb
(nach eigenen Luftbild- und Kartenauswertungen und Geländeaufnahmen, aus RUST/WIENEKE 1974)

Fig. 4.18. Geomorphological map of the Ossewater/Gobabeb region at middle Kuiseb river
(interpretation of topographical maps and of aerial photographs, and ground check, from RUST/WIENEKE 1974)

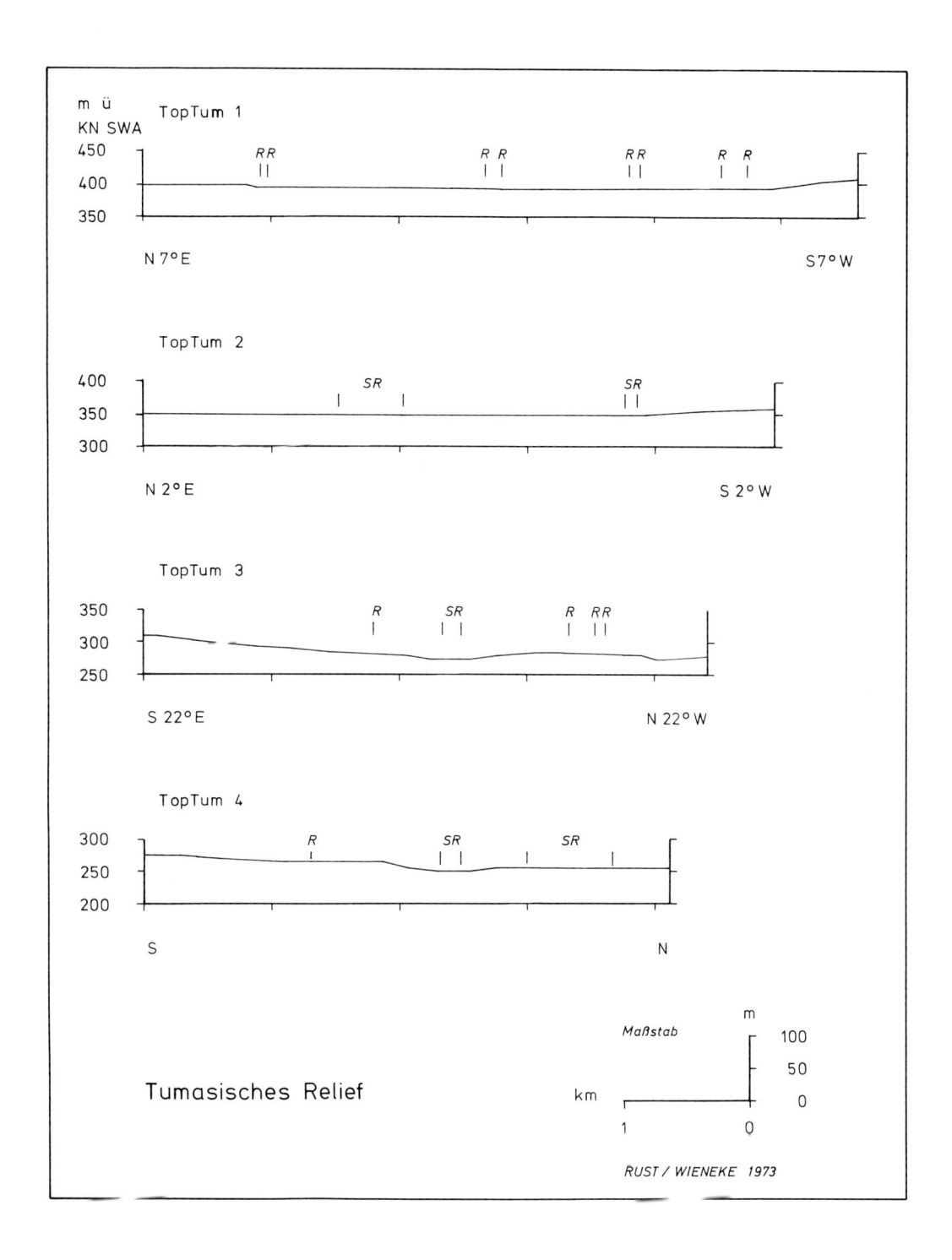

Abb. 4.19. Tumasisches Relief. Topographische Querprofile vom mittleren Tumas Rivier
R = Rinne   SR = Schwemmrinne   (beides gemäß topogr. Karte)
Quelle: Topographic Map 1 : 25,000, Trigonometric Survey, Windhoek

Fig. 4.19. Tumasic relief. Cross-sections at middle Tumas river
R = arroyo   SR = alluvial plain
Source: Topographic Map 1 : 25,000, Trigonometric Survey, Windhoek

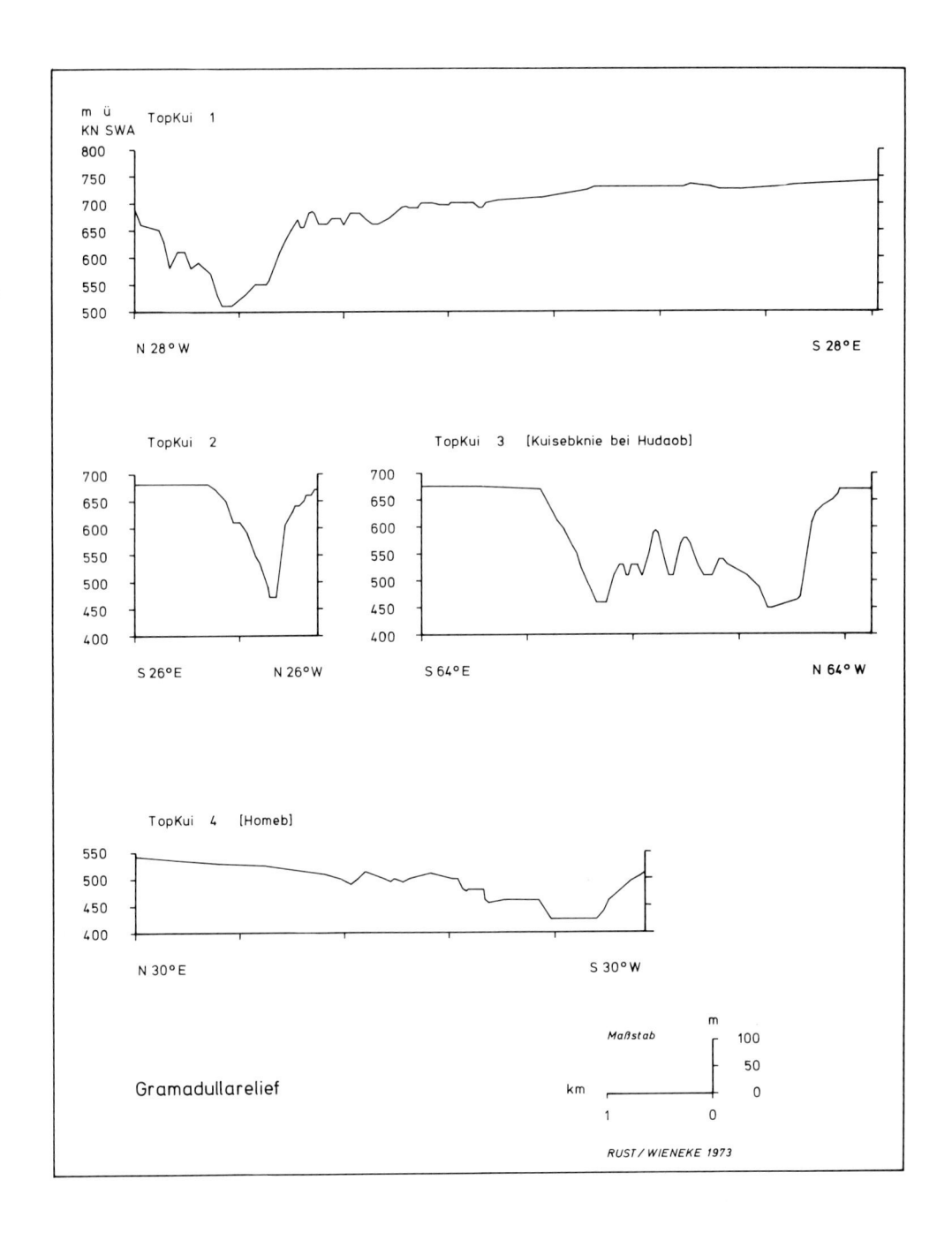

Abb. 4.20. Gramadullarelief. Topographische Querprofile vom mittleren Kuiseb Rivier
Quelle: Topographic Map 1 : 25,000, Trigonometric Survey, Windhoek

Fig. 4.20. Gramadulla relief. Cross-sections at middle Kuiseb river
Source: Topographic Map 1 : 25,000, Trigonometric Survey, Windhoek

PROFIL Nr. 49, 50, 51, 52

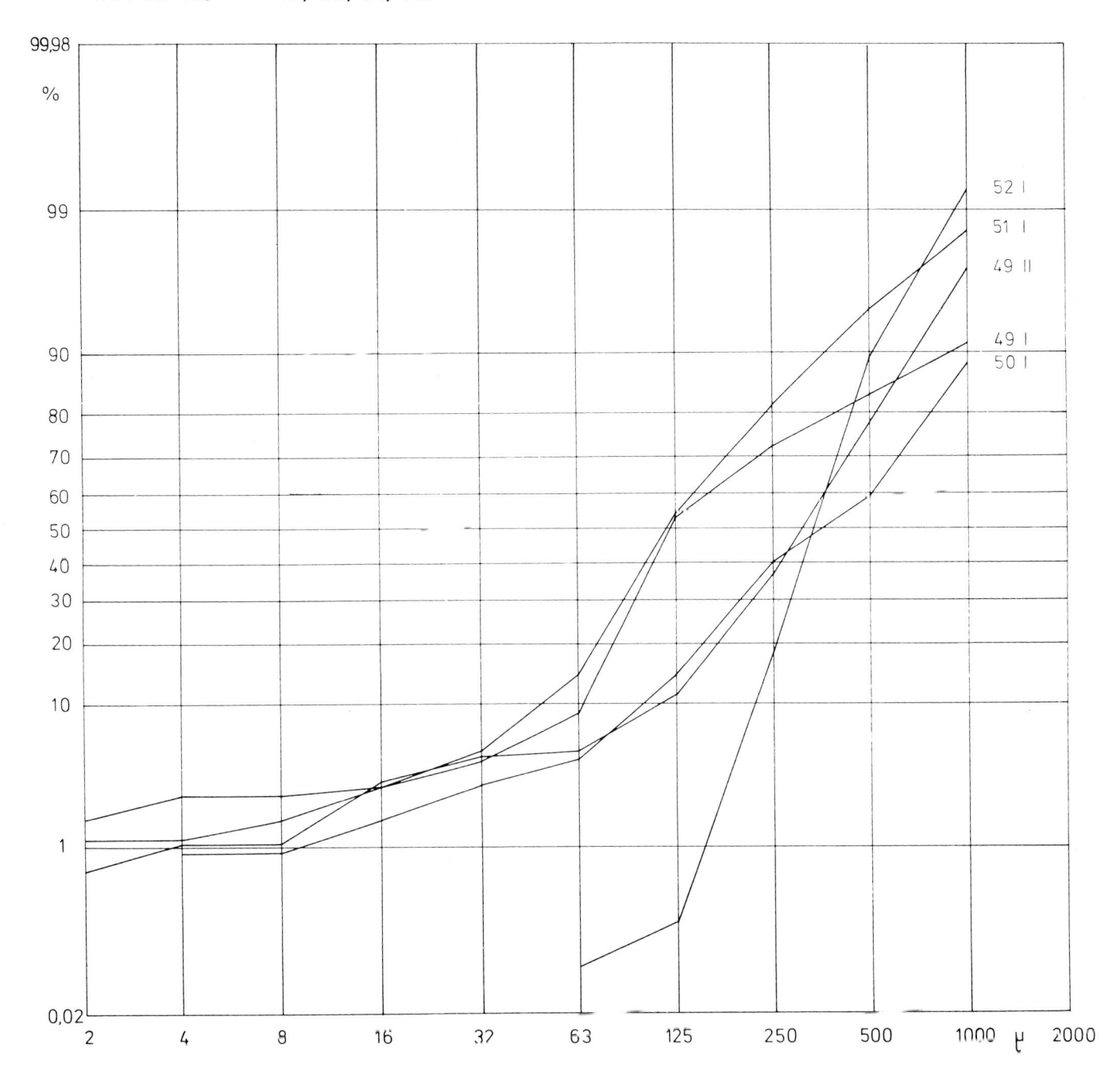

Abb. 4.21. Summenkurven der Korngrößenverteilungen des Feinerdeanteils ausgewählter Sedimentproben von Mile 30, dargestellt im Wahrscheinlichkeitsnetz mit logarithmischer Abszisse (vgl. Tab. 4.1.)

Fig. 4.21. Cumulative frequency curves of grain size distributions of selected sediment samples at Mile 30, represented on probability paper with a logarithmic ordinate (see table 4.1.)

PROFIL Nr. 44, 44 e

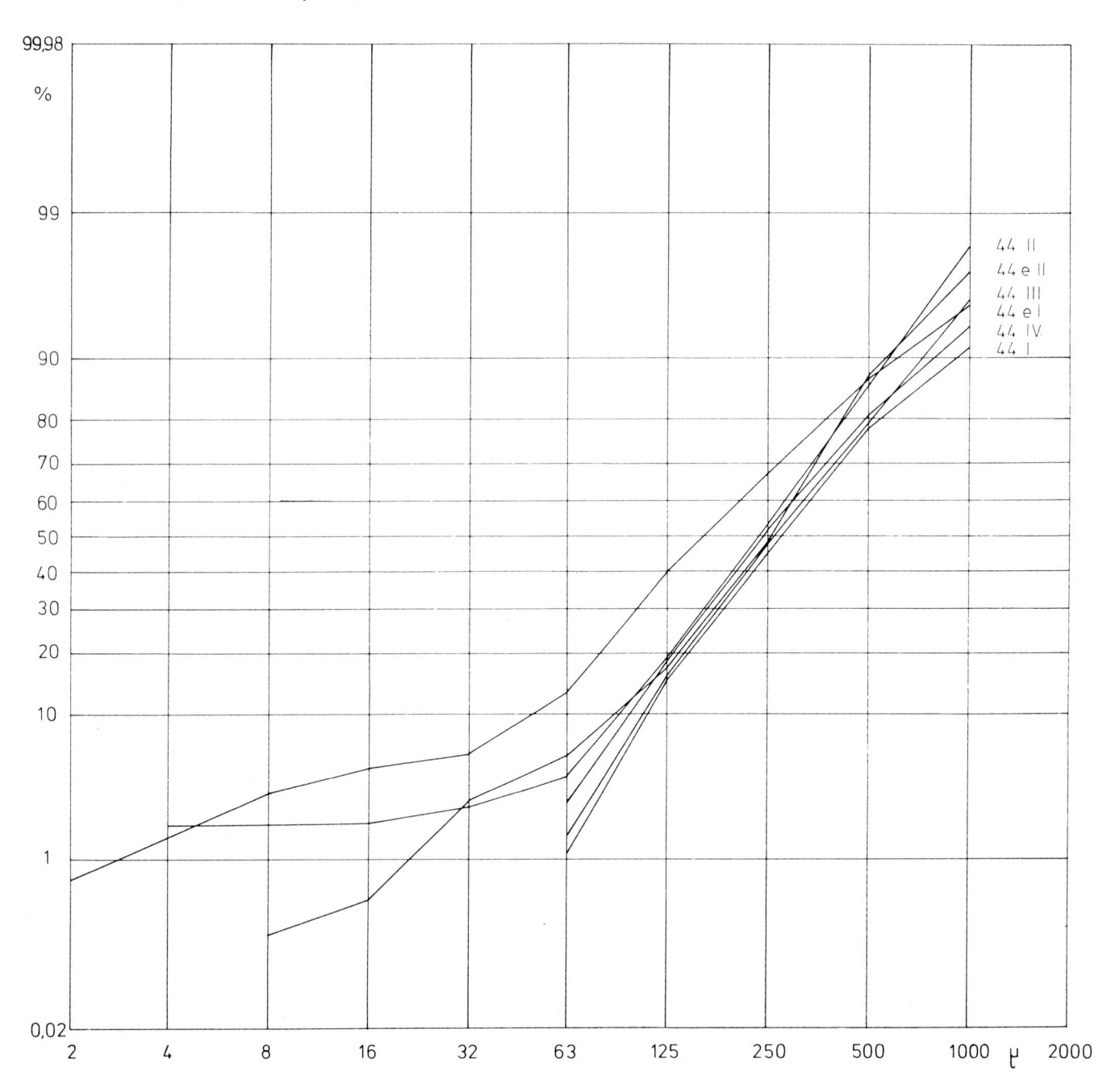

Abb. 4.22. Summenkurven der Korngrößenverteilungen des Feinerdeanteils ausgewählter Sedimentproben von Mile 30, dargestellt im Wahrscheinlichkeitsnetz mit logarithmischer Abszisse (vgl. Tab. 4.1.)

Fig. 4.22. Cumulative frequency curves of grain size distributions of selected sediment samples at Mile 30, represented on probability paper with a logarithmic ordinate (see table 4.1.)

PROFIL Nr. 33, 45

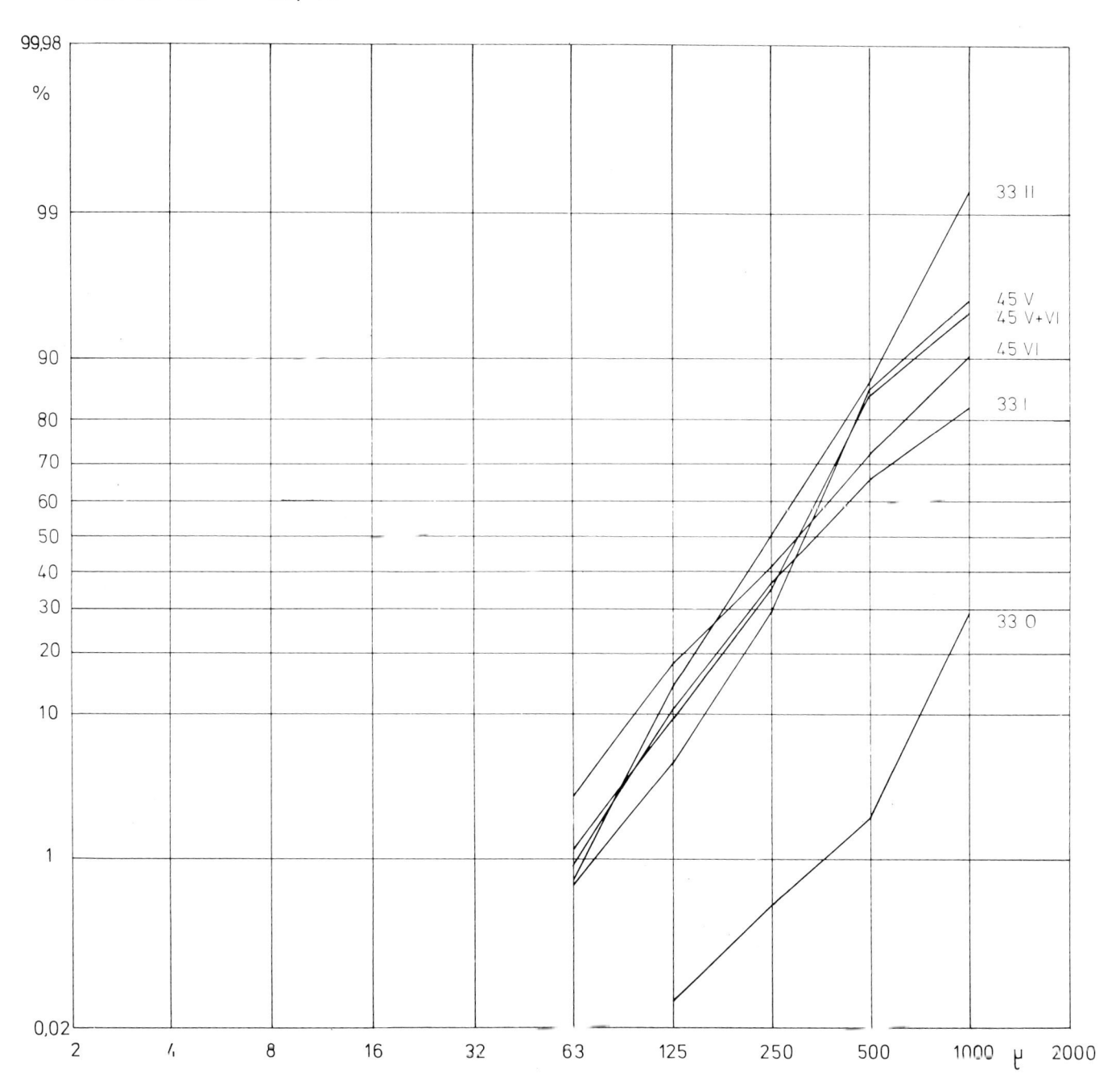

Abb. 4.23. Summenkurven der Korngrößenverteilungen des Feinerdeanteils ausgewählter Sedimentproben von Mile 30, dargestellt im Wahrscheinlichkeitsnetz mit logarithmischer Abszisse (vgl. Tab. 4.1.)

Fig. 4.23. Cumulative frequency curves of grain size distributions of selected sediment samples at Mile 30, represented on probability paper with a logarithmic ordinate (see table 4.1.)

PROFIL Nr. 46, 47, 48

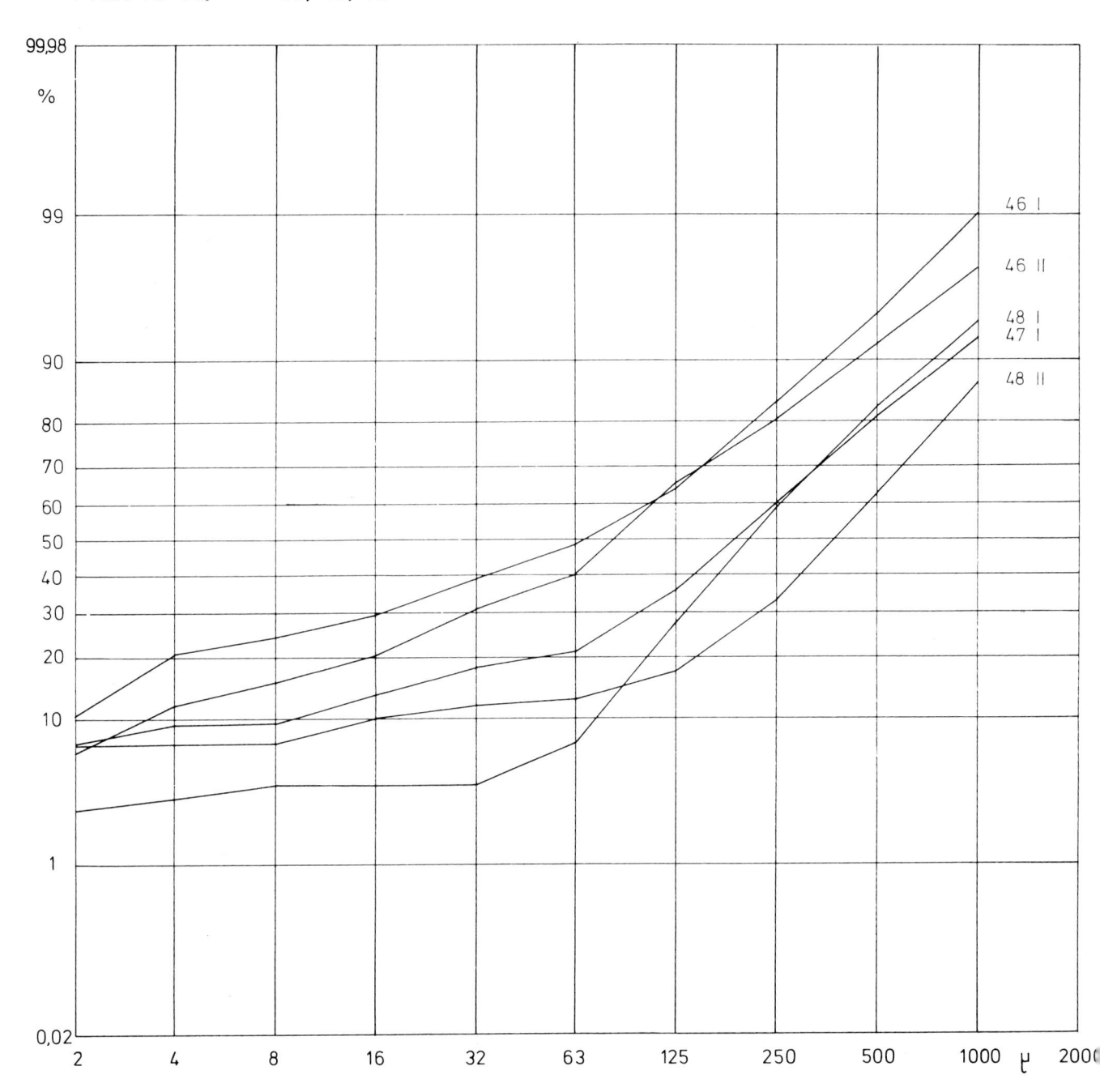

Abb. 4.24. Summenkurven der Korngrößenverteilungen des Feinerdeanteils ausgewählter Sedimentproben von Mile 30, dargestellt im Wahrscheinlichkeitsnetz mit logarithmischer Abszisse (vgl. Tab. 4.1.)

Fig. 4.24. Cumulative frequency curves of grain size distributions of selected sediment samples at Mile 30, represented on probability paper with a logarithmic ordinate (see table 4.1.)

PROFIL Nr. 31

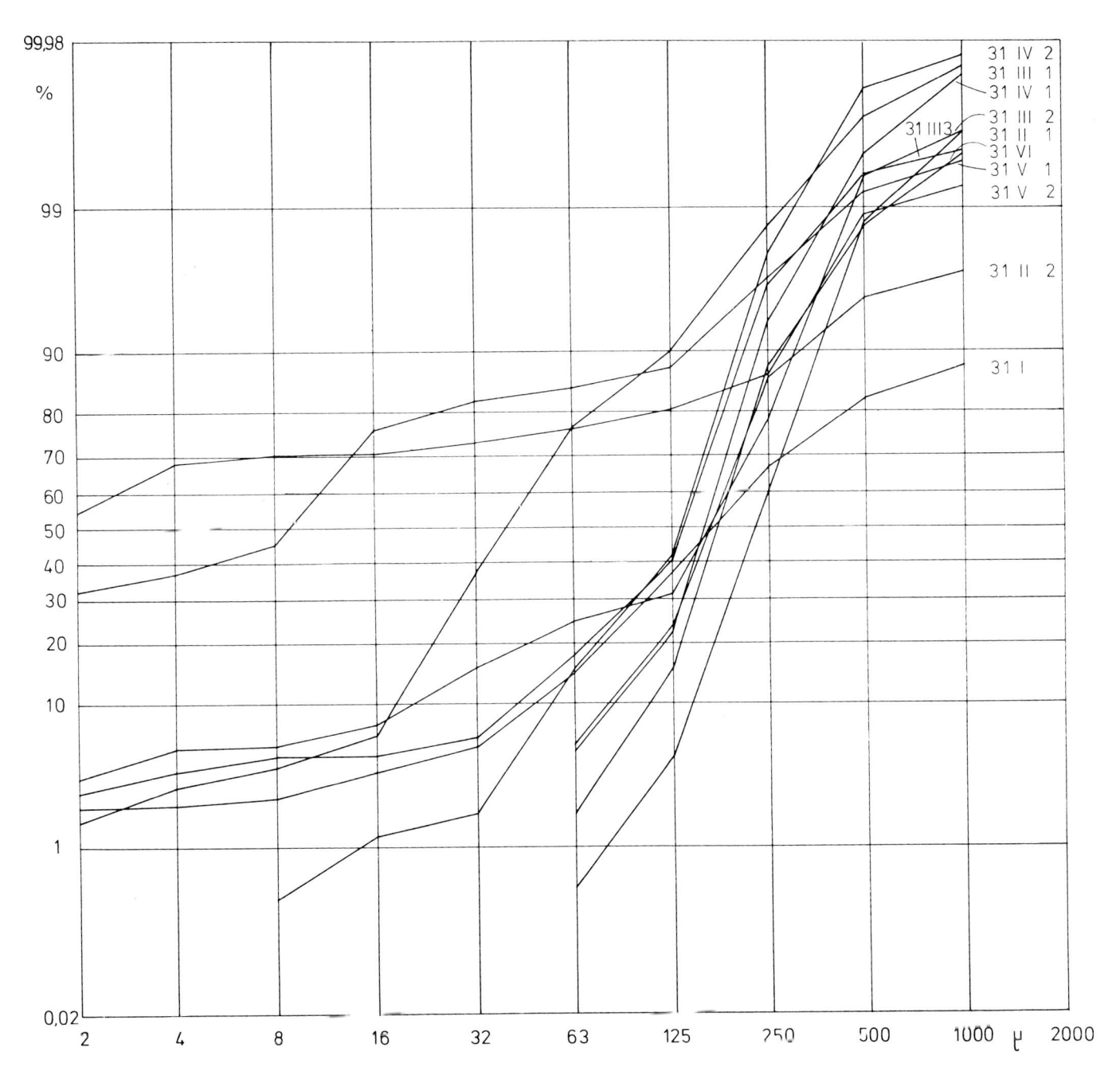

Abb. 4.25. Summenkurven der Korngrößenverteilungen des Feinerdeanteils ausgewählter Sedimentproben von Mile 4/Vineta, dargestellt im Wahrscheinlichkeitsnetz mit logarithmischer Abszisse (vgl. Tab. 4.2.)

Fig. 4.25. Cumulative frequency curves of grain size distributions of selected sediment samples at Mile 4/Vineta, represented on probability paper with a logarithmic ordinate (see table 4.2.)

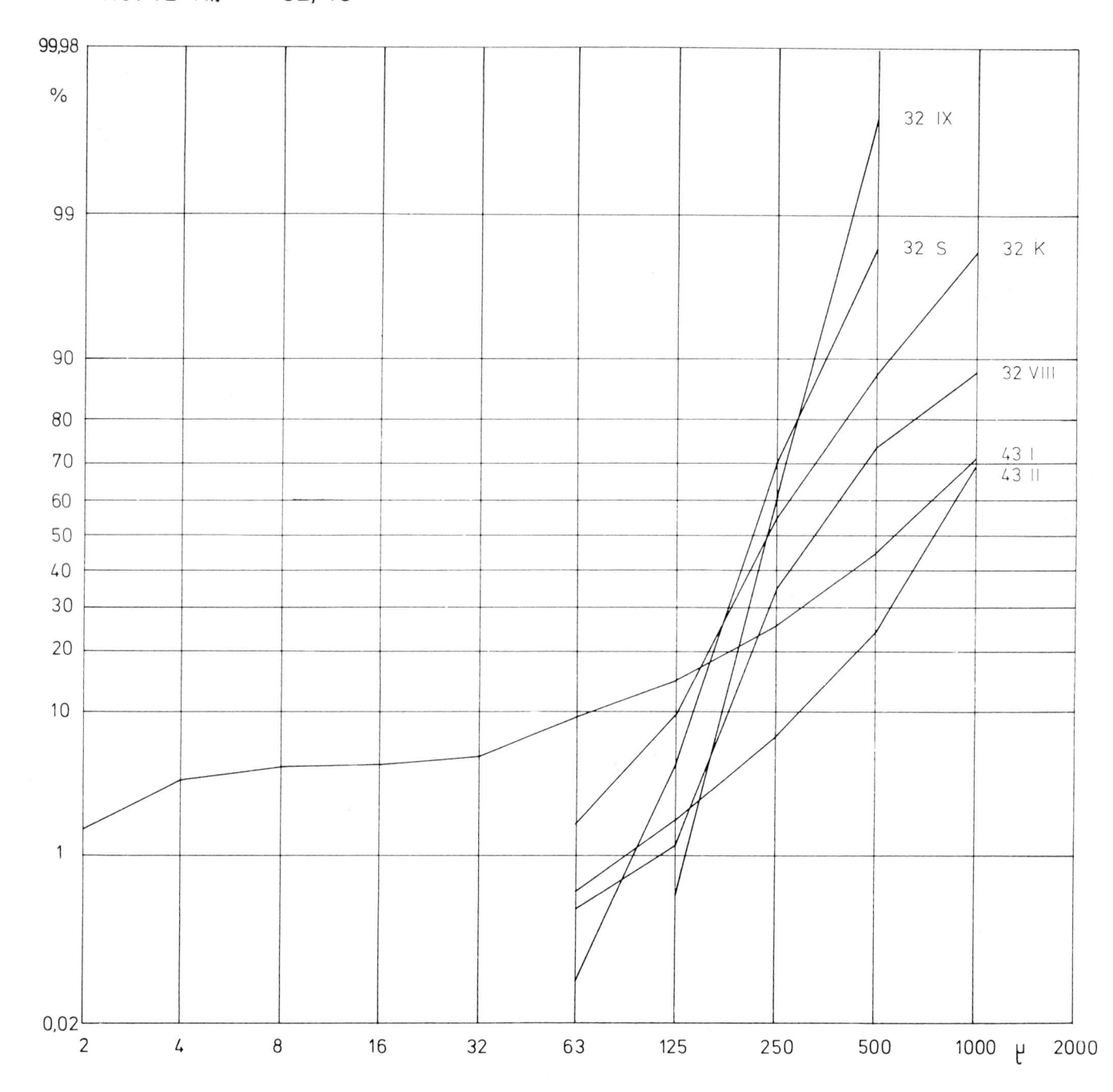

Abb. 4.26. Summenkurven der Korngrößenverteilungen des Feinerdeanteils ausgewählter Sedimentproben von Mile 4/Vineta, dargestellt im Wahrscheinlichkeitsnetz mit logarithmischer Abszisse (vgl. Tab. 4.2.)

Fig. 4.26. Cumulative frequency curves of grain size distributions of selected sediment samples at Mile 4/Vineta, represented on probability paper with a logarithmic ordinate (see table 4.2.)

PROFIL Nr. 42

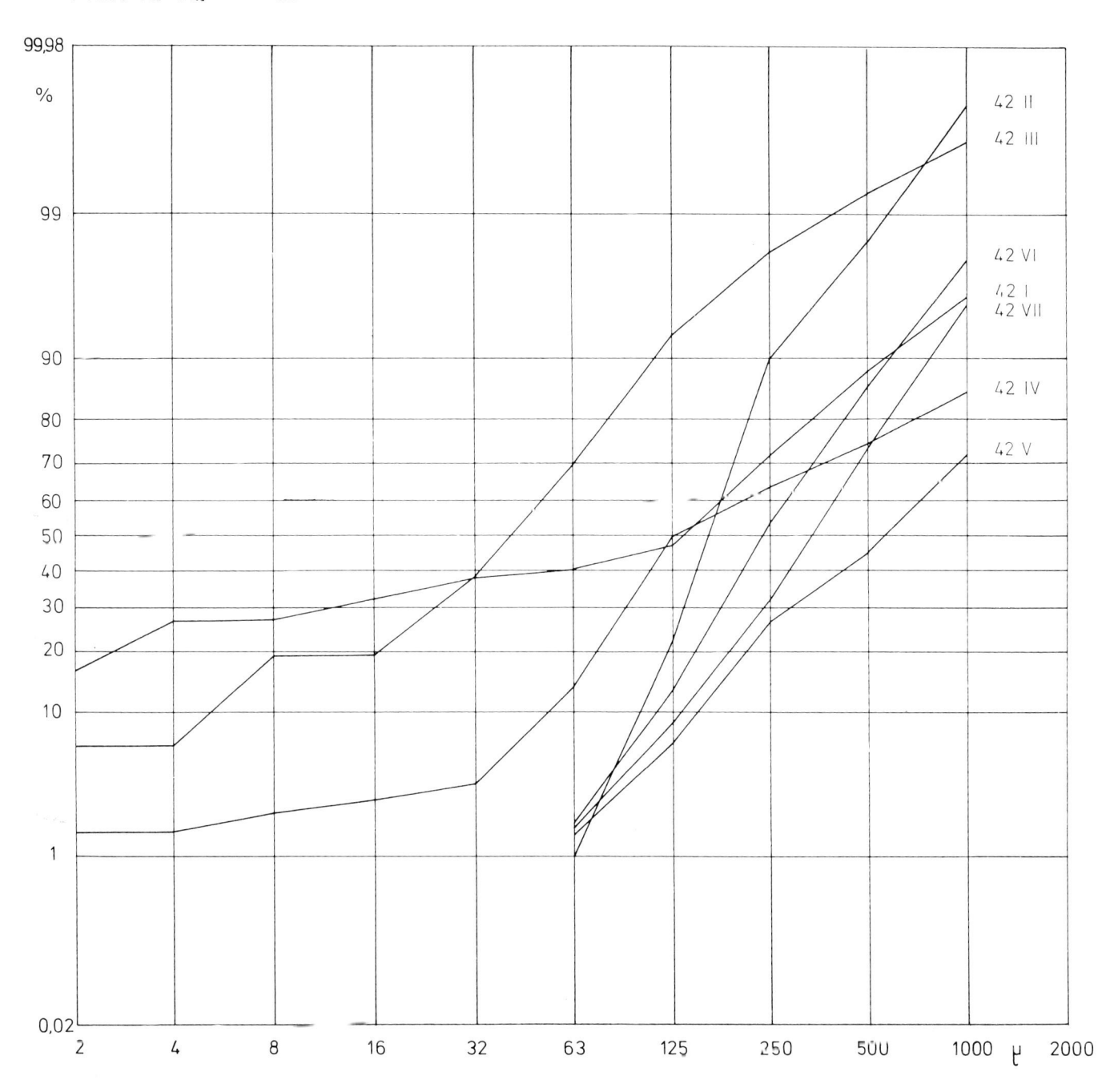

Abb. 4.27. Summenkurven der Korngrößenverteilungen des Feinerdeanteils ausgewählter Sedimentproben von Mile 4/Vineta, dargestellt im Wahrscheinlichkeitsnetz mit logarithmischer Abszisse (vgl. Tab. 4.2.)

Fig. 4.27. Cumulative frequency curves of grain size distributions of selected sediment samples at Mile 4/Vineta, represented on probability paper with a logarithmic ordinate (see table 4.2.)

PROFIL Nr. 53

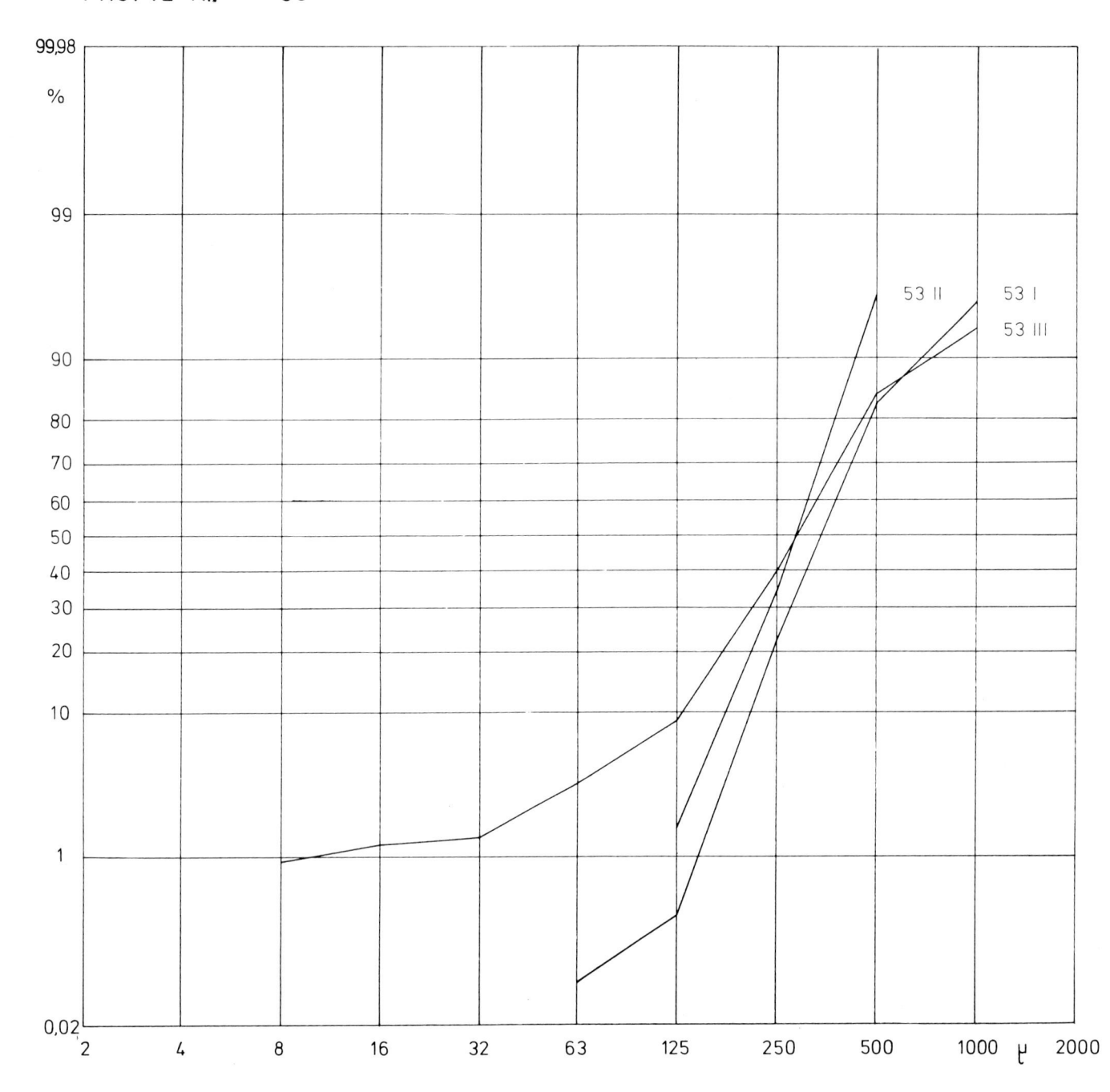

Abb. 4.28. Summenkurven der Korngrößenverteilungen des Feinerdeanteils ausgewählter Sedimentproben von Mile 4/Vineta, dargestellt im Wahrscheinlichkeitsnetz mit logarithmischer Abszisse (vgl. Tab. 4.2.)

Fig. 4.28. Cumulative frequency curves of grain size distributions of selected sediment samples at Mile 4/Vineta, represented on probability paper with a logarithmic ordinate (see table 4.2.)

PROFIL Nr. 60, 69

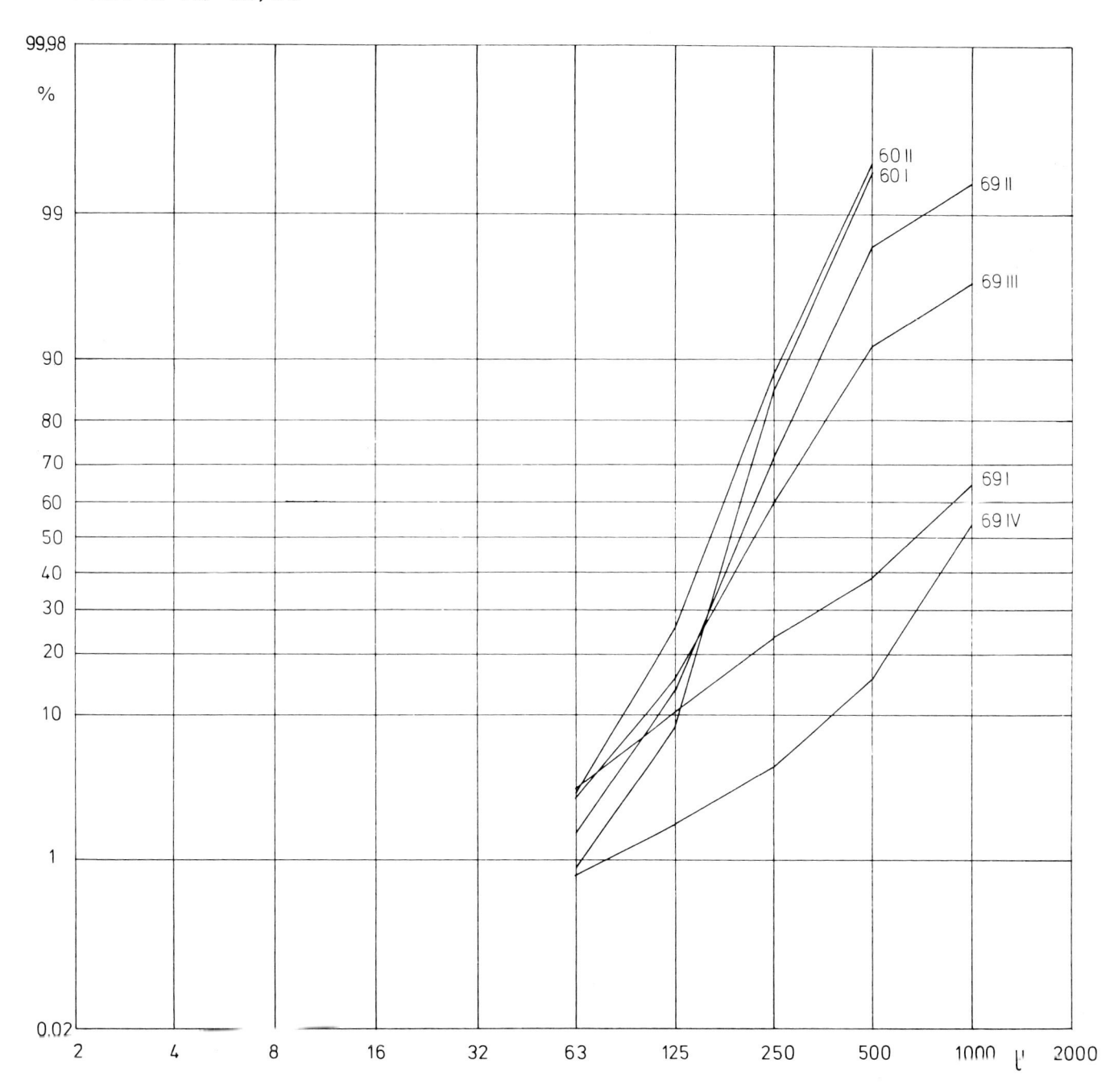

Abb. 4.29. Summenkurven der Korngrößenverteilungen des Feinerdeanteils ausgewählter Sedimentproben vom unteren Swakop, dargestellt im Wahrscheinlichkeitsnetz mit logarithmischer Abszisse (vgl. Tab. 4.3.)

Fig. 4.29. Cumulative frequency curves of grain size distributions of selected sediment samples at lower Swakop river, represented on probability paper with a logarithmic ordinate (see table 4.3.)

PROFIL Nr. 30, 55

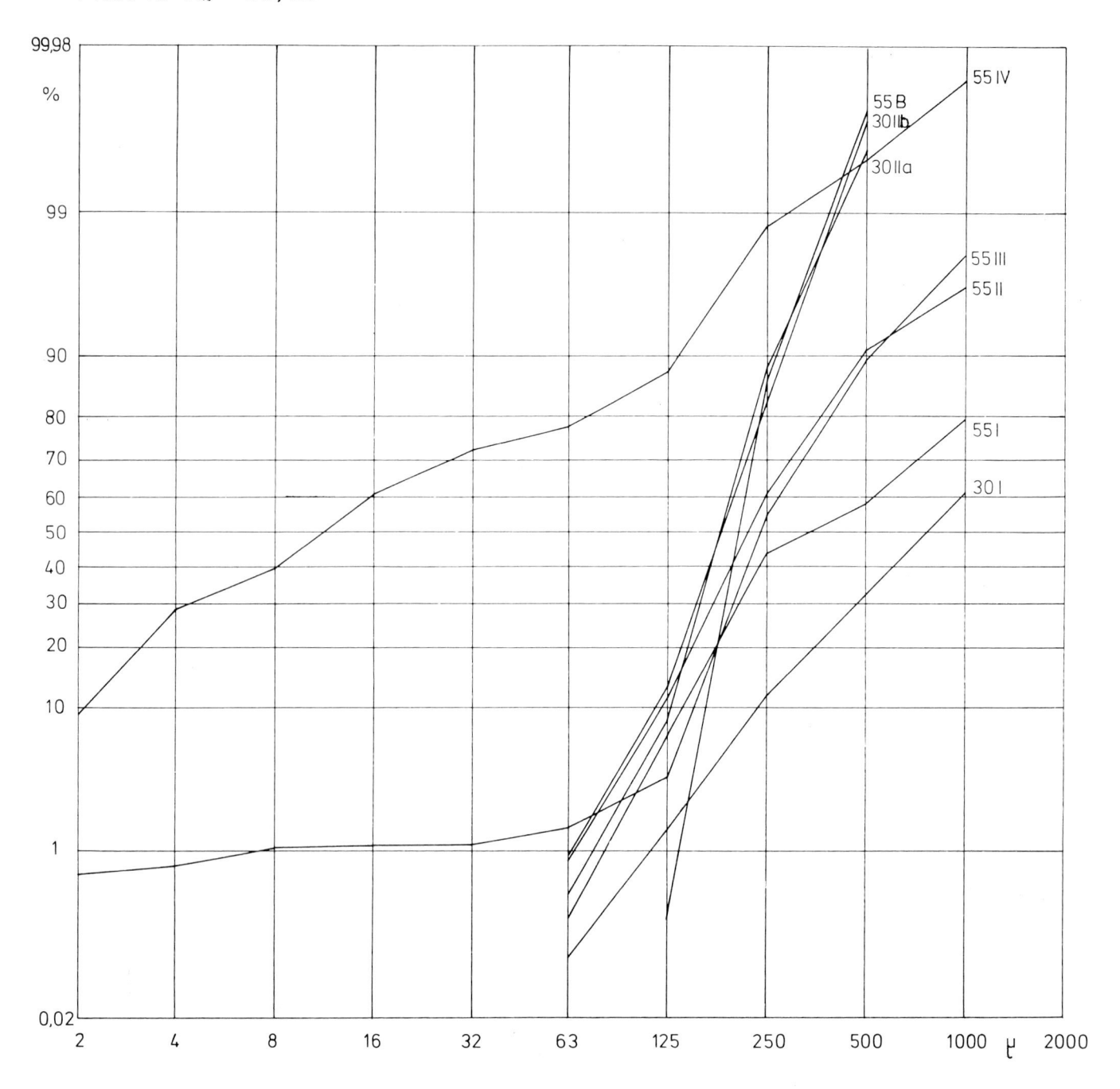

Abb. 4.30. Summenkurven der Korngrößenverteilungen des Feinerdeanteils ausgewählter Sedimentproben vom unteren Swakop, dargestellt im Wahrscheinlichkeitsnetz mit logarithmischer Abszisse (vgl. Tab. 4.3.)

Fig. 4.30. Cumulative frequency curves of grain size distributions of selected sediment samples at lower Swakop river, represented on probability paper with a logarithmic ordinate (see table 4.3.)

PROFIL Nr. 56, 57, 58

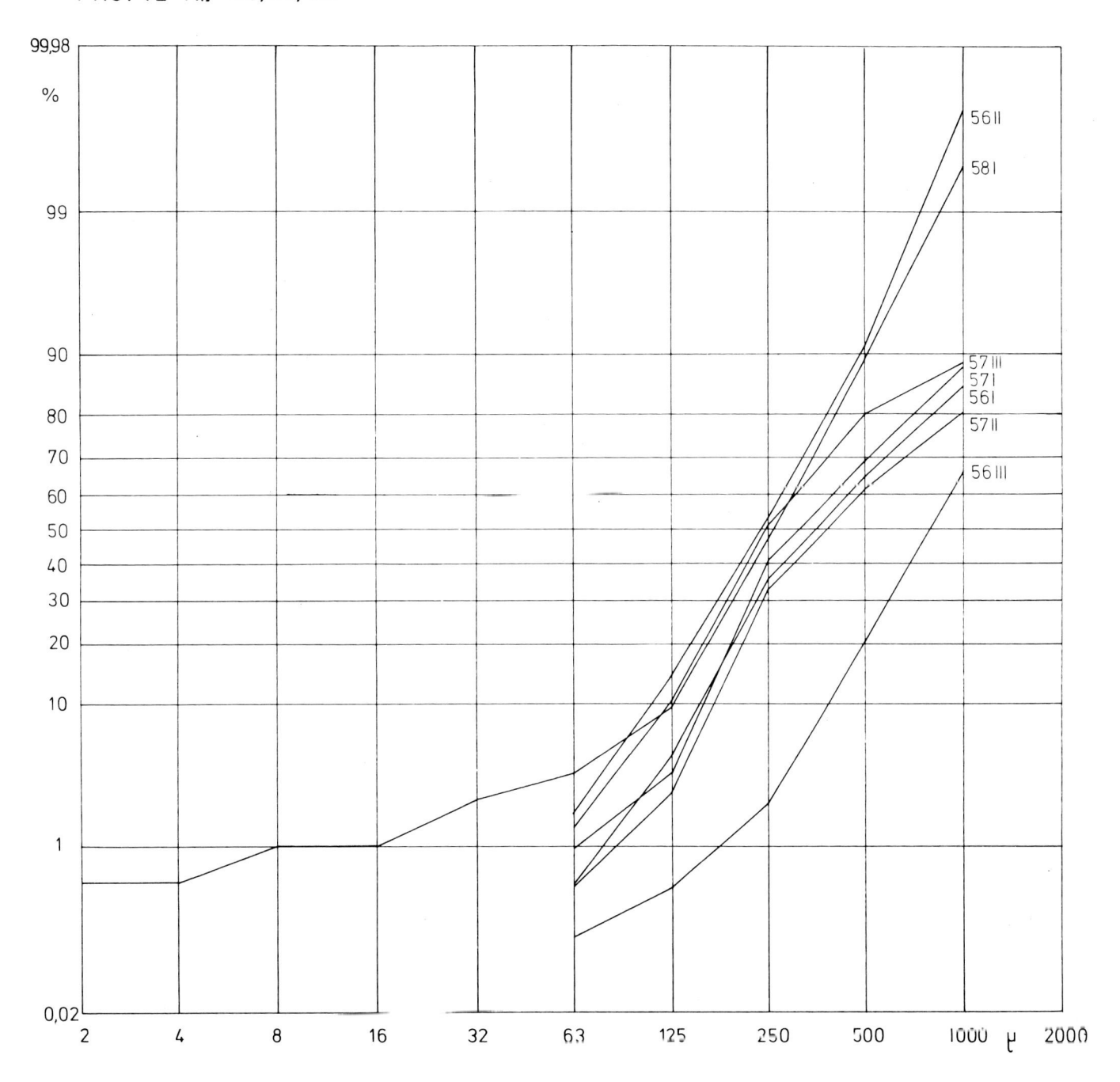

Abb. 4.31. Summenkurven der Korngrößenverteilungen des Feinerdeanteils ausgewählter Sedimentproben vom unteren Swakop, dargestellt im Wahrscheinlichkeitsnetz mit logarithmischer Abszisse (vgl. Tab. 4.3.)

Fig. 4.31. Cumulative frequency curves of grain size distributions of selected sediment samples at lower Swakop river, represented on probability paper with a logarithmic ordinate (see table 4.3.)

PROFIL Nr. 71, 72

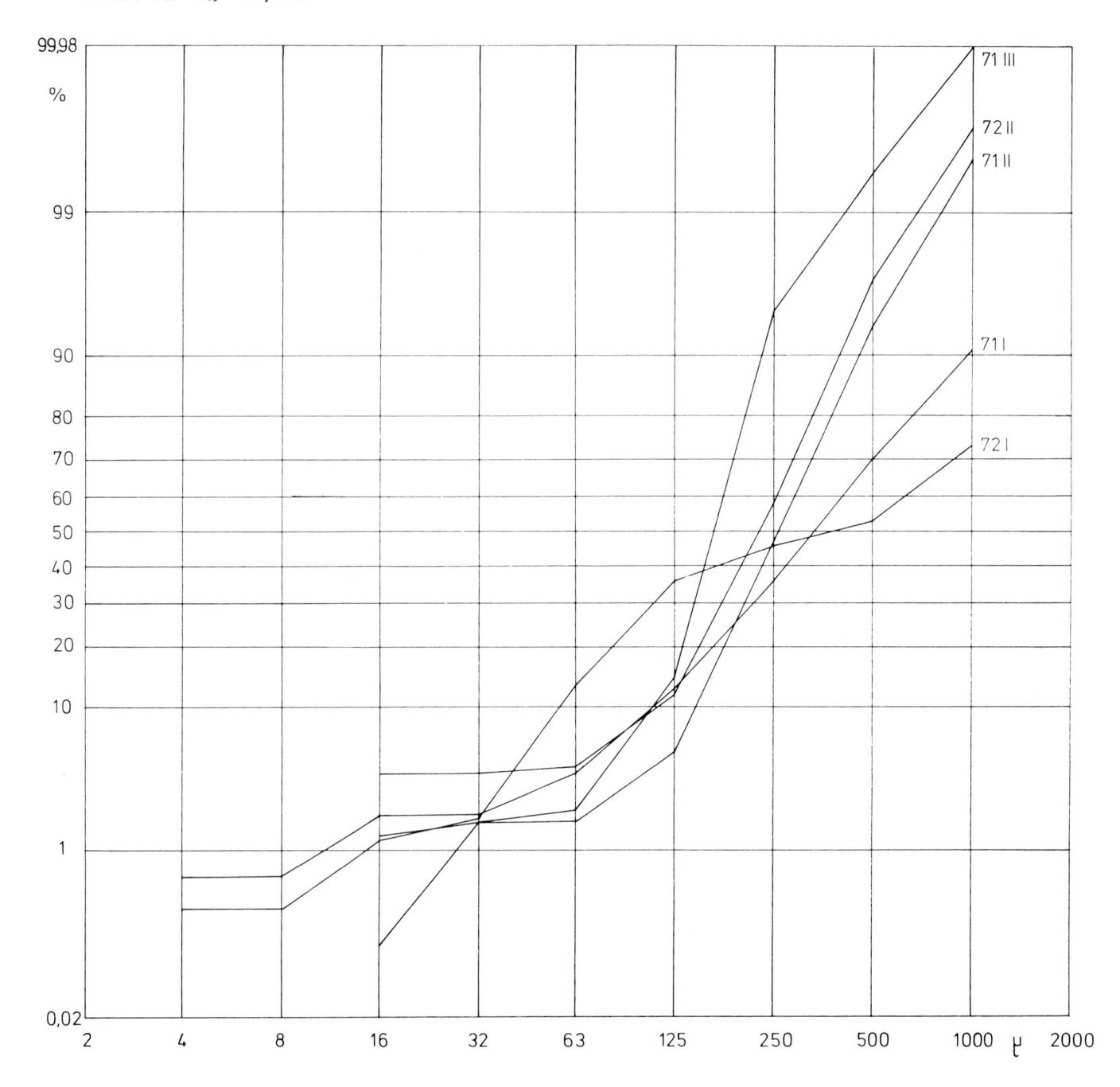

Abb. 4.32. Summenkurven der Korngrößenverteilungen des Feinerdeanteils ausgewählter Sedimentproben vom Tumasvley, dargestellt im Wahrscheinlichkeitsnetz mit logarithmischer Abszisse (vgl. Tab. 4.4.)

Fig. 4.32. Cumulative frequency curves of grain size distributions of selected sediment samples at Tumas vley, represented on probability paper with a logarithmic ordinate (see table 4.4.)

PROFIL Nr. 54

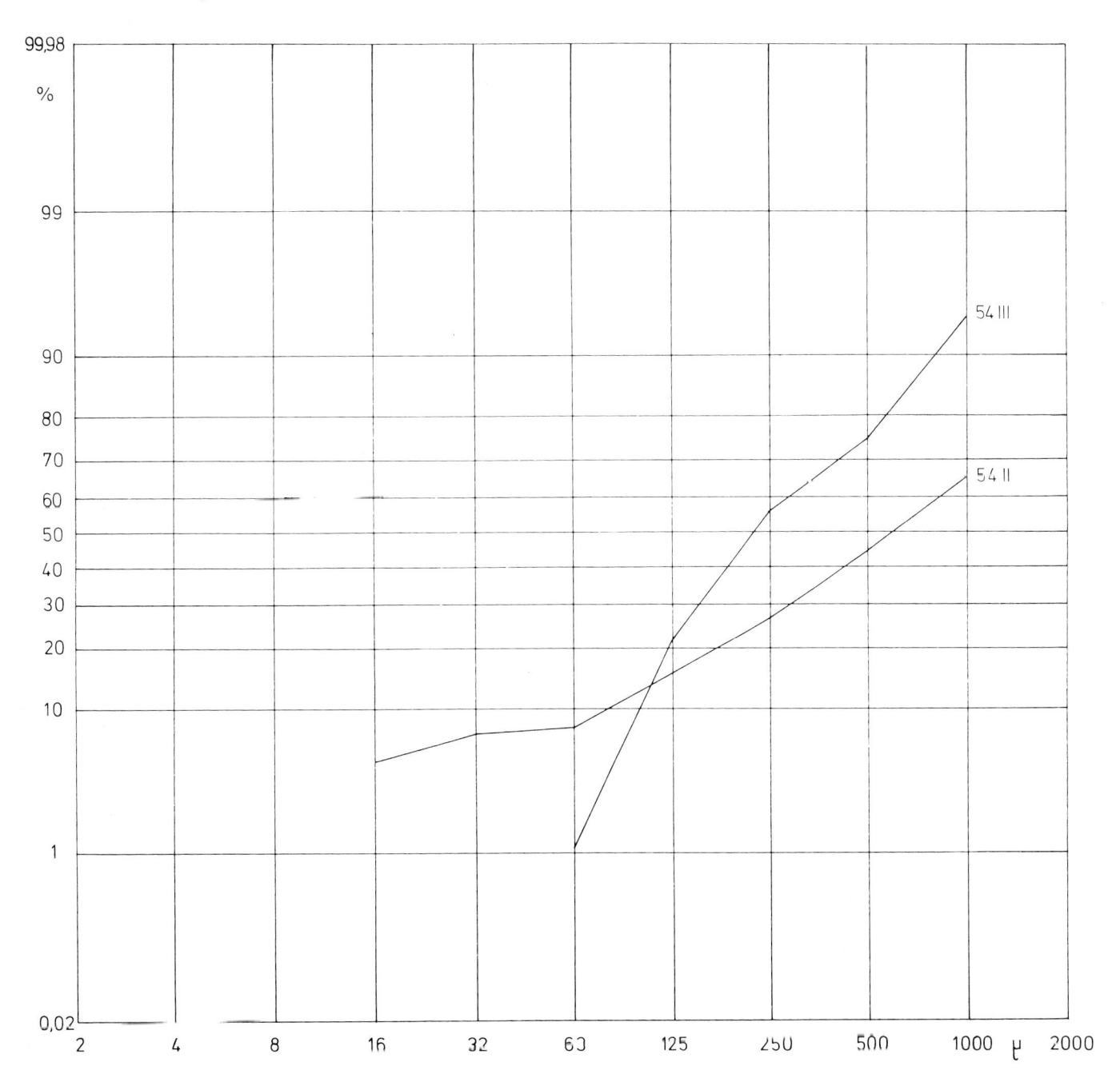

Abb. 4.33. Summenkurven der Korngrößenverteilungen des Feinerdeanteils ausgewählter Sedimentproben vom mittleren Tumas, dargestellt im Wahrscheinlichkeitsnetz mit logarithmischer Abszisse (vgl. Tab. 4.5.)

Fig. 4.33. Cumulative frequency curves of grain size distributions of selected sediment samples at middle Tumas river, represented on probability paper with a logarithmic ordinate (see table 4.5.)

PROFIL Nr. 67, 68

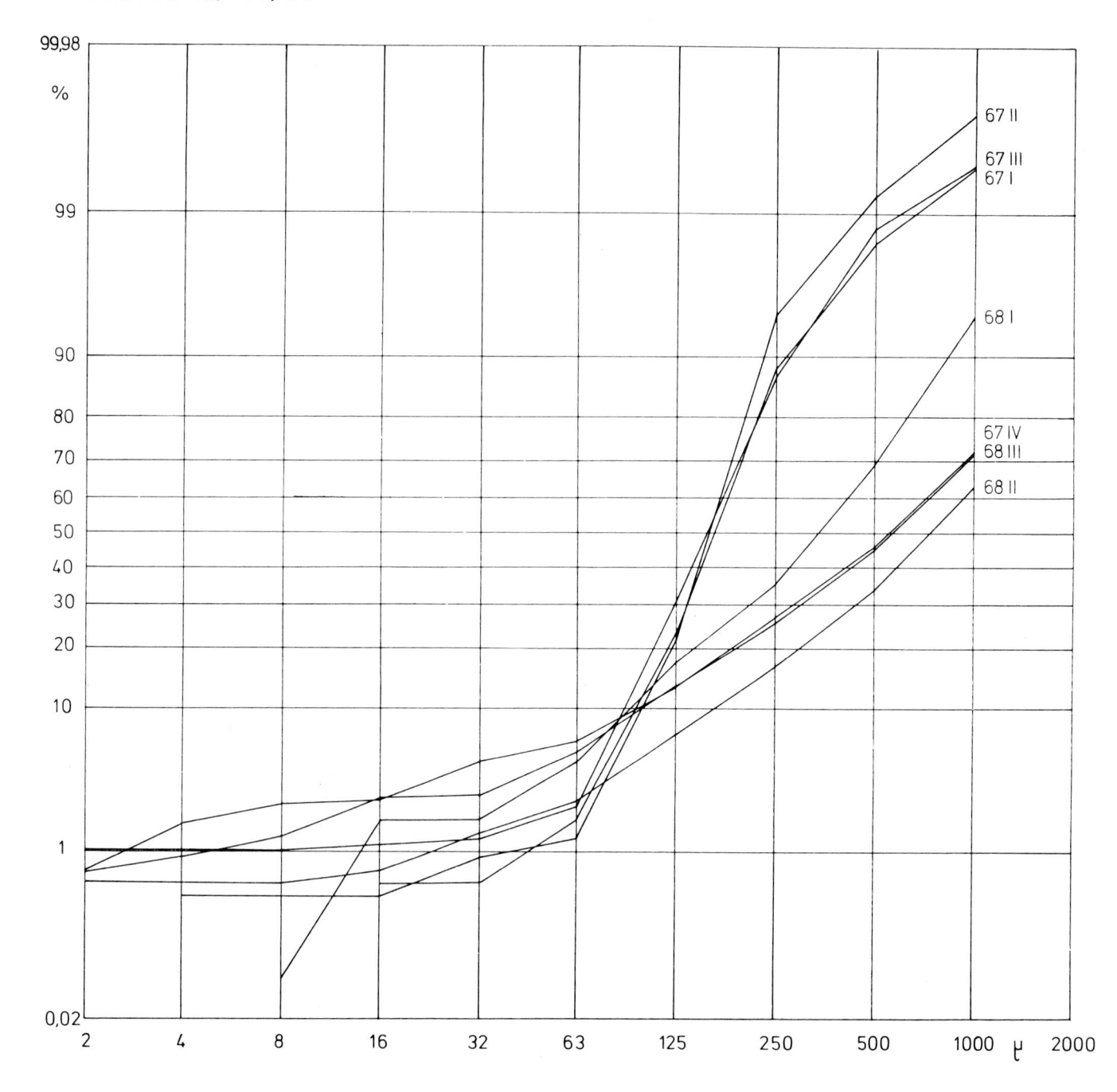

Abb. 4.34. Summenkurven der Korngrößenverteilungen des Feinerdeanteils ausgewählter Sedimentproben von Rooikop, dargestellt im Wahrscheinlichkeitsnetz mit logarithmischer Abszisse (vgl. Tab. 4.6.)

Fig. 4.34. Cumulative frequency curves of grain size distributions of selected sediment samples at Rooikop, represented on probability paper with a logarithmic ordinate (see table 4.6.)

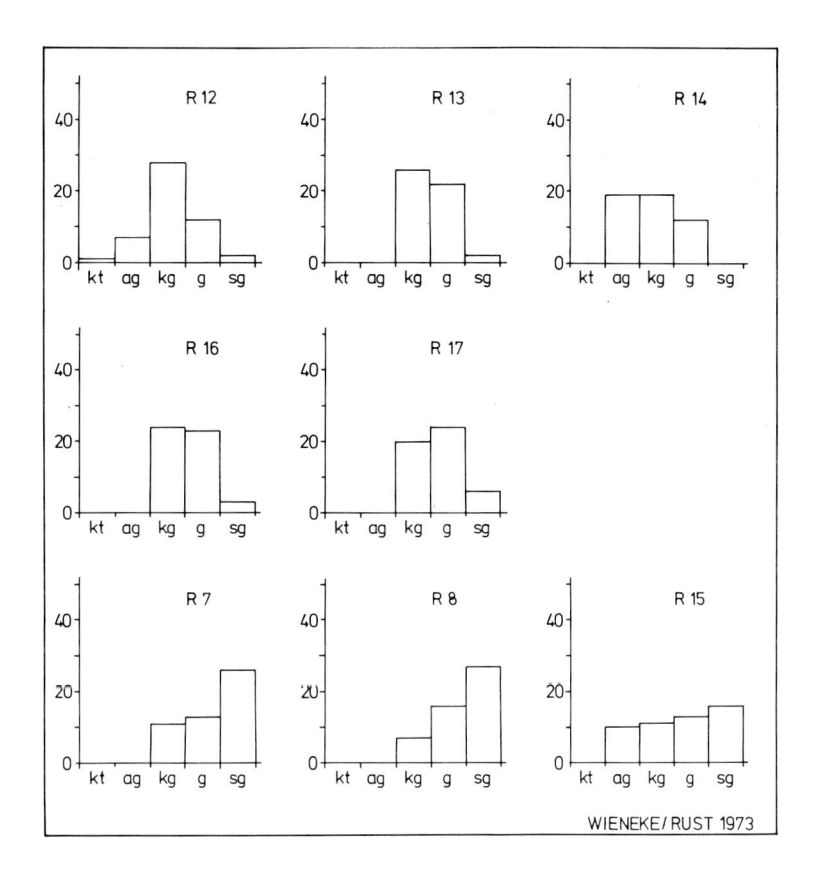

Abb. 4.35. Histogramme der Häufigkeitsverteilungen des Rundungsgrades ausgewählter Schotterproben von Mile 30, Mile 4 und Vineta (vgl. Tab. 4.8.)

Fig. 4.35. Histograms of the frequency distributions of the degree of roundness for selected samples of gravels at Mile 30, Mile 4, and at Vineta (see table 4.8.)

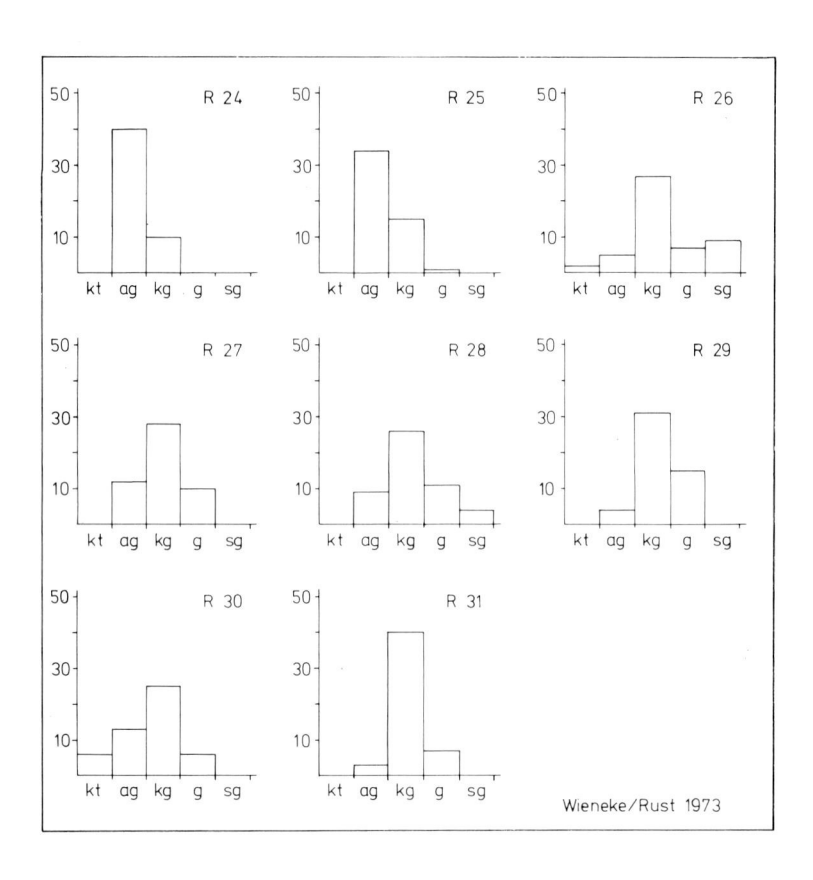

Abb. 4.36. Histogramme der Häufigkeitsverteilungen des Rundungsgrades ausgewählter Schotterproben vom unteren Swakop (vgl. Tab. 4.8.)

Fig. 4.36. Histograms of the frequency distributions of the degree of roundness for selected samples of gravels at lower Swakop river (see table 4.8.)

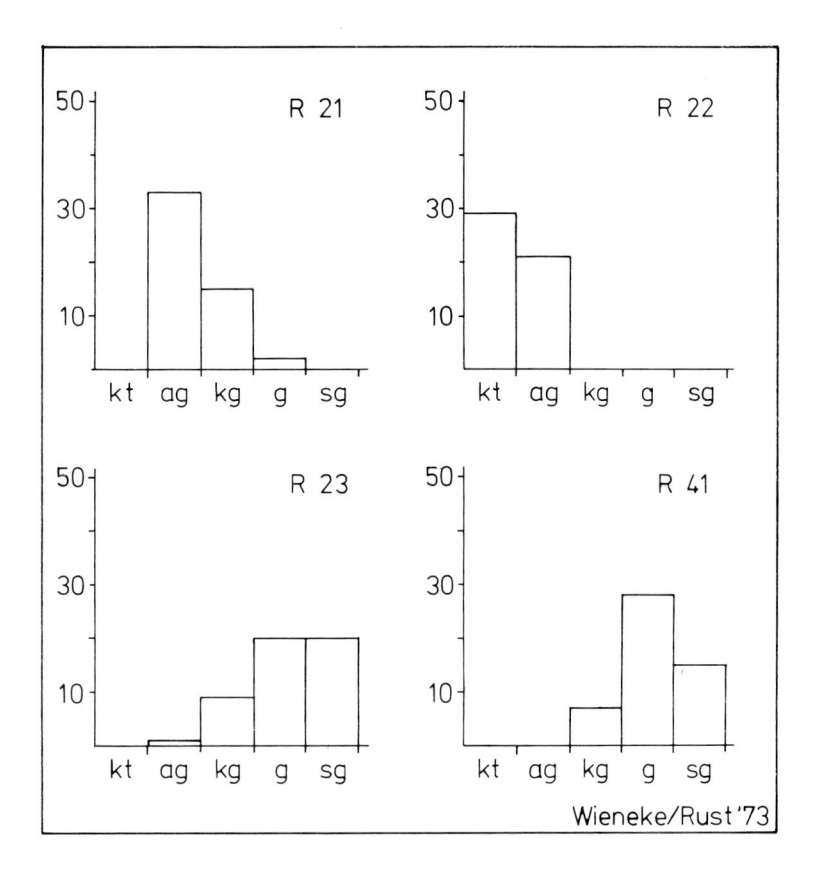

Abb. 4.37. Histogramme der Häufigkeitsverteilungen des Rundungsgrades ausgewählter Schotterproben vom Tumasvley und von Rooikop (vgl. Tab. 4.8.)

Fig. 4.37. Histograms of the frequency distributions of the degree of roundness for selected samples of gravels at Tumas vley and at Rooikop (see table 4.8.)

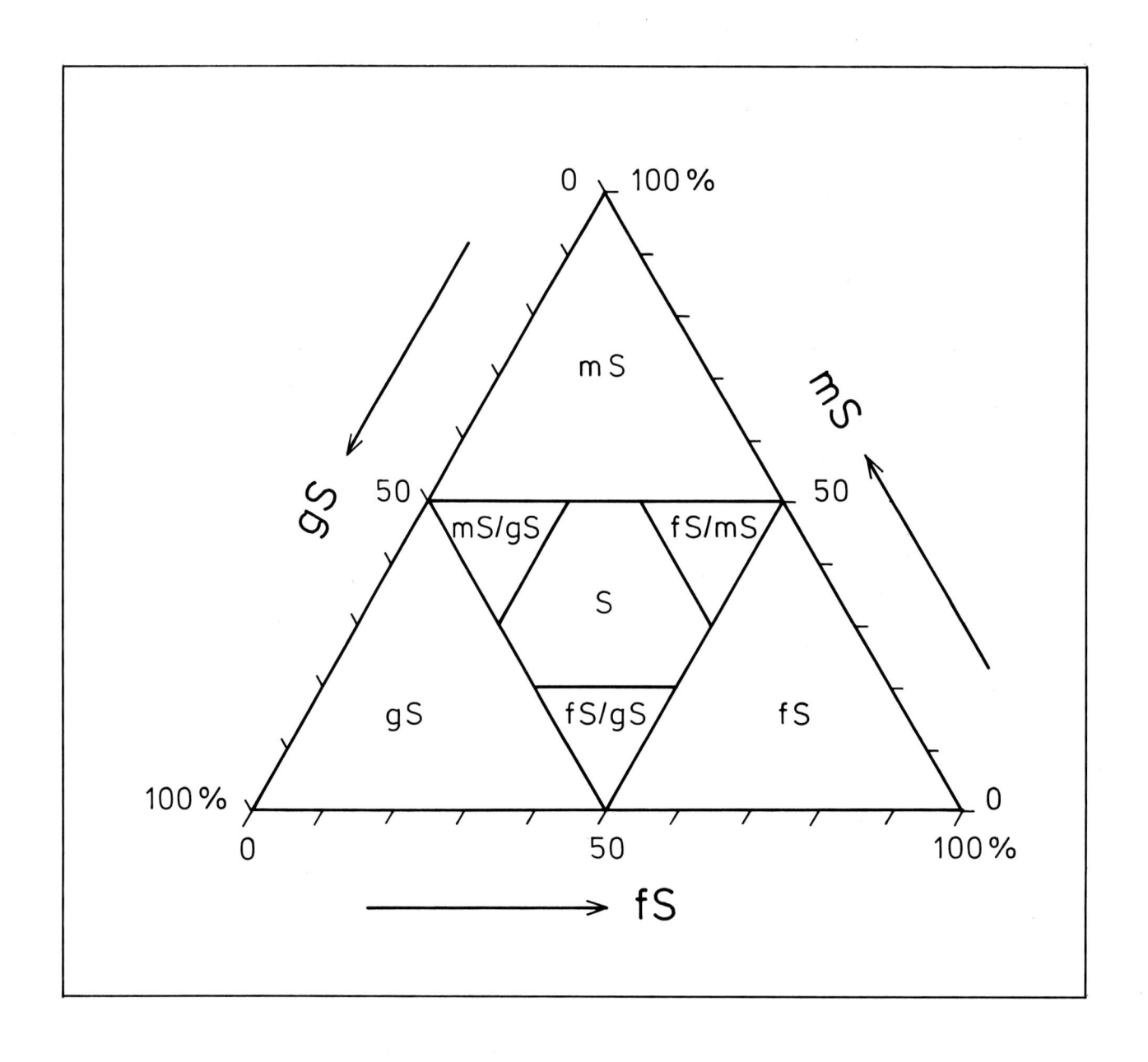

Abb. 4.38. Dreieckskoordinatendiagramm zur Klassifikation der Sandfraktionen 0.063–2.000 mm

Fig. 4.38. Diagrammatic representation of the classification of sands 0.063–2.000 mm

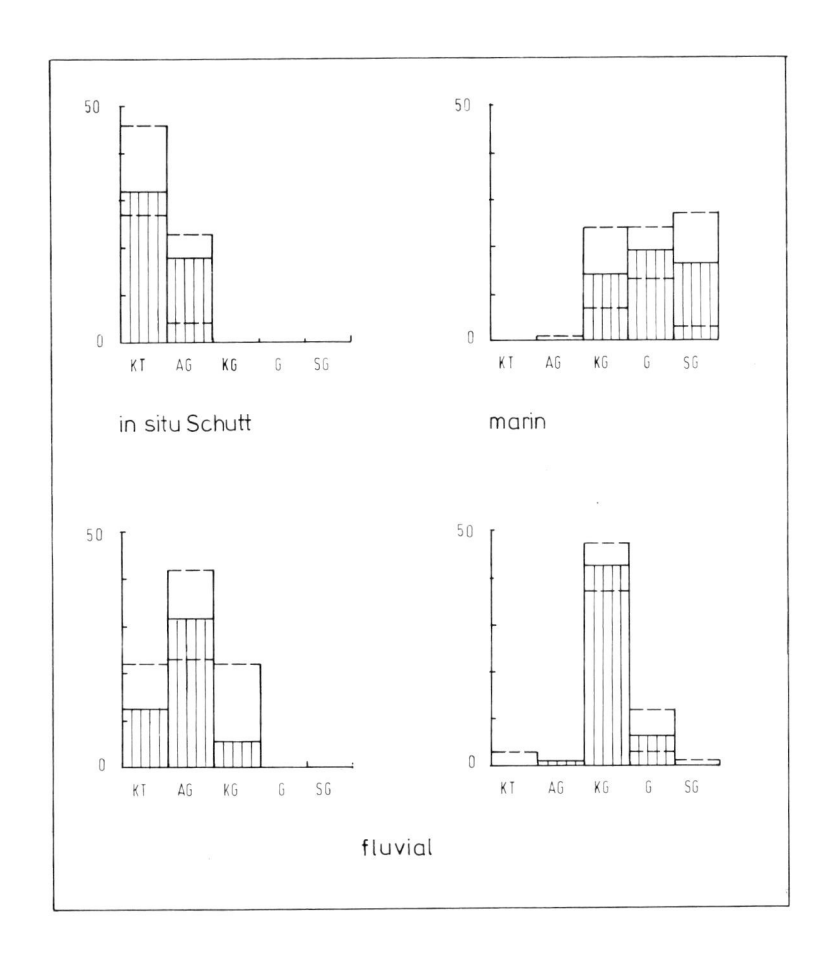

Abb. 4.39. Diagrammtypen des Rundungsgrades von Schottern in Trockengebieten (aus RUST/WIENEKE 1973b)
Die Rundungsgradanalyse von Schotterkörpern in eindeutiger geomorphologischer Position führt zu vier Typen der Rundungsgradverteilung, deren Histogramme dargestellt sind (schraffiert). Die gerissenen Linien zeigen die innerhalb eines Typs gemessenen Extrema der Häufigkeiten in den einzelnen Rundungsgradklassen. Für fluvialen Transport ergeben sich zwei Typen der Verteilung, einer mit ag-Dominanz und einer mit kg-Dominanz

Fig. 4.39. Type histograms of the degree of roundness of gravels in arid regions (from RUST/WIENEKE 1973b)

1	4	7
2	5	8
3	6	9

RUST/WIENEKE 1973

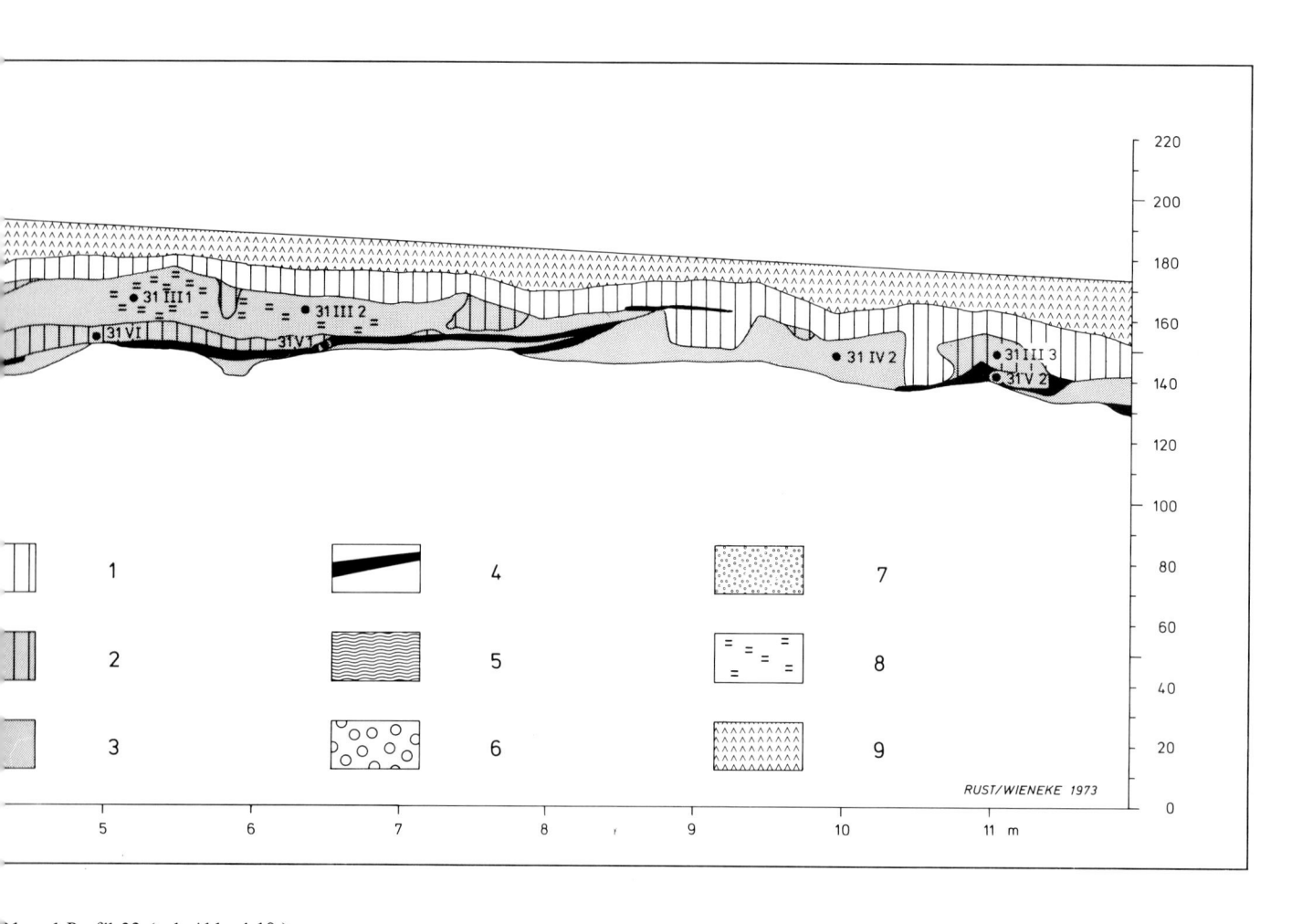

31 und Profil 32 (vgl. Abb. 4.10.)
ngssediment
ediment
hmitzen
he Aufschüttung

nd Profile 32 (see fig. 4.10.)
zone sediments
ediments
nses of loam
ogenous deposits

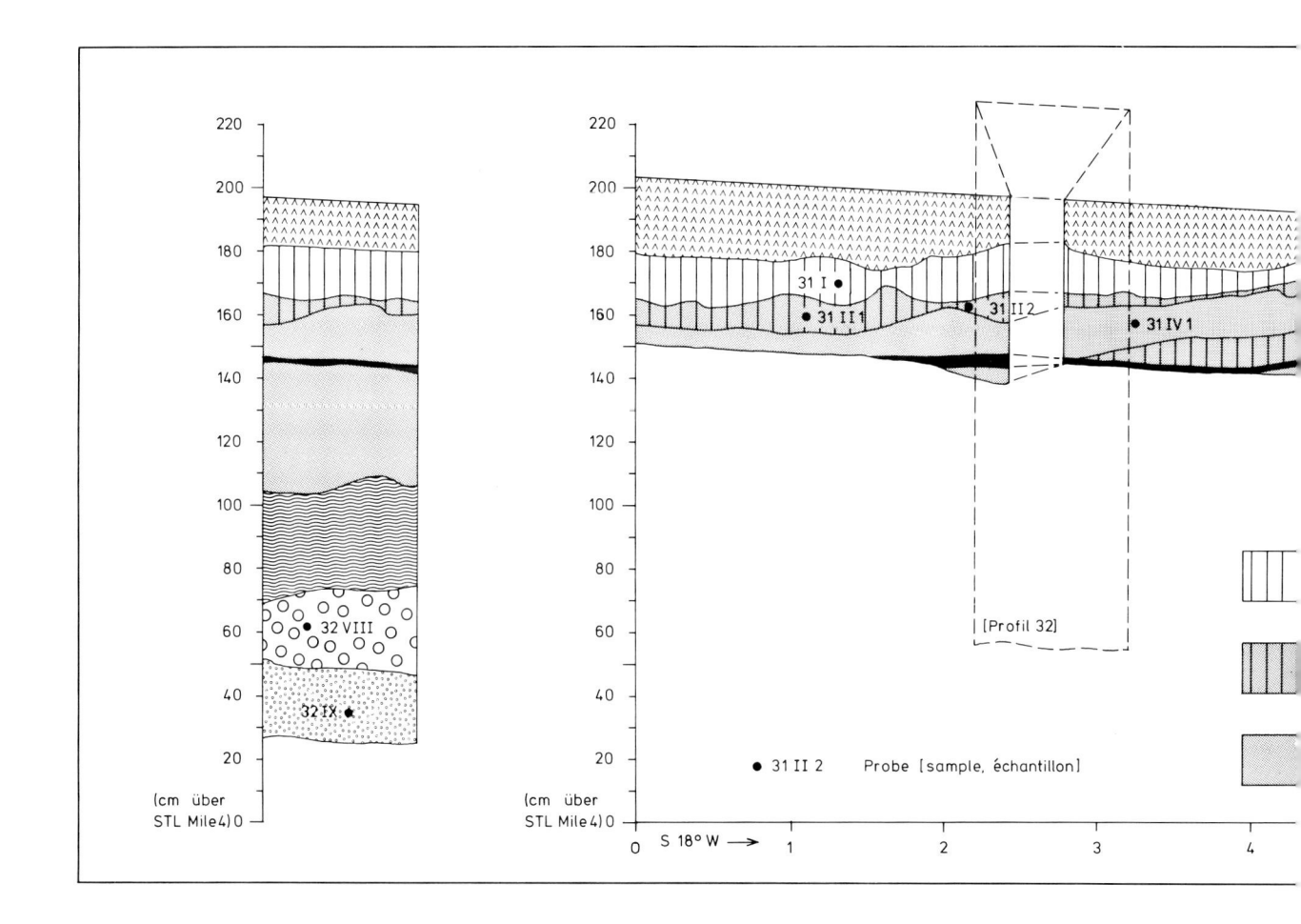

Abb. 4.40. Campingplatz von Swakopmund (Mile 4): Profilgraben
1 fluviales Sediment
2 verschwemmtes Barchansediment
3 Barchansediment
4 Stillwassersediment
5 Mischsediment
6 Brandu
7 Strand
8 Lehms
9 künstli

Fig. 4.40. Camping place near Swakopmund (Mile 4): Trench 31
1 fluvial deposits
2 water transported barkhan sediments
3 barkhan sediments
4 still water sediments
5 mixed sediments
6 breaker
7 beach s
8 small l
9 anthrop

Tab. 4.1. Profile bei Mile 30

Table 4.1. Sediment profiles at Mile 30

Tiefe unter Oberfläche cm	sedimentologisch	Tiefe unter Oberfläche cm	bodenkundlich	Probennummer
Profil 33: Brandungsriff der Phase e, Oberfläche: durch Ausblasung selektierter Sand/Kies (Probe 33 0), sehr gut gerundete Schotter; Kupstendünen				
0 – 5	Mischsand, Gerölle (Steine)			33 I
5+	Strandsand mit Linsen von Mischsand			33 II
Profil 44e: 50 m landwärts Pr 44 auf Reg				
0 – 10	fS, Kies	0 – 10	Y	44 e I
10 – 32+	fS/mS	10 – 32	Fe-Oxid-Flecken Y Gipsnoduln	44 e II
		32+	Y Gipskruste	
Profil 44: – 0.29 m ü STL				
0	S, Kies Muscheln			44 I
0 – 19	fS/mS quarzreich bis ausschließlich Quarz, Muscheln	0 – 33	G$_O$/Y fleckenhaft vergipst mit Fe-Oxid-Flecken 10 YR 7/8 bis 10 YR 6/8 dazwischen 10 YR 7/3	44 II
19 – 57	S, gut gerundet, zahlreiche Muscheln			44 III
57 – 68+	Biotitschiefer anstehend fS/mS	33 – 68+	Y Gipskruste nicht fest	44 IV
Profil 45: Innenseite des Brandungsriffs der Phase e, – 0.32 m ü STL				
0 – 21	mS, Kies marin bearbeitet, einzelne sehr gut gerundete Brandungsgerölle, unverwittert bzw. teilweise angewittert, Muscheln, Sand lagenweise	0 – 21	fünf oberflächenparallele Streifen von sehr blaß braunen (10 YR 7/4) Fe-Oxid-Anreicherungen, dazwischen hellere (10 YR 8/3) Übergänge	45 V
21 – 57+	S, Kies zapfenförmig vergruster Biotitschiefer bzw. Quarzit	21 – 57+	Y lateral unterschiedlich intensive Krustenbildung, zapfenförmig voll ausgebildet, dazwischen weniger fest	45 VI
Profil 46: Takyrierte ehemalige Meeresbucht, Wasserspiegel – 50 cm unter Oberfläche				
0 – 58	schluffiger Sand	0 – 58	G$_O$ 10 YR 4/3 bis 5 Y 6/3, feucht, Salzausblühungen	46 I
58 – 73+	lehmiger Sand	58 – 73+	G$_R$ 5 Y 6/3	46 II
Profil 47: g-zeitlicher tumasischer Hang				
0 – 2	Reg, sandiger Kies 10 YR 7/6			
2 – 22	S, Kies	2 – 32+	Y bunt, Farben gemäß Ausgangsgestein	47 I
22 – 32+	Augengneis			47 II

Fortsetzung Tab. 4.1.

Tiefe unter Oberfläche cm	sedimentologisch	Tiefe unter Oberfläche cm	bodenkundlich	Probennummer
Profil 48: Vley, takyriert				
0 – 12	fS Schwemmsand mit Lehmschmitzen, feucht	0 – 36+	Y flecken- u. lagenweise	48 I
12 – 36	lehmiger Sand, Grus, feucht			48 II
36+	Augengneis, feucht			
Profil 49: Restberg der 17 m-Terrasse (Phase i)				
0 – 95	fS, Kies, Brandungsgerölle, teils zerplatzt, vereinzelt Muschelbruch	0 – 155+	Y	49 I
95 – 155+	S			49 II
Profil 50: Restberg der 17 m-Terrasse (Phase i)				
0 – 76+	fS/gS, Kies, sehr gut gerundete Gerölle, teils zerplatzt	0 – 76+	Y Gipskruste	50 I
Probe 51 I: Oberflächenprobe an der marinen Grenze des 2 m-Meereshochstandes (Phase e)				
0	fS			51 I
Probe 52 I: Aktueller Strandsand von beach cusp				
0	mS			52 I

Tab. 4.2. Profile bei Mile 4/Vineta
Table 4.2. Sediment profiles at Mile 4/Vineta

Tiefe unter Oberfläche cm	sedimentologisch	Tiefe unter Oberfläche cm	bodenkundlich	Probennummer
Profilgraben 31 (vgl. Abb. 4.10., 4.40.)				
	fS, Kies 10 YR 6/4		Y	31 I
	fS, farblich geschichtet, Fe-Hüllen auf Quarzkörnern, 10 YR 7/6			31 II/1
	fS, mit Grobkieslagen, farblich geschichtet, 10 YR 7/6			31 II/2
	Feinsand mit einzelnen Lehmschmitzen		Y Flecken	31 III/1
	lehmiger Sand und Lehmschmitzen, 5 Y 6/3		Y Flecken	31 III/2
	lehmiger Sand 10 YR 6/3, Lehmschmitzen 2.5 Y 5/2		Y schichtweise	31 III/3
	fS, 10 YR 7/4		Y Flecken	31 IV/1
	fS, etwas geschichtet, 10 YR 7/4			31 IV/2
	lehmiger Ton, warwig, um 5 Y 6/4, 5 Y 7/4, 5 Y 4/2		Y Ausblühungen	31 V/1
	Ton, polyedrisch brechend, 10 YR 4/4 und grauer			31 V/2
	fS, 10 YR 6/3, Schichtung zur Obergrenze parallel, Streifen dunkler Minerale			31 VI
Probe 32 K: Kupstendünensand				
0	fS, 10 YR 7/2			32 K
Probe 32 S: Rezenter Strandsand				
0	fS			32 S
Profil 32: benachbart zu Profilgraben 31, diesen nach unten ergänzend				
0 – 17	Schutt- und Sandauflage, anthropogen			
17 – 33	Schwemmsediment	17 – 33	Y etwas vergipst	
33 – 40	verschwemmtes Barchansediment, unten Anreicherung dunkler Minerale, Fließstrukturen, Einquetschungen in hangende Schicht			
40 – 59	Feinsand, Feinschichtung, Barchansediment	40 – 59	Y Gipsnoduln	
59 – 61	Warwenton	59 – 61	Y	
61 – 101	Feinsand, etwas feucht, verbacken, 10 YR 6/4			
101 – 129	Mischsand			
129 – 155	S, etwas Muschelschill, 10 YR 6/4 Brandungsgerölle			32 VIII

Fortsetzung Tab. 4.2.

Tiefe unter Oberfläche cm	sedimentologisch	Tiefe unter Oberfläche cm	bodenkundlich	Probennummer
155 – 171+	heller fS, 10 YR 7/3, sehr blank poliert, teilweise gut gerundet			32 IX
Profil 40: Aufgrabung oberhalb beach cusps auf Brandungsriff der Phase e, zwischen Kupstendünen				
0 – 40	grau, Sand/Kies, Muschelbruch und Brandungsgeröll			
40 – 70	braun, lokale Fe-Oxidbänder, Grobsand/Kies mit Feinsandbeimengungen (gelblich), standfest			
70+	Anreicherungen dunkler Minerale unter leicht verstürzbarem Fein-Mittelsand			
Profil 41: Kupstendüne auf Brandungsriff der Phase e, Halophytenbewuchs				
0 – 21	Mischsand fein bis grob	0 – 1	A_j etwas inkrustiert	
		1 – 21	A_j/C Durchwurzelungszone 10 YR 7/4	
21+	wechsellagernd Kies, Grob/Mittel/Feinsand, Schillagen, zersetzte Muscheln, Brandungsgerölle, Anreicherungen dunkler Minerale			
Profil 42: Grube oberhalb Kliff (Phase e), 12.75 m ü STL				
0 – 10	Sand/Kies mit Geröllen	0 – 70	Y Gipskruste fast massiv, blättrig bis löchrig, Gipsrosen weiß-rot, z.B. 5 Y 7/3, 10 YR 8/2	42 I
10 – 70	Schwemmsediment, fS, Kies			
70 – 86	fS, stratifiziert durch selektive Anreicherung dunkler Minerale	70 – 86	Y Gipsnoduln und isolierte Gipsanreicherung in kleinen Schichten 2.5 Y 7/1	42 II
86 – 89	Warwentone, 7.5 YR 7/6 bis 7.5 YR 6/6			
89 – 95	Mischsediment (Ton bis Kies), geschichtet, Glimmerplättchen in ab-Ebene eingeregelt; leicht verbacken	89 – 95	Y Gipskruste	
95 – 115	Feinsand	95 – 115	Y Gipsnoduln	
115 – 133	tonig-sandiger Kies	115 – 116	Y Gipskruste	42 IV
		116 – 133	Y Gipskristalle teilweise lagenmäßig, 5 Y 7/4	
133 – 143	leicht feuchter Lehm	133 – 141	Y wechselnd mächtige linsenartige Gipsanreicherung, mischfarbig	42 III

Fortsetzung Tab. 4.2.

Tiefe unter Oberfläche cm	sedimentologisch	Tiefe unter Oberfläche cm	bodenkundlich	Probennummer
		141 – 143	Y Gipskruste	
143 – 173	lehmiger Ton bis Lehm, leicht schmierig, fettig glänzend	143 – 173	Y Gipsausblühungen 5 Y 6/3	
lateral 151 – 157	sandiger Kies, Schwemmsediment			42 V
173 – 183	fS, Kies			42 VI
183 – 213	sehr feiner Sand mit Mittelkornanteil	183 – 213	Y nur vereinzelt Gips, Mischfarben um 5 Y 7/2	
213 – 223	S			42 VII
223 – 233+	Fein- bis Mittelsand			
Profil 43: flach geneigte Schwemmfläche der Phase c unterhalb des toten Kliffs aus Phase e				
0 – 12	gS, Kies Schwemmsediment	0.5 – 12	Y Gipskruste 5 Y 6/3 bis 7.5 YR 6/6	43 I
12 – 30+	gS, Kies Schwemmsediment			43 II
Probe 53 I: aktueller Strand bei Vineta				
0	mS			53 I
Probe 53 II: Strandkliff der Phase a im Brandungsriff der Phase e				
20	mS			53 II
Probe 53 III: beach rock der Phase b bei Vineta				
	mS			53 III

Tab. 4.3. Profile am unteren Swakop
Table 4.3. Sediment profiles at lower Swakop river

Tiefe unter Oberfläche cm	sedimentologisch	Tiefe unter Oberfläche cm	bodenkundlich	Probennummer
Profil 55: Swakoprivier Südseite oberhalb Swakopmund, Terrasse IV Terrassenkante benachbart Barchan-Leehang, Oberfläche Reg			
0 – 98	geschichtete Sande und Kiese	0 – 10	Inkrustiert	
davon				
35	gS, Kies			55 I
40	fS, Kies, Barchansandeinlagerungen (10 YR 7/4)			55 II
96	fS, Barchansandlage (mit Grobbeimengungen) 7.5 YR 6/6			55 III
98 – 123+	lehmiger Schluff, schmierig, mit fS 7.5 YR 5/4			55 IV
Probe 55 B: Vergleichsprobe von zu Profil 55 benachbartem Barchan			
	fS, 7.5 YR 7/8 bis 7.5 YR 6/8			55 B
Profil 56: Position vgl. Pr 55, Oberfläche Reg			
0 – 10	S, Kies geschichtet	0 – 10	verfestigt 10 YR 7/2	56 I
10 – 35	fS, Kies geschichtet	10 – 35	verfestigt 10 YR 7/2	56 II
35 – 170+	gS, Kies geschichtet	35 – 170+	stärker verfestigt 10 YR 7/3 bis 10 YR 7/4	56 III
Profil 57: Position vgl. Pr 55, jedoch Kante von Terrasse V, Oberfläche Reg			
0 – 10	S, Sand, Kies, Steine wechsellagernd	0 – 8	verkrustet	57 I
10 – 35	S, 10 YR 7/4, Sand, Kies, Steine wechsellagernd			57 II
35 – 65+	standfester fS, 10 YR 7/1 bis 10 YR 7/2 Sand, Kies, Steine wechsellagernd			57 III
Profil 58: Swakoprivier oberhalb Swakopmund, Südseite, Terrasse IV, ca. 150 m flußabwärts Pr 55, Oberfläche Reg, dünne Barchansandüberkleidung			
0 – 120+	geschichtete Sande, Kiese mit Lehmschmitzen			
davon				
30	fS/mS			58 I
Profil 59: Swakoprivier oberhalb Swakopmund, Südseite, Terrasse VII, Umgebung: Treibsandfahnen, isolierte Büsche als Windfang, Treibsel			
0 – 1	Reg, Barchansediment			
1 – 6	Tonlagen wechsellagernd mit Feinsand, Hochflutsediment			
6 – 90+	Kiese, Sande geschichtet, vereinzelt Steine			
Profil 60: Swakoprivier oberhalb Swakopmund, Südseite, Terrasse IV, flußabwärts Pr 58, Oberfläche Reg und Barchansand			
0 – 30	geschichteter kiesiger Sand, einzelne Steine	0 – 6	inkrustiert	

Fortsetzung Tab. 4.3.

Tiefe unter Oberfläche cm	sedimentologisch	Tiefe unter Oberfläche cm	bodenkundlich	Probennummer
30 – 56	ungeschichteter fS, Barchansediment			60 I
56 – 83 (lateral ansteigend bis 30) lateral	fS, geschichtet			60 II
83 – 97	sandiger Kies			
83 – 87	Ton			
87 – 92	kiesiger Sand			
92 – 107	Barchansedimentlinse, lateral zu kiesigem Sand			
Profil 69: Mülldeponie oberhalb des Lokasiefriedhofes von Swakopmund, Nordseite des Swakopriviers, Terrasse III				
0 – 45	gS, Kies	0 – 45	Y Gipskruste	69 I
45 – 57	fS			69 II
57 – 72	fS, Kies			69 III
72+	gS, Kies, Steine			69 IV
Profil 30: Swakopniedrigwasserbett bei Swakopmund, Kiesgrube (s. Photo 4.14.)				
0 – 37	verschüttet			
37 – 82	gS, verbackene Kiese und Sande 5 Y 7/2			30 I
82 – 147	fS, geschichtete Barchansedimente um 7.5 YR 7/4 extrem rot: 7.5 YR 6/6 grauer: 10 YR 7/2			30 IIa 30 IIb
147 – 177	Flußkiese und Barchansedimente wechsellagernd			
177 – 192	Flußkiese und Sande			
192+	verstürzt			

Tab. 4.4. Profile vom Tumasvley
Table 4.4. Sediment profiles at Tumas vley

Tiefe unter Oberfläche cm	sedimentologisch	Tiefe unter Oberfläche cm	bodenkundlich	Probennummer
Profil 71: Profil auf i-Marin, Oberfläche Reg				
0 – 10	S, Steine	0 – 15	Y Gipskruste 10 YR 7/2	71 I
10 – 35	fS/mS	15 – 35	Y, Gipsnoduln, Gipsrosen um 10 YR 7/3	71 II
35 – 55+	fS	35 – 55+	Y/G$_O$ Fe-Oxid-Flecken um 2.5 YR 5/8 Matrix um 5 YR 7/8 (Mischfarben) Gipsnoduln, Gipsrosen	71 III
Profil 72: Vley, Trockenrisse, Oberfläche ca. 50 cm tiefer als in Pr 71 (vgl. Abb. 4.15.)				
0 – 4	fS/gS, Kies	0 – 0.5	Salzkruste	72 I
4 – 7	Feinsand, geschichtet 7.5 YR 6/6			
7 – 11	Mischsand			
11 – 12	sandiger Kies			
12 – 30+	fS, Barchansediment 7.5 YR 7/6	12 – 30+	Y Gipsnoduln	72 II

Tab. 4.5. Profil vom mittleren Tumas
Table 4.5. Sediment profile at middle Tumas river

Tiefe unter Oberfläche cm	sedimentologisch	Tiefe unter Oberfläche cm	bodenkundlich	Probennummer
Profil 54: mittleres Tumasrivier, Nebental, Aufschluß an einem Prallhang, ca. 265 m ü KN SWA (vgl. Photo 4.16.), Oberfläche Reg, Flechtenbewuchs auf Kies und Steinen, dazwischen oberflächlich austretende Gipskruste				
0 – 34	Mischsand, Kies 2.5 Y 7/4, 5 Y 8/1	0 – 314+	Y Gipskruste	54 I
34 – 214	gS, Kies			54 II
214 – 314+	fS, Kies 5 YR 5/6			54 III

Tab. 4.6. Profile bei Rooikop

Table 4.6. Sediment profiles at Rooikop

Tiefe unter Oberfläche cm	sedimentologisch	Tiefe unter Oberfläche cm	bodenkundlich	Probennummer
Profil 67: 17 m-Terrasse, Oberfläche 17.75 m ü STL				
0 – 26	fS, mit gut gerundeten Steinen, Steinanteil nach oben zunehmend, einzelne zerbrochene Muscheln	0 – 141+	Y Gipskruste grau-weiß-braune Mischfarben	67 I
26 – 66	fS	davon 36 – 101	2.5 Y 6/8	67 II
66 – 101	fS, mit gut gerundeten Kiesen und Steinen, muschelreich (Muschelbank)			67 III
101 – 141+	gS, Kies obere 3 cm unzusammenhängende Lagen Feinsand			67 IV
Profil 68: Nähe der i-marinen Grenze, Oberfläche + 33.22 m ü STL				
0 – 39	S, Kies, Steine, Blöcke (gut gerundet bis kantengerundet), Muschelbruch	0 – 79+	Y Gipskruste	68 I
39 – 50	gS, Kies 5 Y 6/3			68 II
50 – 79+	gS, Kies 2.5 YR 4/4			68 III

Tab. 4.7. $CaSO_4 \cdot 2H_2O$ – und $CaCO_3$ – Gehalte ausgewählter Proben
Table 4.7. Contents of $CaCO_3$ and of $CaSO_4 \cdot 2H_2O$ from selected sediment samples

Probennummer	% $CaCO_3$	% $CaSO_4 \cdot 2H_2O$
31 I	0.5	3.8
42 I	1.5	30.0/37.2
II	1.0	6.4
III	1.1	0.4
IV	1.3	0.4
V	1.5	6.7
VI	0.1	0.0
VII	0.9	0.0
43 I	0.2	27.8
II	0.4	4.4
44 e I	1.3	12.2
e II	0.1	35.0
44 II	0.9	27.1
III	6.9	16.6
IV	15.0	16.1
45 V	1.8	2.8
VI	0.9	2.2
47 I	1.0	20.0
49 I	0.2	22.4
II	0.4	14.5
50 I	0.4	39.3
53 III	34.7	0.3
54 I		> 80.0
55 B	2.0	
56 I	0.8	0.0
II	1.2	0.0
III	1.4	0.0
57 I	1.0	0.0
II	1.1	0.0
III	0.8	0.0
67 I	3.1	23.7
II	0.4	16.2
III	7.0	0.4
IV	0.2	24.8
68 I	2.4	21.8
II	0.2	0.8
III	0.4	0.4
69 I	0.7	39.0
II	0.6	1.2
III	0.7	2.1
IV	1.3	6.1

Tab. 4.8. Rundungsgradverteilungen*)
Table 4.8. Distributions of the degree of roundness

Probennummer	Rundungsgradtyp	Lage der Proben
R 7	g-Typ	Mile 30, 17 m-Terrasse, Oberfläche
R 8	g-Typ	Mile 30, 17 m-Terrasse, Oberfläche
R 15	g-Typ	Mile 30, Hang unter 17 m-Terrasse, Oberfläche
R 12	kg-Typ	Mile 4, Terrasse IV, Oberfläche
R 13		Mile 4, Terrasse IV, Oberfläche eines Spornes
R 14		Mile 4, Hang unterhalb totem Kliff
R 16	g-Typ	Vineta, Kliff in fossilem Brandungsriff
R 17	g-Typ	Vineta, Kliff in fossilem Brandungsriff
R 24	ag-Typ	Swakop, Namibreg Oberfläche
R 25	ag-Typ	Swakop, Namibreg Oberfläche
R 26		Swakop, Namibreg Oberfläche
R 27	kg-Typ	Swakop, Terrassenkörper IV
R 28		Swakop, Terrasse IV, Oberfläche
R 29	kg-Typ	Swakop, Terrasse III, Oberfläche
R 30		Swakop, Terrasse IV, Oberfläche nach Kalzitrücken
R 31	kg-Typ	Swakop, Terrasse VII, Oberfläche
R 41	g-Typ	Tumasvley, 17 m-Niveau, Oberfläche
R 21		Rooikop, in g-zeitlicher Rinne, Oberfläche
R 22	kt-Typ	Rooikop, zerfallender Dyke, 3 m neben R 21
R 23	g-Typ	Rooikop, marine Grenze, Oberfläche

*) Klassifizierung gemäß RUST/WIENEKE (1973b); Proben, für die kein Rundungsgradtyp angegeben ist, können keinem der Typen zugeordnet werden

Photo 4.1. Oberfläche der e-zeitlichen Nehrung bei Mile 30 (Maßstab entspricht 20 cm).
Reg aus Kies und Muscheln

Photo 4.1. Surface of the e-stage coastal spit at Mile 30 (scale 20 cm).
Gravels and mollusc shells forming a reg

Photo 4.2. Litoral des 2 m-Hochstandes (Phase e) bei Mile 30. Vordergrund Brandungsriff mit Kupstendünen, dahinter takyrierte Meeresbucht (dunkler Streifen). Hintergrund Terrassenrestberge des 17 m-Hochstandes (i-Marin)

Photo 4.2. Litoral of the 2 m-high stand of the sea level at Mile 30 (stage e). In the foreground breaker zone bar with coppice dunes, in the centre former coastal bay with gilgais (dark line). Background: terrace remnants of the 17 m-high stand (marine of stage i)

Photo 4.3. Marine Schotter, Sande und Muschelschill (Pfeil) aus Pr 49 auf Terrassenrestberg des 17 m-Hochstandes (i-Marin) bei Mile 30

Photo 4.3. Marine gravels, sands and mollusc shells (arrow) from sediment profile no. 49 on top of terrace remnant of 17 m-high stand (marine of stage i) at Mile 30

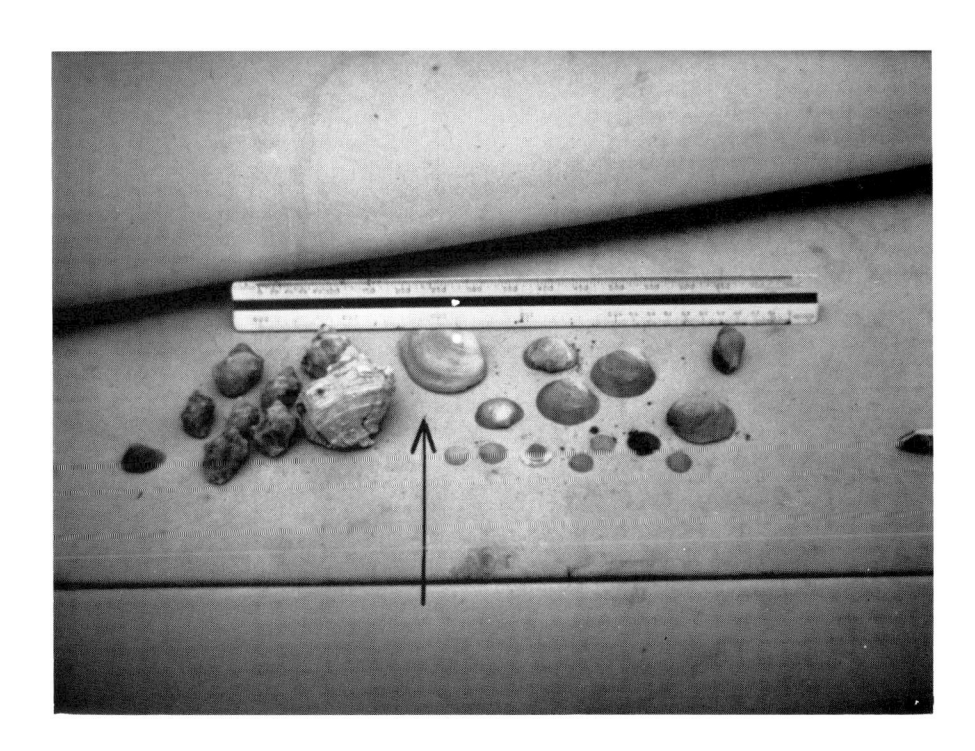

Photo 4.4. Fauna des 2 m-Meereshochstandes (e-Marin) bei Mile 30. Die gekennzeichnete Muschel (Pfeil) tritt nur für diesen Hochstand und nur bei Mile 30 auf

Photo 4.4. Fauna of 2 m-high stand (marine of stage e) at Mile 30. One species (arrow) is only found in remnants of this high stand and only at Mile 30

Photo 4.5. Kliff des 2 m-Meereshochstandes bei Mile 4, von flachen Tälchen in Phase c zerschnitten. Aktuell Bildung von Kupstendünen und Windrippeln

Photo 4.5. Cliff of 2 m-high stand at Mile 4, dissected by shallow valleys of stage c. Actually coppice dunes and eolian ripple marks are formed

Photo 4.6. Brandungsgerölle und Muschelreste aus Pr 32 VIII (= 129 – 155 cm unter Oberfläche) bei Mile 4. Sediment des 2 m-Meereshochstandes (Phase e)

Photo 4.6. Breaker zone gravels and mollusc shells from sediment sample no. 32 VIII (= 129 – 155 cm below surface) at Mile 4. Sediment of 2 m-high stand (stage e)

Photo 4.7. Beach rock von Vineta bei SpTnw. Im Hintergrund Brandungsriff des 2 m-Hochstandes, durch Strandkliff anerodiert

Photo 4.7. Beach rock of Vineta at spring tide low water. In the background 2 m-high stand breaker zone bar eroded by a beach cliff

Photo 4.8. Terrassentreppe des unteren Swakop oberhalb der Eisenbahnbrücke. Vorne TR IV, auf welche ein Nebental ausläuft (Feucht-Aktivität). Dieses Tal zerschneidet TR III (Mittelgrund), auf welche kein Nebental ausläuft (Trocken-Stabilität). Im Hintergrund TR II und TR I (= Namibreg, wo Landrover)

Photo 4.8. Terrace sequence of lower Swakop river upstreams of the railway bridge. In the foreground terrace IV, directly linked with the bottom of a tributary valley (humid activity). This valley dissects terrace III (centre), which is not linked with any tributary valley bottom (arid stability). In the background terraces II and I (Landrover on Namib flats)

Photo 4.9. Abkommender Swakop 1972. Der Fluß ist nur ein Rinnsal, das beim Abkommen im eigenen Niedrigwasserbett eingeschnitten hat. Niedrigwasserbett noch gegen Hochwasserbett (Hintergrund rechts, mit Bewuchs) abgesetzt

Photo 4.9. Running Swakop river 1972. Only a streamlet is incised into the low water river bed, which is cut into the high water bed (vegetation, background right)

Photo 4.10. Unterer Swakop. Blick von TR IV nach SW. Mittelgrund Niedrigwasserbett, eingelassen in Hochwasserbett (TR VII mit Bewuchs). Von S reichen Barchane auf das Hochwasserbett, werden aber vom Swakop gehindert, das Kastental zu durchwandern

Photo 4.10. Lower Swakop river viewed from terrace IV to the SW. Centre: low water bed, cut into high water bed (terrace VII, vegetation). Barkhans reaching the high water bed from the S are impeded by the Swakop river to cross its valley

Photo 4.11. Muscheln aus Pr 67 III bei Rooikop. Marin des 17 m-Hochstandes (i-Marin)

Photo 4.11. Mollusc shells from sediment sample no. 67 III at Rooikop (17 m-high stand, marine of stage i)

Photo 4.12. Marine Grenze des 17 m-Hochstandes bei Rooikop. Geröllstrand in ca. 40 m ü STL, ausgebildet in basal surface (Granithöcker)

Photo 4.12. Gravel beach at about 40 m above STL on a granite basal surface, representing the extreme landward limit of the 17 m-high stand of stage i at Rooikop

Photo 4.13. Pr 30. Kiesgrube im Niedrigwasserbett des unteren Swakop bei Swakopmund. Geschichtete fluviale und äolische Sedimente zeigen, daß der Swakop evtl. von S eindringende Barchane abräumt (vgl. Tab. 4.3.)

Photo 4.13. Sediment profile no. 30. Gravel-pit in the low water river bed of lower Swakop near Swakopmund. Interstratified fluvial and eolian sediments demonstrate the Swakop to erode barkhans invading from the S

Photo 4.14. Swakopunterlauf an Eisenbahnbrücke (dunkler Strich = Schatten der Brücke) im guten Regenjahr 1963. Der allochthone Swakop füllt sein gesamtes Talgefäß (kurzhangiger Canyon) aus. Blick von TR V (unten rechts) nach NE, d. h. stromauf

Photo 4.14. Running lower Swakop river at railway bridge (dark line = shadow of the bridge) in the abundant rainy season 1963. The allochthonous Swakop fills the whole valley form (short-sloped canyon). View from terrace V (bottom right) upstreams to the NE

Photo 4.15. Pr 54 am mittleren Tumas. Über 3 m mächtige Gipskruste in fluvialen Sedimenten (vgl. Tab. 4.5.)

Photo 4.15. Sediment profile at middle Tumas river. Gypsum crust more than 3 m thick developed in fluvial sediments (see table 4.5.)

Appendix zu cap. 5.

Abb. 5.1.
Tabellen 5.1. − 5.2.

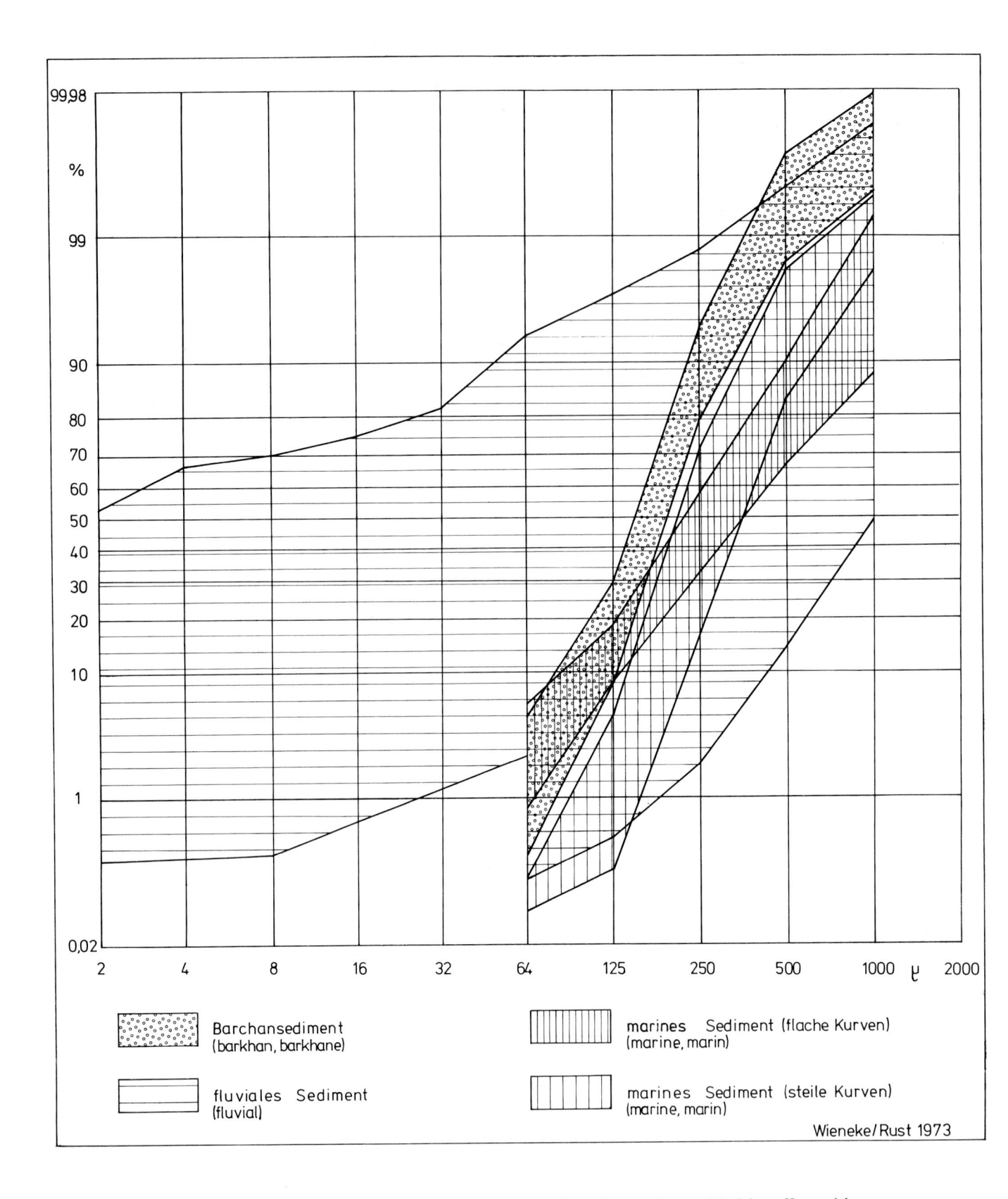

Abb. 5.1. Aus den Summenkurven der Korngrößenverteilungen der Feinerde resultierende Bündel zur Kennzeichnung der Sedimentationsmilieus

Fig. 5.1. Bundles of cumulative frequency curves of grain size distributions of sediments < 2.0 mm characterizing the environments of sedimentation

Tab. 5.1. Parameter der Korngrößenverteilungen der Sedimentproben*)
Table 5.1. Parameters of grain size distributions of the sediment samples

Proben-nummer	Q_{25}	Md	Q_{75}	S_o	S_p	$\bar{x}(\phi)$	$\sigma(\phi)$	$\alpha_3(\phi)$
30 I	405	760	1280	1.78	1.40	0.7580	0.8938	+ 0.25
II a	150	180	215	1.20	0.46	2.4710	0.4629	+ 0.90
II b	145	180	228	1.25	0.57	2.4670	0.5754	+ 0.28
31 I	90	168	345	1.96	2.10	2.4800	1.8763	
II/1	178	225	285	1.27	0.61	2.1470	0.6132	+ 0.01
II/2	128	165	215	1.30	0.70	2.5680	0.9174	− 0.80
III/1	26	39	61	1.53	1.23	4.7400	1.5642	
III/2	63	158	235	1.93	1.33	3.1000	1.9771	
III/3	82	135	170	1.44	0.82	3.2400	1.5309	
IV/1	128	158	195	1.23	0.54	2.6950	0.6489	+ 0.76
IV/2	86	135	168	1.40	0.75	3.0711	0.8988	
V/1	< 2	8.8	15.5	2.78	2.56	6.9000	1.4482	
V/2	< 2	< 2	45	4.74	58.00	7.4599	2.9831	
VI	140	175	215	1.24	0.51	2.5290	0.6118	+ 0.12
32 VIII	225	320	510	1.51	1.34	1.4849	1.0090	− 0.54
IX	200	232	275	1.17	0.41	2.1170	0.5007	− 0.38
32 S	170	210	265	1.25	0.59	2.2330	0.5770	− 0.45
32 K	170	235	360	1.46	1.04	2.0280	0.9162	− 0.17
33 0	930	1210	1560	1.30	3.08	−0.1711	0.5346	− 0.64
I	185	340	700	1.95	2.84	1.4807	1.2666	− 0.07
II	155	250	375	1.56	1.11	2.0153	0.9117	+ 0.01
42 I	3.5	133	275	8.86	2.46	4.3582	3.3052	
II	130	162	205	1.26	0.59	2.6078	0.6228	− 0.31
III	20	41	70	1.87	1.66	5.1208	1.0449	
IV	83	125	500	2.45	4.85	2.4699	1.9377	
V	240	560	1070	2.11	1.79	1.0267	1.3122	+ 0.47
VI	160	235	370	1.52	1.17	2.0359	0.9756	− 0.18
VII	212	345	500	1.54	1.01	1.6237	1.0244	+ 0.26
43 I	250	560	1090	2.09	1.86	1.3770	2.1741	
II	500	740	1150	1.52	1.16	0.5367	0.9485	+ 1.05
44 e I	89	160	310	1.87	1.83	2.6777	1.7101	
e II	155	255	375	1.56	1.10	2.0462	1.1403	
44 I	160	275	460	1.70	1.37	1.8027	1.1730	− 0.21
II	145	240	375	1.61	1.21	2.1966	1.3674	
III	160	260	445	1.67	1.40	1.9042	1.1002	− 0.15
IV	145	240	420	1.70	1.49	1.9796	1.1802	− 0.25
45 V	230	310	410	1.34	0.76	1.6836	0.8459	− 0.12
VI	168	300	530	1.78	1.65	1.7612	1.2680	+ 0.02
V + VI	200	300	420	1.45	0.92	1.7649	0.9669	− 0.04
46 I	8	68	178	4.72	3.11	4.6633	2.9415	
II	22	82	190	2.94	2.74	4.0904	2.6688	
47 I	76	188	390	2.27	2.26	3.0024	2.6305	
48 I	118	205	375	1.78	1.67	2.4103	1.8076	
II	178	365	660	1.93	1.73	2.0816	2.5495	
49 I	87	120	280	1.79	2.54	2.7139	1.6673	
II	195	305	460	1.54	1.15	1.9149	1.5010	
50 I	178	365	690	1.97	1.68	1.6121	1.5403	
51 I	80	120	210	1.62	1.40	3.0326	1.5198	
52 I	270	335	415	1.24	0.55	1.5735	0.5682	− 0.62
53 I	255	340	440	1.31	0.69	1.5200	0.7340	− 1.23
II	225	285	355	1.26	0.58	1.8192	0.5769	+ 0.36
III	190	285	410	1.47	0.98	1.8415	1.1862	
54 II	230	590	1200	2.28	1.98	1.2273	1.9022	
III	135	225	500	1.92	2.00	1.9833	1.2158	− 0.33

*) Q_{25}, Md, Q_{75} in μ; S_o und S_p dimensionslos; $\alpha_3(\phi)$-Werte sind für die nur gesiebten Proben angegeben (vgl. cap. 5.1.)

Fortsetzung Tab. 5.1.

Proben-nummer	Q_{25}	Md	Q_{75}	S_O	S_p	$\bar{x}\,(\phi)$	$\sigma\,(\phi)$	$\alpha_3\,(\phi)$
55 I	205	330	850	2.03	2.53	1.3895	1.3019	− 0.15
II	172	220	325	1.37	0.95	2.1032	0.9143	− 0.68
III	200	240	350	1.32	0.88	2.0189	1.0712	
IV	3.6	11.2	42	3.42	6.15	6.2506	2.2541	
55 B	188	205	230	1.11	0.29	2.3676	0.3508	− 2.17
56 I	212	350	670	1.78	1.73	1.4125	1.1484	− 0.18
II	160	235	345	1.47	1.00	2.1004	0.8829	+ 0.21
III	545	790	1200	1.48	1.05	0.3904	0.7943	+ 0.71
57 I	225	375	790	1.87	2.04	1.5481	1.1116	− 0.30
II	205	305	590	1.70	1.64	1.2883	1.1732	− 0.17
III	170	242	430	1.59	1.40	1.8310	1.1594	− 0.50
58 I	175	255	365	1.44	0.92	2.0278	1.1067	
60 I	152	185	222	1.21	0.48	2.4564	0.5139	+ 0.13
II	125	160	205	1.28	0.68	2.6660	0.6763	+ 0.36
67 I	128	163	208	1.27	0.62	2.6191	0.7267	
II	130	158	191	1.21	0.49	2.6870	0.6783	
III	115	155	205	1.34	0.73	2.7412	0.9959	
IV	225	550	1060	2.17	1.85	1.2808	1.8710	
68 I	173	330	550	1.78	1.45	1.7587	1.3599	
II	360	720	1230	1.85	1.48	0.7806	1.4596	
III	245	555	1060	2.08	1.82	1.2099	1.7461	
69 I	265	670	1210	2.14	1.69	0.9149	1.4410	+ 0.80
II	149	195	260	1.32	0.73	2.3495	0.7289	− 0.03
III	151	218	325	1.47	1.02	2.1603	0.9806	− 0.28
IV	620	930	1370	1.49	1.00	0.2722	0.9312	+ 1.60
71 I	191	330	570	1.73	1.50	1.6703	1.3937	
II	193	260	350	1.35	0.75	1.9986	0.8845	
III	138	165	195	1.19	0.44	2.6187	0.5964	
72 I	95	370	1040	3.31	3.00	1.7461	1.9309	
II	162	237	305	1.37	0.75	2.2864	1.1007	

Tab. 5.2. Sedimentationsmilieus der Proben

Table 5.2. Environments of sedimentation of the sediment samples

Proben-nummer		Sedimentationsmilieu	Zuordnungskriterien
30	I	fluvial (Transport)	Granulometrie, Entnahmepkt.
	II a	Barchan (verschwemmt)	Granulometrie, Farbe, Schichtung
	II b	Barchan (verschwemmt)	Granulometrie, Schichtung
31	I	fluvial (Transport)	Granulometrie
	II/1	Barchan (verschwemmt)	Granulometrie, Farbe, Schichtung
	II/2	Barchan (verschwemmt)	Granulometrie, Farbe, Schichtung
	III/1	?	
	III/2	Barchan	Granulometrie, Farbe
	III/3	Barchan	Granulometrie, Farbe
	IV/1	Barchan	Granulometrie, Farbe
	IV/2	Barchan	Granulometrie, Farbe
	V/1	fluvial (Stillwasser)	Granulometrie
	V/2	fluvial (Stillwasser)	Granulometrie
	VI	Barchan (verschwemmt)	Granulometrie, Farbe, Schichtung
32	VIII	marin-litoral	Granulometrie, Fauna, Schotterform
	IX	marin-litoral	Granulometrie
	K	äolisch-litoral	Entnahmepkt.
	S	marin-litoral	Entnahmepkt.
33	0	marin-litoral/Ausblasung	Granulometrie, Entnahmepkt.
	I	marin-litoral	Granulometrie, Schotterform
	II	marin-litoral	Granulometrie, Schotterform
42	I	fluvial (Transport)	Granulometrie
	II	Barchan	Granulometrie, Farbe
	III	fluvial (Stillwasser)	Granulometrie
	IV	fluvial (schwacher Transport)	Granulometrie
	V	fluvial (Transport)	Granulometrie
	VI	marin-litoral	Granulometrie
	VII	marin-litoral	Granulometrie
43	I	fluvial (Transport)	Granulometrie
	II	fluvial (Transport)	Granulometrie
44 e	I	fluvial (Transport)	Granulometrie
e	II	Grus	Entnahmepkt.
44	I	marin-litoral	Granulometrie, Fauna
	II	marin-litoral	Granulometrie, Fauna
	III	marin-litoral	Granulometrie, Fauna
	IV	marin-litoral	Granulometrie, Fauna
45	V	marin-litoral	Granulometrie, Fauna, Schotterform
	VI	marin-litoral	Granulometrie, Fauna, Schotterform
	V + VI	marin-litoral	Granulometrie, Fauna, Schotterform
46	I	fluvial (Transport)	Granulometrie
	II	fluvial (Transport)	Granulometrie
47	I	fluvial (Transport)	Granulometrie
48	I	fluvial (Transport)	Granulometrie
	II	Grus	Entnahmepkt.
49	I	marin-litoral	Fauna, Schotterform
	II	marin-litoral	Granulometrie
50	I	marin-litoral	Granulometrie, Schotterform
51	I	fluvial (Transport)	Granulometrie
52	I	marin-litoral	Entnahmepkt.
53	I	marin-litoral	Entnahmepkt.
	II	marin-litoral	Granulometrie, Fauna, Schotterform
	III	marin-litoral	Granulometrie, Fauna, Schotterform
54	I	fluvial (Transport)	Entnahmepkt.
	II	fluvial (Transport)	Granulometrie
	III	fluvial (Transport)	Entnahmepkt.
55	I	Mischprobe (fluvial/Barchan)	Granulometrie, Entnahmepkt.
	II	Mischprobe (fluvial/Barchan)	Entnahmepkt.
	III	Mischprobe (fluvial/Barchan)	Entnahmepkt.

Fortsetzung Tab. 5.2.

Proben-nummer		Sedimentationsmilieu	Zuordnungskriterien
	IV	fluvial (Stillwasser)	Granulometrie
	B	Barchan	Entnahmepkt.
56	I	fluvial (Transport)	Granulometrie
	II	Mischprobe (fluvial/Barchan)	Entnahmepkt.
	III	fluvial (Transport)	Granulometrie
57	I	fluvial (Transport)	Granulometrie
	II	fluvial (Transport)	Granulometrie
	III	fluvial (Transport)	Granulometrie
58	I	Mischprobe (fluvial/Barchan)	Entnahmepkt.
60	I	Barchan	Granulometrie
	II	Barchan (verschwemmt)	Granulometrie, Schichtung
67	I	marin-litoral	Fauna, Schotterform
	II	marin-litoral	Korngrößenanalogie zu 67 I und III
	III	marin-litoral	Fauna, Schotterform
	IV	fluvial (Transport)	Granulometrie
68	I	marin-litoral	Granulometrie, Fauna, Schotterform
	II	fluvial (Transport)	Granulometrie
	III	fluvial (Transport)	Granulometrie
69	I	fluvial (Transport)	Granulometrie
	II	marin-litoral	Granulometrie
	III	marin-litoral	Granulometrie
	IV	fluvial (Transport)	Granulometrie
71	I	marin-litoral	Granulometrie
	II	Mischprobe (marin/Barchan)	Entnahmepkt.
	III	Barchan	Granulometrie, Farbe
72	I	fluvial (Transport)	Granulometrie
	II	Mischprobe (Stillwasser/Barchan = Tsondabisierung)	Farbe, Schichtung, Entnahmepkt.

Appendix zu cap. 6.

Abb. 6.1. − 6.2.
Tabellen 6.1. − 6.2.
Photos 6.1. − 6.4.

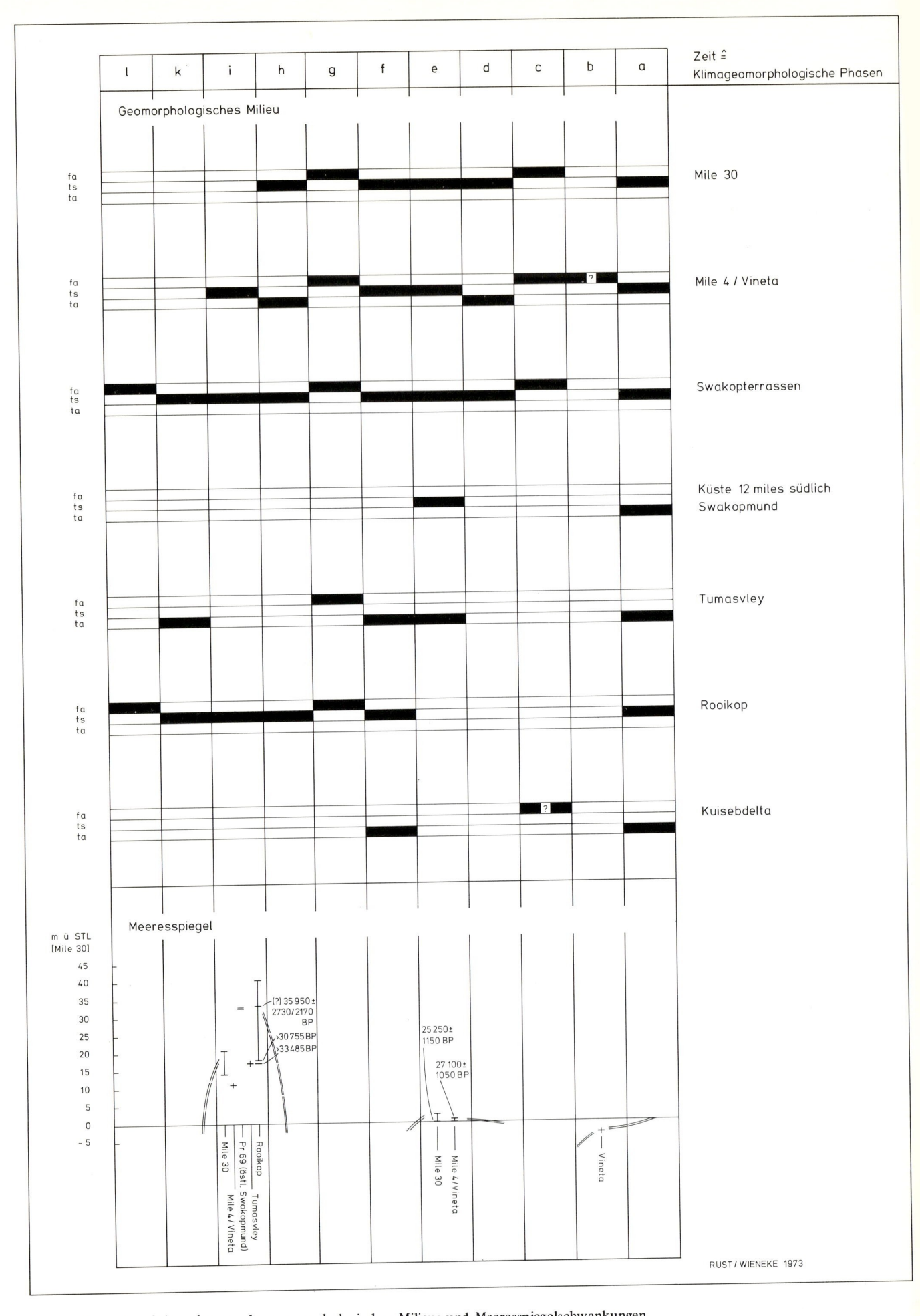

Abb. 6.1. Schwankungen des geomorphologischen Milieus und Meeresspiegelschwankungen. Zusammenfassende Darstellung der Ergebnisse für die küstennahe Zentrale Namib
fa = feucht-aktiv   ts = trocken-stabil   ta = trocken-aktiv

Fig. 6.1. Changes of the geomorphic environments and of the sea level. Diagram summarizing the results of the authors' research work in coastal Central Namib Desert
fa = humid activity   ts = arid stability   ta = arid activity

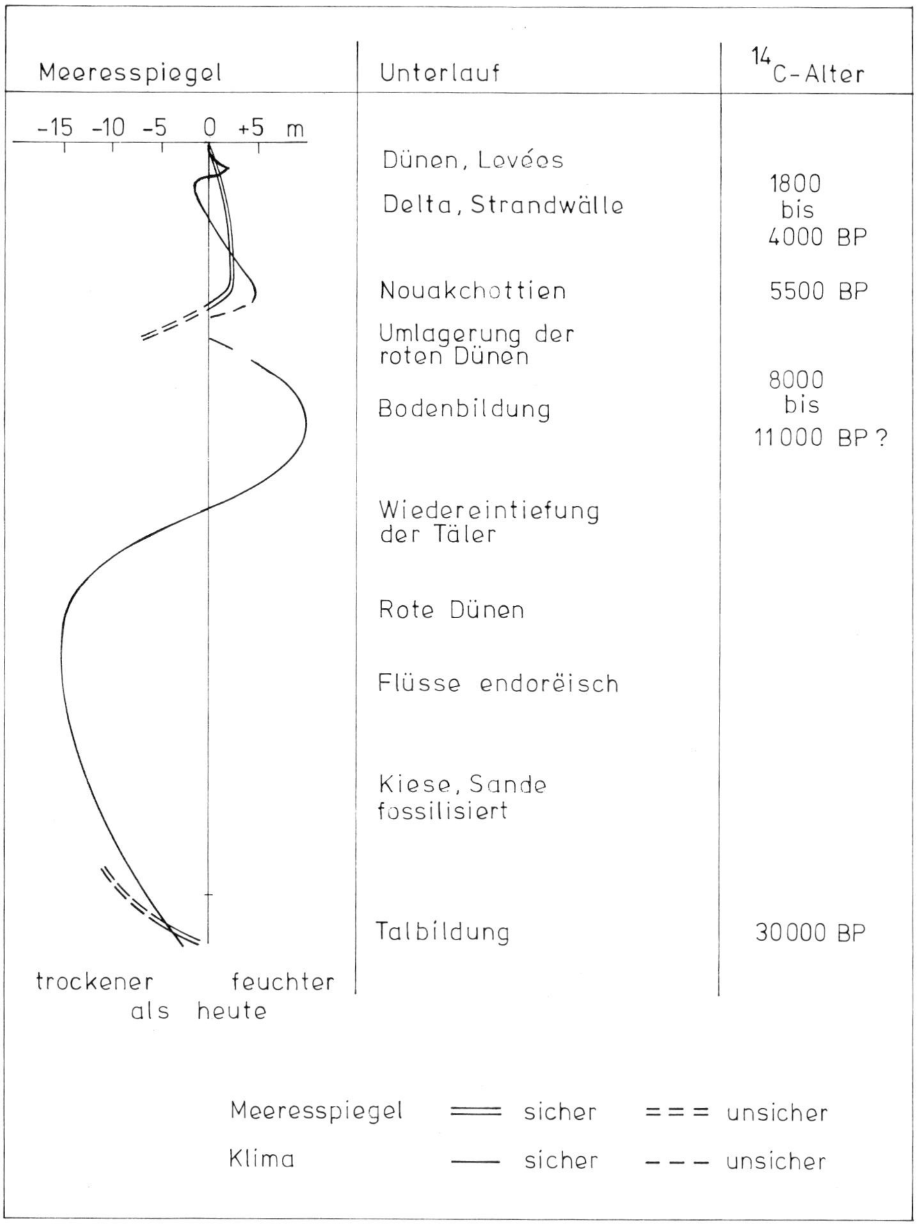

Meeresspiegel	Unterlauf	^{14}C-Alter
−15 −10 −5 0 +5 m	Dünen, Levées Delta, Strandwälle	1800 bis 4000 BP
	Nouakchottien	5500 BP
	Umlagerung der roten Dünen Bodenbildung	8000 bis 11000 BP ?
	Wiedereintiefung der Täler	
	Rote Dünen	
	Flüsse endorëisch	
	Kiese, Sande fossilisiert	
trockener feuchter als heute	Talbildung	30000 BP

Meeresspiegel === sicher   = = = unsicher
Klima   —— sicher   − − − unsicher

Abb. 6.2. Meeresspiegelschwankungen und Klimaänderungen am Unterlauf des Senegalflusses (nach MICHEL 1969)

Fig. 6.2. Changes of the sea level and of climate at lower Senegal river (after MICHEL 1969)

Tab. 6.1. Einstufung der Swakopterrassen in die klimageomorphologischen Phasen und ihre Zuordnung zu den Meeresspiegelständen

Table 6.1. Classification of the terrace sequence of lower Swakop river according to the morphoclimatic stages and their connection with the stands of the sea level

Terrasse	Phase	geomorphologisches Milieu	Zuordnung zu Meeresspiegelständen
I	prä-l	?	prä- 17 m
	prä-l	?	prä- 17 m-Hochstand
II	l	feucht-aktiv	prä- 17 m
III	k-i-h	trocken-stabil	17 m-Hochstand
IV	g	feucht-aktiv	post- 17 m-Tiefstand
V	f-e-d	trocken-stabil	2 m-Hochstand
VI	c, b	feucht-aktiv	post- 2 m-Tiefstand (Vineta)
VII	a	trocken-stabil	aktuell (STL)

Tab. 6.2. Klimageomorphologische Phasen des Kuisebmittellaufes (aus RUST/WIENEKE 1974) *)

Table 6.2. Morphoclimatic stages of middle Kuiseb river (from RUST/WIENEKE 1974)

Klimageomorphologische Phasen		Hauptkriterien (geomorphologisch, sedimentologisch)
Zeit	geomorphologisches Milieu	
12	feucht-aktiv	40 m-Terrasse, Hängetäler
11	(trocken-stabil)	
10	trocken-aktiv	Dünen auf Canyon-Südseite
9	trocken-stabil	Canyon
8	feucht-aktiv	Gramadullazerschneidung
7	(trocken-stabil)	
6	trocken-aktiv	Ossewater-Sedimente
5	(trocken-stabil)	
4	feucht-aktiv	oberes Glacis von Homeb
3	trocken-stabil	Eintiefung
2	feucht-aktiv	unteres Glacis von Homeb
1	trocken-stabil	heutiges Gerinnebett

*) Die in Klammern geschriebenen Phasen sind indirekt abgeleitet (vgl. cap. 6.2.4.)

Photo 6.1. Veranschaulichung der vielphasigen Reliefgenese am mittleren Kuiseb, zwischen Natab und Homeb (Blick nach NW): Vordergrund 40 m-Terrasse auf Grundgebirge; Mitte links Gramadullatäler mit Talböden und höheren Terrassen (unteres und oberes Glacis von Homeb). Die höheren helleren Sedimentkörper, die sich auch in die Gramadullas hinein verfolgen lassen (vgl. Photo 3.2.), indizieren Tsondabisierung des Kuiseb im eigenen Canyon (sog. Seesedimente von Ossewater)

Photo 6.1. Example of the multistadial land form evolution at middle Kuiseb river between Natab and Homeb (view to the NW). Foreground: 40 m-terrace remnant on top of precambrian basement. Centre left: gramadullas with valley bottom and higher terraces (lower and upper glacis of Homeb). Still higher light-toned sediments reaching also into the gramadullas represent the Kuiseb to have been tsondabized in its own canyon (lake sediments of Ossewater)

Photo 6.2. Südlich Sandwich Harbour tritt der Namiberg (Dünennamib) unmittelbar an das Meer heran. Aktive Kliffbildung in den Dünen

Photo 6.2. S of Sandwich Harbour the Namib-erg (dune Namib) extends to the sea. Active cliff-erosion of the dunes

Photo 6.3. Innerer Teil der Sandwich Bay bei Niedrigwasser; die Bucht ist vom offenen Ozean (Hintergrund) durch eine Nehrung (Mittelgrund) getrennt, also Lagune; im Innern der Bucht ältere Nehrungshaken, Sandbänke, Priele, Watt

Photo 6.3. Inner part of Sandwich Bay at low water; the bay has been separated from the ocean (background) by a coastal spit (centre), therefore it forms a lagoon. The inner part of the bay contains older spits, sand banks, tidal creeks, tidal flats

Photo 6.4. Östlich Walvis Bay wandern aktive Barchane von SSW nach NNE durch das Kuisebdelta. Der Kuisebnordarm ist künstlich abgedämmt. Aktuelle Tsondabisierung

Photo 6.4. E of Walvis Bay active barkhans are crossing the Kuiseb delta from SSW to NNE. The former northern branch of the Kuiseb river has been barred artificially, therefore recent tsondabization